云桌面技术应用实践分析

史致远　刘　俊　李芳苑　史国栋　编著

科学出版社

北　京

内 容 简 介

本书从云计算概念着手，通过通信公司云桌面建设、呼叫中心云桌面建设等生动案例，介绍云桌面技术的架构与关键技术。本书在内容编排上力求由浅入深、学以致用、理论与实践结合，全方位立体化地展现云桌面的各个技术剖面。

本书共分三篇：概述篇包括绪论、云计算概论；技术分析篇包括云架构、虚拟化概论、虚拟化的关键技术、桌面虚拟化；案例实施分析篇包括通信公司云桌面应用、云桌面呼叫中心应用、企业云桌面案例。

本书可作为高等院校云计算专业学生的参考书，也可作为云计算爱好者、虚拟化技术爱好者的云桌面入门读物，同时可供政府及企业的 IT 管理人员、云计算及云桌面的从业者阅读参考。

图书在版编目（CIP）数据

云桌面技术应用实践分析/史致远等编著. —北京：科学出版社，2018.12
ISBN 978-7-03-059205-7

Ⅰ. ①云…　Ⅱ. ①史…　Ⅲ. ①云计算　Ⅳ. ①TP393.027

中国版本图书馆 CIP 数据核字（2018）第 245869 号

责任编辑：刘　博　霍明亮/责任校对：郭瑞芝
责任印制：张　伟/封面设计：迷底书装

科学出版社 出版
北京东黄城根北街 16 号
邮政编码：100717
http://www.sciencep.com

北京华宇信诺印刷有限公司印刷
科学出版社发行　各地新华书店经销

*

2018 年 12 月第　一　版　开本：720 × 1000　1/16
2024 年 8 月第五次印刷　印张：15 1/2
字数：298 000

定价：68.00 元

（如有印装质量问题，我社负责调换）

前　言

进入 21 世纪以来云计算技术在计算机集群计算、操作系统（OS）、网络传输及网络安全等各大领域广泛应用。它实现了硬件资源的逻辑抽象和统一表示，大幅降低了管理复杂度，提升了资源利用率，提高了运营效率，进而有效地降低了使用成本。

云桌面作为云计算中应用广泛的服务类型之一，通过桌面虚拟化技术，为政府企业类客户提供集中部署、统一运营的桌面交付服务，在我国的教育、医疗、金融、制造等各个行业中有着广泛的应用。本书以云计算为切入点，详细阐述云计算的技术基础、云桌面的产生背景及关键技术，并结合实际案例探讨云桌面在制造企业、呼叫中心等典型场景下的技术架构及实施方案。

本书共分三篇，分别为概述篇、技术分析篇和案例实施分析篇。概述篇着重介绍云桌面的背景和云计算的基本概念，阐述云计算的发展由来及云桌面的产生背景；技术分析篇着重介绍云架构和虚拟化的关键技术，以及桌面虚拟化的实践；案例实施分析篇介绍云桌面的案例分析及方案设计。

本书概述篇由李芳苑编写，技术分析篇由史致远编写，案例实施分析篇由刘俊编写，全书由史致远统稿。在本书编写过程中得到中国电信股份有限公司江苏分公司以及江苏云桌面生态圈中各位朋友的大力支持和帮助，在此深表感谢。

由于编写时间仓促、作者水平有限，加之本书专业性较强，书中难免有不足之处，恳请读者批评指正。

作　者

2018 年 7 月

目　　录

概　述　篇

技术分析篇

案例实施分析篇

概 述 篇

第1章 绪 论

1.1 背 景

自20世纪40年代计算机诞生起，信息技术就以超摩尔定律的速度爆发式发展，信息技术（以下简称IT）的迭代演进极大地改变了企业乃至政府部门的运营模式与信息的交互方式。众多企业和政府部门逐渐开始采用以数据中心（DC）或互联网数据中心为业务运营载体的中心化IT管理模式及信息发布方式。尤其近十年来，海量数据的应用及高性能计算的兴起，使数据中心在规模及复杂度上显著提高，高昂的建设成本、不可控的数据安全风险等问题日益凸显。企业如何通过数据中心快速地创建服务并高效地管理业务？如何按需动态使用并动态释放资源以降低运营成本？如何更加便捷、高效、敏捷地使用和管理各个模块并避免安全风险？如何最大化地调度已有的计算能力而不是重复创建自己的数据中心？业内人士普遍认为，信息产业本身需要更加彻底的技术革命和商业模式转型，虚拟化和云计算正是在这样的背景下应运而生的。

虚拟化技术自进入21世纪以来就广泛应用在计算机集群计算、操作系统（OS）、网络传输及网络安全等各大领域。虚拟化技术实现了硬件资源的逻辑抽象和统一表示，在服务器、网络及存储管理等方面都有着很强的优势，大幅降低了管理复杂度，提升了资源利用率，提高了运营效率，进而有效地降低了使用成本。因为在大数据中心管理和基于互联网的解决方案交付运营方面有着不可估量的价值，所以服务器虚拟化技术受到业界的高度重视，虚拟化将成为未来数据中心的核心组成部分。

虽然虚拟化技术可以有效地简化数据中心管理，但是仍然不能消除企业为了使用IT系统而进行的数据中心构建、硬件采购、软件安装、系统维护等环节。早在大型机盛行的20世纪五六十年代，就是采用“租借”的方式对外提供服务的。IBM公司当时的首席执行官托马斯曾断言:“全世界只需要五台计算机”，过去30年的个人电脑大发展似乎已经推翻了这个预言，人们常常引用这个例子来说明信息产业的不可预测性。然而，信息技术变革并不总是直线前进，而是螺旋式上升的，半导体、互联网和虚拟化技术的飞速发展使得业界不得不重新思考这一构想，这些支撑技术的成熟让我们有可能把全世界的数据中心进行适度的集中，从而实现规模化效应，人们只需远程租用这些共享资源而不需要购置和维护。

云计算是这种构想的代名词，它采用创新的计算模式使用户通过互联网随时获得近乎无限的计算能力和丰富多样的信息服务，它创新的商业模式使用户对计算与服务可以取用自由、按量付费。目前的云计算融合了以虚拟化、服务管理自动化和标准化为代表的大量革新技术。云计算借助虚拟化技术的伸缩性和灵活性，提高了资源利用率，简化了资源和服务的管理与维护；利用信息服务自动化技术，将资源封装为服务交付给用户，减少了数据中心的运营成本；利用标准化，方便了服务的开发和交付，缩短了客户服务的上线时间。

虚拟化和云计算技术正在快速地发展，业界各大厂商纷纷制定相应的战略，新的概念、观点和产品不断涌现。云计算的技术热点也呈现百花齐放的局面，如以互联网为平台的虚拟化解决方案的运行平台，基于多租户技术的业务系统在线开发，大规模云存储服务，大规模云通信服务等。云计算的出现为信息技术领域带来了新的挑战，也为信息技术产业带来了新的机遇。

云计算产业依托大数据、物联网、移动互联网等新技术的不断发展，伴随着智慧城市、工业互联网、信息消费等社会生产、消费服务等相关领域的不断成熟，在技术和服务层面产生了巨大的需求。云计算已成为信息技术产业新的增长点和支撑新时期经济社会发展的重要基础。根据相关机构测算，2018—2020 年，全球云计算服务市场将以平均每年 26%的速度增长。

我国云计算也呈现技术创新和应用推广快速发展的态势，国内厂商纷纷推出云计算相关产品和解决方案，并且占据相当数量的市场份额。据工业和信息化部统计，2016 年我国云计算整体产业规模超过 1500 亿元，整体增速超过 30%。云桌面作为云计算中应用广泛的服务类型之一，在我国的政府、教育、医疗、能源、运营商等行业中有着广泛的应用，云桌面生态链厂商纷纷加大投入力度，力促云桌面成为新一代信息技术变革中的中坚力量。云桌面又称桌面云或云电脑，本书中统一以云桌面称呼。

1.2　云桌面应用的意义

虚拟化技术与云计算技术的本质是将原有硬件设备及网络环境等资源抽象为池资源，通过用户复用提升使用效率，方便统一管理。由此针对不同的硬件设备的虚拟化技术衍生出各类云产品及云应用：针对服务器虚拟化的云主机、针对存储设备虚拟化的云存储以及针对终端设备（个人电脑等）虚拟化的云桌面等。其中针对个人电脑（以下简称 PC）进行云化的云桌面，因为涉及所有在用 PC，是其中应用最为广泛、理论上潜在市场最大的云产品。如果我们把 PC 看作低配版的服务器，那么某种意义上，我们可以把云桌面类比成为低配版的云主机，从而便于我们理解云桌面。

当前，因日益增长的信息安全要求及绿色安全的环保要求，云桌面已经成为一项重要的IT战略，在我国的政府、教育、医疗、金融、能源、公安、税务、运营商等行业中有着广泛的应用，产业链厂商也纷纷从各自优势领域进军云桌面，产业发展势头迅猛，而产业发展的同时，暴露出因标准缺失而导致的厂商绑定、安全、监管缺失等问题。

云桌面是云计算的一种应用模型，用户端可以通过输入输出操作控制在云端的虚拟机，从而获取云中的各类池化资源，同时把云端的虚拟机桌面视图呈现在用户端，其用户体验类似于微软Windows操作系统里的远程桌面。

但云桌面的技术原理与远程桌面大相径庭。首先，用户通过普通桌面电脑、笔记本、瘦终端、平板电脑等客户端发起请求，连接到会话管理中心，会话管理中心是与服务器端一致的虚拟化集中管理工具，为服务器与桌面环境提供统一的管理平台；其次，会话管理中心对用户进行身份验证；最后，用户通过身份验证后，进入后台云数据中心，从虚拟机资源池中通过策略划拨一台桌面环境虚拟机，无缝地登录到虚拟桌面。随着虚拟桌面的使用完毕，云端的桌面环境可依据相应的管理策略释放已占用的资源，让资源回归云数据中心资源池，保证云端资源被充分利用。

1）数据安全

用户数据在云端集中管理，采用与本地隔离的方式存放有效地阻断了本地木马病毒的攻击，保障用户数据和应用系统的安全，同时通过对USB接口的权限控制以及事前预防的方式有效地防止数据被非法窃取和传播。

2）节能减排

采用低功耗的瘦终端在客户侧接入。无风扇、无机械式硬盘，减少了风扇能耗和噪声污染，总发热量降低了30%左右，大大延长了终端设备的使用寿命。

3）易于管理

采用云端集中部署，软硬件的管理从分散的用户端移到集中的云端，通过统一监控、调度和部署，简化了管理难度，为桌面标准化、软件正版化、用户端零维护奠定了坚实的基础。

4）灵活访问

用户可随时随地通过无线或有线网络访问，同时支持多种接入设备跨平台的接入方式，接入设备如普通PC、瘦终端、手机、平板电脑、IPTV及其他泛终端设备等，平台如iOS、Android、IE浏览器、客户端软件等。

5）稳定可靠

云桌面提供了完善的云端和终端的管理监控、状态管理，以及系统和网络异常监控等功能，实现了桌面资源的负荷均衡和自动切换。

6）易于备份

因虚拟桌面和用户数据在云端集中存储，系统数据和用户数据的备份，或者本地和异地备份都可制定统一的自动备份策略。

1.3　技术术语

应用编程接口（Application Programming Interface，API）是一些预先定义的函数，目的是提供应用程序与开发人员基于某软件或硬件得以访问一组例程的能力，而又无须访问源码，或理解内部工作机制的细节。

云计算互操作论坛（Cloud Computing Interoperability Forum，CCIF）。

云计算参考架构（Cloud Computing Reference Architecture，CCRA），定义了构成云计算环境的基本架构元素。CCRA在某种模块化意义上是最高层次的抽象，主要角色和相应的架构元素被定义允许向下获取每个必需的元素。

工作站集群（Cluster Of Workstations，COW）。

中央处理器（Central Processing Unit，CPU）。

中央处理器主要包括运算器（算术逻辑运算单元Arithmetic Logic Unit，ALU）和高速缓冲存储器（Cache）及实现它们之间联系的数据（Data）、控制及状态的总线（Bus）。

云安全联盟（Cloud Security Alliance，CSA）。

动态主机配置协议（Dynamic Host Configuration Protocol，DHCP）。

分布式管理工作组（Distributed Management Task Force，DMTF）。

域名系统（Domain Name System，DNS）。

图形设备接口（Graphics Device Interface，GDI）。主要任务是负责系统与绘图程序之间的信息交换，处理所有Windows程序的图形和图像输出。GDI的出现使程序员无须关心硬件设备及设备正常驱动，就可以将应用程序的输出转化为硬件设备上的输出和构成，实现了程序开发者与硬件设备的隔离，大大方便了开发工作。

高清使用体验（High Definition eXperience，HDX）是一组远程显示技术，能够在虚拟桌面以及应用中交付高清晰的用户体验。HDX3DPro是图形加速技术的一个子集，使得在XenDesktop以及XenApp平台上使用3D或者其他资源密集型虚拟应用变成了现实。

基础设施即服务（Infrastructure-as-a-Service，IaaS）。

独立计算架构（Independent Computing Architecture，ICA）。

国际电信联盟（International Telecommunication Union，ITU）。

电气和电子工程师协会（Institute of Electrical and Electronics Engineers，

IEEE）。

国际互联网工程任务组（Internet Engineering Task Force，IETF）。

国际标准化组织（International Organization for Standardization，ISO）。

移动设备管理（Mobile Device Management，MDM）。

移动应用管理（Mobile Application Management，MAM）。

大规模并行处理计算机（Massive Parallel Processor，MPP），由大量通用微处理器构成的多处理机系统，适合多指令流多数据流处理。

开放云联合会（Open Cloud Consortium，OCC）。

开放网格论坛（Open Grid Forum，OGF）。

平台即服务（Platform-as-a-Service，PaaS）。

服务质量（Quality of Service，QoS）。

远程桌面协议（Remote Desktop Protocol，RDP）。

软件即服务（Software-as-a-Service，SaaS）。

服务水平协议（Service Level Agreement，SLA）。

对称多处理（Symmetrical Multi-Processing，SMP）技术，是指在一个计算机上汇集了一组处理器（多 CPU），各 CPU 之间共享内存子系统以及总线结构。

存储工业协会（Storage Network Industry Association，SNIA）。

面向服务架构（Service Oriented Architecture，SOA）。

独立计算环境简单协议（Simple Protocol for Independent Computing Environment，SPICE）。

虚拟桌面基础架构（Virtual Desktop Infrastructure，VDI），虚拟局域网（Virtual Local Area Network，VLAN）。

虚拟局域网（Virtual Local Area Network，VLAN）。

虚拟机（Virtual Machine，VM）。

虚拟专用网（Virtual Private Network，VPN）。

基于 Windows 的终端（Windows-Based Terminal，WBT）。

1.4 本书结构

本书共分三部分，第一部分概述篇；第二部分技术分析篇；第三部分案例实施分析篇。第一部分为前两章，对云桌面的背景和云计算的基本概念进行了介绍，着重阐述云计算的发展由来及云桌面的产生背景；第二部分为第 3 至 6 章，对云架构和虚拟化的关键技术以及桌面虚拟化的应用进行了介绍。如上文所述，云桌面可以视为低配置的云主机+块存储，符合云计算的架构和技术特性，这部分通过分析虚拟化技术特性，剖析云桌面的底层架构及技术特点；第三部分为最后三章，介绍了云桌面的案例分析及方案设计，下面简要介绍一下各章的主要内容。

第1章绪论，介绍桌面的背景、云桌面应用的意义及相关技术术语；第2章云计算概论，介绍云计算的概念、云计算的技术基础、云计算的发展变革；第3章云架构，介绍云架构的基本层次、基础设施层、平台层和应用层；第4章虚拟化概论，介绍虚拟化的概念、服务器虚拟化、其他虚拟化技术；第5章虚拟化的关键技术，介绍虚拟化解决方案、部署虚拟化、管理虚拟化解决方案；第6章桌面虚拟化，介绍桌面虚拟化概述、物理PC与桌面虚拟化模式的区别、桌面虚拟化的收益、桌面虚拟化的应用；第7章通信公司云桌面应用，介绍云桌面的系统架构、云桌面的方案、通信公司云桌面实施部署、实施的其他关键问题、云桌面运维管理要求；第8章云桌面呼叫中心应用，介绍呼叫中心概述、基于云桌面的呼叫中心、云桌面呼叫中心解决方案、云桌面呼叫中心技术方案；第9章企业云桌面案例，介绍项目需求分析、云桌面技术方案、平台组件及功能、云桌面集成实施方案、系统安全方案。

本书在内容的安排上力求深入浅出，强调实用性和先进性，尽可能给出图片和案例参数。在本书编著过程中，参考了相关的技术资料和书籍，在此一并表示感谢。

第 2 章　云计算概论

从 20 世纪 40 年代世界上首台电子计算机诞生起，计算模式经历了单机、终端-主机、客户端-服务器几个重要时代，发生了翻天覆地的变化。进入 21 世纪，互联网飞速发展，将全世界的企业与个人连接了起来，并深刻地影响着每个企业的业务运作及每个人的日常生活。用户对互联网内容的贡献空前增加，软件更多地以服务的形式通过互联网被发布和访问，而这些网络服务需要海量的存储和计算能力来满足日益增长的业务需求。

互联网使得人们对软件的认识和使用模式发生了潜移默化的改变。计算模式的变革必将会带来一系列的挑战。如何获取海量的存储和计算资源？如何在互联网这个无所不包的平台上更经济地运营服务？如何才能使互联网服务更加敏捷、更随需应变？如何让企业和个人用户更加方便、透彻地理解与运用层出不穷的服务？云计算正是顺应这个时代大潮而诞生的信息技术理念。目前，无论信息产业的行业巨头还是新兴科技公司，无不把云计算作为企业发展战略中的重要组成部分。

2.1　云计算的概念

云计算这个词相对于“分布式计算”或“网格计算”等技术类名词的确显得更加抽象，甚至很难让人们从这个词本身推断它所涵盖的范畴。事实上，不但第一次听说云计算的普通技术工作者会感到不知所云，就连众多行业精英和学术专家也很难为云计算给出一个准确的定义，每个人从不同的角度会有不同的解释。云计算和网格计算等传统的分布式计算有着较明显的区别：首先，云计算是弹性的，即云计算能根据工作负载大小动态分配资源，而部署于云计算平台上的应用需要适应资源的变化，并能根据变化做出响应；其次，相对于强调异构资源共享的网格计算，云计算更强调大规模资源池的分享，通过分享提高资源复用率，并利用规模经济降低运行成本；最后，云计算需要考虑经济成本，因此硬件设备、软件平台的设计不再一味地追求高性能，而要综合考虑成本、可用性、可靠性等因素。

2.1.1　云计算的定义

1. 云计算的由来

在云计算最早被提出的时候，曾经有一种流行的说法来解释云计算为何被称为“云”计算，在互联网技术刚刚兴起的时候，人们画图时习惯用一朵云来表示互联网，因此在选择一个名词来表示这种基于互联网的新一代计算方式的时候就选择了云计算这个名词。虽然这个解释非常有趣，但是却容易让人们陷入云里雾中，不得其正解。

虽然目前大部分公众认为云计算这个概念是由 Google（谷歌）公司提出的，但是，早在 20 世纪 60 年代，云计算最初的模型已经出现了。这个最初的模型是由美国著名的咨询公司 McKinsey & Company（麦肯锡）提出的，即把计算能力作为一种像水和电一样的公用事业提供给用户。

1999 年 IBM 提出的通过一个网站向企业提供企业级应用的概念，这在云计算的发展史上具有里程碑的意义。

而云计算这个名称最早是来源于 Dell（戴尔）的数据中心解决方案，戴尔在 2007 年 6 月初发布的第一季度财报里面提到“组建新的戴尔数据中心解决方案部门（Dell Data Center Solution Division），提供戴尔的云计算（Cloud Computing）服务和设计模型，使客户能够根据他们的实际需求优化 IT 系统架构”。

而真正将云计算名称叫响的是亚马逊（Amazon）EC2 产品和 Google-IBM 分布式计算项目。2006 年美国亚马逊公司开发了 EC2 产品，是目前公认的最早的云计算产品，当时将其命名为“Elastic Computing Cloud”，即弹性计算云，流传到后来就称为“Cloud Computing”。

2007 年 10 月初，IBM 和 Google 联合与美国的 6 所大学签署协议，提供在大型分布式计算系统上开发软件的课程和支持服务，希望通过该项研究使得研究人员和学生获得开发网络级应用软件的经验。这也就是所说的新的并行计算（也称为云计算）。从此云计算作为 IT 业的一个新的概念被提出。

在互联网时代，人们热衷于上网冲浪，通过浏览网页来获得资讯。当用户在浏览器上输入网址后，浏览器将会与 DNS 服务器和网站服务器进行一系列的交互，将网页内容呈现在用户面前，而这些交互过程是通过互联网经过多次路由转发最终完成的。因为这个过程对用户是透明的，所以当时人们在绘制互联网示意图时，将网络抽象成一朵云，意在不去关心网络的转发过程，而去关注服务器端和客户端，如图 2.1 所示。

随着互联网的发展，带宽得到了显著提高，无线接入方式也变得丰富起来，除了个人电脑外，越来越多的设备已经具有了接入互联网的能力，如移动电话、办公设备甚至是家用电器。同样，互联网的作用也不再局限于浏览网页和收发电子邮件，还能够为企业提供如电子商务、客户关系管理等信息服务，为普通用户提供如博客、视频等服务，为科研机构提供强大的计算处理功能。因此，互联网的含义变得充实起来，除了人们普遍认知的接入、路由等含义，还包括了计算、存储、服务和软件等元素。因此，云计算这个名词就应运而生了。从图 2.1 中可以看出，云计算中的“云”不仅包含了网络，更包含了那些曾经被描绘在云外的事物。这个小小的改变在图上看似简单，实际上蕴含着深刻的变革。

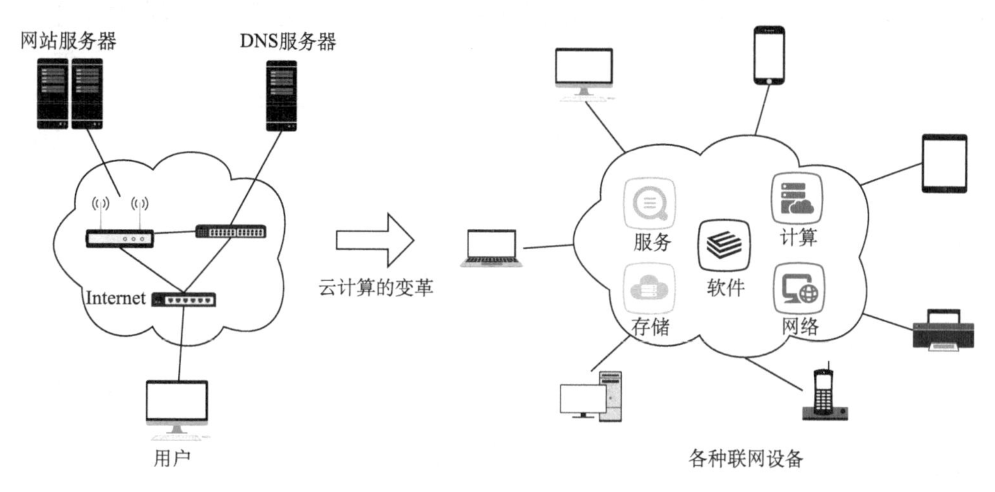

图 2.1　云计算中的“云”

正如用云描绘网络来强调对网络的运用而非关注于其实现细节一样，云计算用云描绘包括网络、计算、存储等在内的信息服务基础设施，以及包括操作系统、应用平台、Web 服务等在内的软件，就是为了强调对这些资源的运用，而不是它们的实现细节。

2. 云计算的定义

了解了云计算为什么称为“云”之后，下面将给出云计算的定义。其实，这个概念被提出的时间并不长，然而对这个概念的定义却是百家争鸣。这体现了云计算包罗万象的特质，也说明业界对它的重视。既然所有人都希望成为云计算产业链中的一个角色，自然都会从自身的角度出发来定义云计算，那么对于概念的提取就是一个求同存异的过程。

下面，我们先列举一些人们普遍认可的云计算定义，然后再给出本书的定义。

维基百科（Wikipedia.com）认为云计算是一种能够将动态伸缩的虚拟化资源通过互联网以服务的方式提供给用户的计算模式，用户不需要知道如何管理那些支持云计算的基础设施。

Wbatis.com 认为云计算是一种通过网络连接来获取软件和服务的计算模式，云计算使得用户可以获得使用超级计算机的体验，用户通过笔记本电脑与手机上的瘦客户端接入云中获取需要的资源。

美国加州大学伯克利分校发表了一篇关于云计算的报告，该报告认为云计算既指在互联网上以服务形式提供的应用，也指在数据中心提供这些服务的硬件和软件，而这些数据中心的硬件和软件则称为云。商业周刊（BussinessWeek.com）发表文章指出，Google 的云就是由网络连接起来的几十万甚至上百万台的廉价计算机，这些大规模的计算机集群每天都处理着来自于互联网上的海量检索数据和搜索业务请求。商业周刊在另一篇文章中总结说，从 Amazon 的角度看，云计算就是在一个大规模的系统环境中，不同的系统之间相互提供服务，软件都是以服务的方式运行，当所有这些系统相互协作，并在互联网上提供服务时，这些系统的总体就成为了云。

Salesforce.com 认为云计算是一种更友好的业务运行模式。在这种模式中，用户的应用程序运行在共享的数据中心，用户只需要通过登录和个性化定制就可以使用这些数据中心的应用程序。

IBM 认为云计算是一种共享的网络交付信息服务的模式，云服务的使用者看到的只有服务本身，而不用关心相关基础设施的具体实现，云计算是一种革新的 IT 运用模式。这种运用模式的主体是所有连接着互联网的实体，可以是人、设备和程序。这种运用方式的客体就是 IT 本身，包括我们现在接触到的，以及会在不远的将来出现的各种信息服务。而这种运用方式的核心原则是硬件和软件都是资源并被封装为服务，用户可以通过互联网按需地访问和使用。

在云计算中，IT 业务通常运行在远程的分布式系统上，而不是在本地计算机或者单个服务器上。这个分布式系统由互联网相互连接，通过开放的技术和标准把硬件与软件抽象为动态可扩展、可配置的资源，并对外以服务的形式提供给用户。该系统允许用户通过互联网访问这些服务，并获取资源。服务接口将资源在逻辑上以整合实体的形式呈现，隐蔽其中的实现细节。该系统中业务的创建、发布、执行和管理都可以在网络上进行，而用户只需要按资源的使用量或者业务规模付费。

3. 云计算的特点

在云计算的定义中，有四个关键要素，如图 2.2 所示。

（1）硬件和软件都是资源，通过互联网以服务的方式提供给用户。在云计算中，资源已经不限定在如服务器、网络带宽等物理范畴，而是扩展到了软件平台、Web 服务和应用程序的软件范畴，传统模式下自给自足的 IT 运用模式，在云计算中已经改变成为分工专业、协同配合的运用模式。对于企业和机构而言，它们不再需要规划属于自己的服务器中心，也不需要将精力耗费在与自己主营业务无关的 IT 管理上。相反，它们可以将这些功能放到云中，由专业公司为它们提供不同程度、不同类型的信息服务。对于个人用户而言，也不再需要一次性投入大量费用购买软件，因为云中的服务已提供了他所需要的功能。

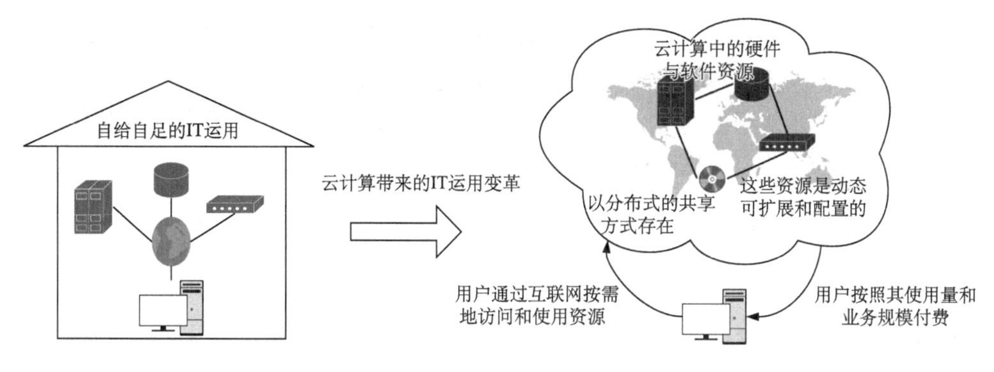

图 2.2　云计算的特点

（2）这些资源都可以根据需要进行动态扩展和配置。例如，天翼云可以在极短的时间内为 12306 弹性扩展 100 台以上虚拟服务器的资源，并在 24 小时的任务完成后快速地回收这些资源；Google App Engine 可以满足 Giftag 的快速增长，不断为其提供更多的存储空间、更高的带宽和更快速的处理能力；腾讯云可以为其游戏客户在已经成型的 CRM 系统中动态地添加和删除应用模块，来满足客户不断改进的版本需求。这些例子都体现了云计算可动态扩展和配置的特性。

（3）这些资源在物理上以分布式的共享方式存在，但最终在逻辑上以单一整体的形式呈现。对于分布式的理解有两个方面。一方面，计算密集型的应用需要并行计算来提高运算效率。例如，一个 Web 应用是由多个服务器通过集群的方式来实现的，此类的分布式系统，往往是在同一个数据中心中实现的，虽然有较大的规模，由几千甚至上万台计算机组成，但是在地域上仍然相对集中。另一方面，就是地域上的分布式。例如，一款商业应用的服务器可以设在位于深圳的数据中心，但是它的数据备份却由位于上海青浦区的数据中心完成。又如，IBM 公司在世界范围内共拥有 8 所研究院。IBMRC2 将这些研究院中的数据中心通过企业内部网连接起来，为世界各地的研究员提供服务。作为最终用户，这些研究员并不知道也不关心某一次科学运算运行在哪个研究院的哪台服务器上，因为云计算中分布式的资源向用户隐藏了实现细节，并最终以单一整体的形式呈现给用户。

（4）用户按需使用云中的资源，按实际使用量付费，而不需要管理它们。华盛顿邮报为尽快完成档案的转换任务，使用了 200 台虚拟服务器，并为其所获得的 1407 小时机时支付了 144.62 美元。虽然华盛顿邮报没有足够的运算处理能力，但是云给了它强大的资源以帮助其快速完成任务，而它仅需要根据实际使用量来付费。对华盛顿邮报来说，如此巨大的计算任务并不经常出现，因此按照这个标准购置服务器设备显然是不合理的。如果没有 Amazon EC2，华盛顿邮报在 9 小时内完成档案的转换工作将是不可能完成的任务。

总之，在云计算中软、硬件资源以分布式共享的形式存在，可以被动态地扩展和配置，最终以服务的形式提供给用户。用户按需使用云中的资源，不需要管理，只需按实际使用量付费。这些特征决定了云计算区别于自给自足的传统 IT 运用模式，必将引领信息产业发展的新浪潮。

2.1.2　云计算的分类

以上我们分析了云计算中“云”的含义，给出了云计算的例子和定义，并总结了云计算的关键特征。在云计算中，硬件和软件都被抽象为资源并被封装为服务，向云外提供。用户以互联网为主要接入方式，获取云中提供的服务。接下来我们分别从云计算提供的服务类型和服务方式的角度出发，为云计算分类。

1. 按服务类型分类

所谓云计算的服务类型，就是指其为用户提供什么样的服务，通过这样的服务，用户可以获得什么样的资源，以及用户该如何去使用这样的服务。目前业界普遍认为，以服务类型为指标，云计算可以分为以下三个层次，如图 2.3 所示，下面我们以中国电信的天翼云（CT Cloud）为例，阐释云计算的三个层次。

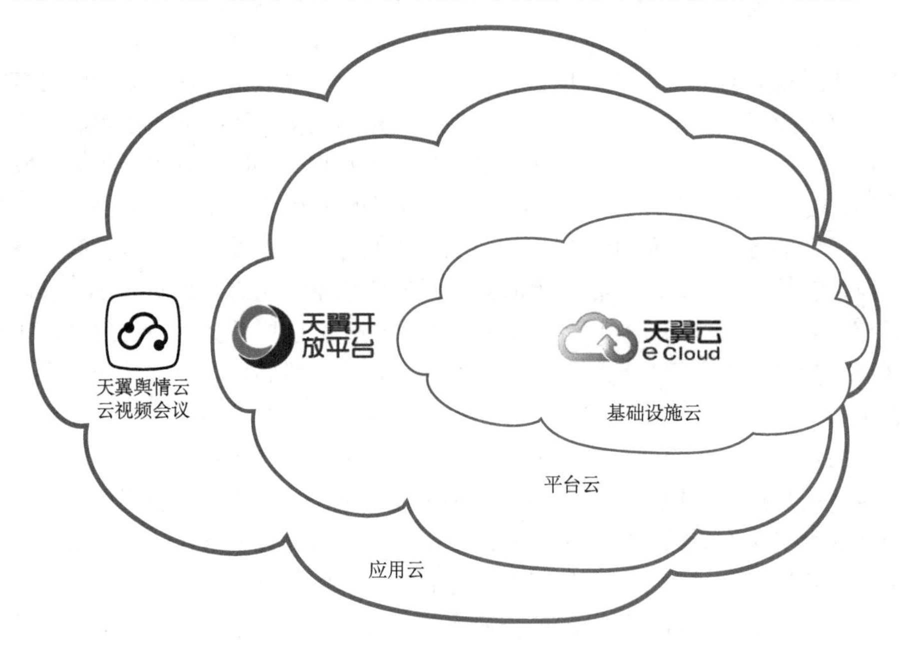

图 2.3　云计算的服务类型

基础设施云（Infrastructure Cloud），或称 IaaS。例如，中国电信的天翼云为用户提供的是底层的、接近于直接操作硬件资源的服务接口。通过调用这些接口，用户可以直接获得计算和存储能力，而且非常自由灵活，几乎不受逻辑上的限制。但是，用户需要进行大量的工作来设计和实现自己的应用，因为基于基础设施层，云除了为用户提供计算和存储等基础功能外，不进一步做任何应用类型的假设。

平台云（Platform Cloud），或称 PaaS。这种云为用户提供一个托管平台，用户可以将他们所开发和运营的应用托管到云平台中。但是，这个应用的开发和部署必须遵守该平台特定的规则和限制，如语言、编程框架、数据存储模型等。通常，能够在该平台上运行的应用类型也会受到一定的限制，例如，天翼云主要为 Web 应用提供运行环境，如开发环境、短信接口等。但是一旦客户的应用被开发和部署完成，所涉及的其他管理工作如动态资源调整等，都将由该平台层负责。

应用云（Application Cloud），或称 SaaS。天翼云为用户提供可以为其直接所用的应用，这些应用一般是基于浏览器的，针对某一项特定的功能，如天翼舆情云服务、云视频会议等特色行业云应用。应用云最容易被用户使用，因为它们都是开发完成的软件，只需要进行一些定制就可以支付。但是，它们也是灵活性最低的，因为一种应用云通常只针对一种特定的功能，无法提供其他功能的应用。

实际上，正如我们现在所熟悉的软件架构范式，自底向上依次为计算机硬件-操作系统-中间件-应用一样，这种云计算的分类也暗含了相似的层次关系。这里不同类型的云其实就是云的不同层次提供的云计算服务，将在后面章节从技术的角度详细分析云计算的层次架构，给出每一层次的主要功能和实现示例，表 2.1 总结了从服务类型的角度来划分的云计算类型。

表 2.1　按服务类型划分云计算

分类	服务类型	运用的灵活性	运用的难易程度
基础设施云	接近原始的计算存储能力	高	难
平台云	应用的托管环镜	中	中
应用云	特定功能的应用	低	易

在这种分类语境中，云桌面一般与云主机、云存储等并列为基础设施云的重要组成部分，为终端用户提供计算及存储能力，但部分学者也将其单独列为 DaaS（Desktop-as-a-Service）终端即服务，与 IaaS、PaaS、SaaS 并列。本书中采用主流观点，将云桌面作为基础设施云的组成部分，即 IaaS 层的有机组成，为基础设施云的一种。

2. *按服务方式分类*

云计算作为一种革新性的计算模式，虽然具有许多现有模式所不具备的优势，但是也不可否认地带来了一系列挑战，无论从商业模式上还是从技术上。首先就是安全问题，对那些对数据安全要求很高的企业（如银行、保险、贸易、军事等）来说，客户信息是最宝贵的财富，一旦被人窃取或损坏，后果将不堪设想。其次就是可靠性的问题，例如，银行希望其每一笔交易都能快速、准确地完成，因为准确的数据记录和可靠的信息传输是让用户满意的必要条件。还有就是监管问题，有的企业希望自己的IT部门完全被公司所掌握，不受外界的干扰和控制。虽然云计算可以通过系统隔离和安全保护措施为用户提供有保障的数据安全，通过服务质量管理来为用户提供可靠的服务，但是仍有可能不能满足用户的所有需求。

针对这一系列问题，业界按照云计算提供者与使用者的所属关系为划分标准，将云计算分为三类，即公有云、私有云和混合云，如图2.4所示。用户可以根据其需求，选择适合自己的云计算模式。

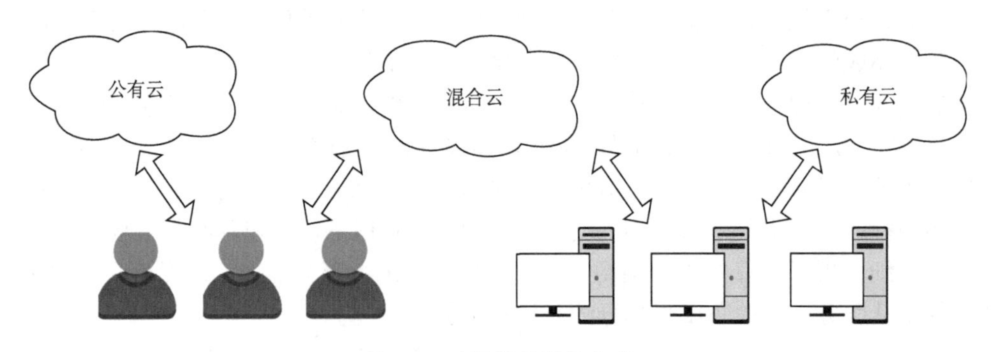

图2.4　云计算的服务方式

公有云是由若干企业和用户共享使用的云环境。在公有云中，用户所需的服务由一个独立的、第三方云提供商提供。该云提供商也同时为其他用户服务，这些用户共享这个云提供商所拥有的资源。

私有云是由某个企业独立构建和使用的云环境。在私有云中，用户是这个企业或组织的内部成员，这些成员共享着该云计算环境所提供的所有资源，公司或组织以外的用户无法访问这个云计算环境提供的服务。

混合云指公有云与私有云的混合。

一般来说，对安全性、可靠性及IT可监控性要求高的公司或组织，如金融机构、政府机关、大型企业等，是私有云的潜在使用者。因为它们已经拥有了规模庞大的IT基础设施，因此只需进行少量的投资，将自己的IT系统升级，就可以拥有云计算带来的灵活与高效，同时有效地避免使用公有云可能带来的负面影响。除此之外，它们也可以选择混合云，将一些对安全性和可靠性需求相对较低的应用，如人力资源管理等，部署在公有云上，来减轻自身IT设施的负担。相关分析指出，一般中小型企业和创业公司将选择公有云，而金融机构、政府机关和大型企业则更倾向于选择私有云或混合云。

云桌面技术初次被 Citrix、Vmware、Microsoft 等国外虚拟化厂家提及的时候，是作为在公有网络上的一种桌面交付应用，其本身无疑是基于公有云建设、使用并运营的。因此在 2010 年以前，云桌面普遍被认为是公有云的一种应用方式。但随着互联网交互性的日益增强及大视频时代的到来，桌面传输由传统的文本传输向多类型的非结构化文件传输演进，公网传输的时延、抖动，上行带宽不足造成的传输瓶颈都使公有云的实时体验差强人意，无法满足行业用户的需求。在这种情况下，私有云桌面应运而生。私有云桌面首先由国内云桌面服务商兴起并发展，通过将云桌面虚拟化与运营商搭建的各类专有网络（如教育城域网、政务内网等），利用专网的封闭性、稳定性及上下行对等的传输保障，使行业用户享受稳定的桌面交付。目前 Citrix、Vmware 等国际桌面虚拟化龙头企业逐渐向行业市场倾斜，其桌面虚拟化的收益绝大部分也来自专网用户。而国内最早一批聚焦公有云桌面的服务商基本退出了云桌面市场。如阿里云 2014 年起在官网上宣布不再提供公有云桌面服务。

目前内外网混合的混合云桌面的应用场景主要存在于政府部门部委办局等。例如，各级政府的政务服务大厅，需要与公安、税务、综治等多个在不同内网间的系统打通，而一般用户是通过公网访问，跨网使用需求成为其典型使用场景。如为此类客户提供云桌面服务，可以通过硬件网络方式的切换设备或软件方式的虚拟 VPN 组网与桌面虚拟化技术相结合，实现混合云桌面。在这种场景下，可以协助客户组网的电信运营商无疑成为最有优势的云桌面服务提供商。

2.1.3　关联概念解释

在计算机科学技术发展的历史上，曾经出现过一些里程碑式的技术。这些技术产生的时间有远有近，但都对当今世界的 IT 运用模式产生了巨大的影响。这些技术包括并行计算、分布式计算、网格计算和效用计算。同样，云计算也不是一蹴而就的，而是从这些技术中逐渐演进而来，既一脉相承，又有所不同。下面我们就来辨析云计算与这些相关概念的异同。

1. 并行计算

并行计算（Parallel Computing）是指同时使用多种计算机资源解决计算问题的过程，为了更快速地解决问题，更充分地利用计算机资源而出现的一种计算方法。其缺点是将被解决的问题划分出来的模块是相互关联的，如果其中一块出错，必定影响其他模块，再重新计算就降低了运算效率。

并行计算将一个科学计算问题分解为多个小的计算任务，并将这些小任务在并行计算机上同时执行，利用并行处理的方式达到快速解决复杂运算问题的目的。并行计算一般应用于如军事、能源勘探、生物、医疗等对计算性能要求极高的领域，因此也称为高性能计算（High Performance Computing）或超级计算（Super-Computing）。并行计算机是一群同构处理单元的集合，这些处理单元通过通信和协作来更快地解决大规模计算问题。常见的并行计算机系统结构包括共享存储的对称多处理器（SMP）、分布式存储的大规模并行机（MPP）和松散耦合的分布式工作站集群（COW）等。解决计算问题的并行程序往往需要特殊的算法，编写并行程序需要考虑很多问题之外的因素，例如，各个并发执行的进程之间如何协调运行、任务如何分配到各个进程上运行等。

并行计算机可以说是云环境的重要组成部分，目前世界各国已经集中建立了若干超级计算中心来服务于该区域内有并行计算需求的用户，并采用分担成本的方式进行付费。但是，云计算与传统意义上的并行计算相比，又存在明显的区别。首先，并行计算需要采用特定的编程范例来执行单个大型计算任务或者运行某些特定应用，而云计算需要考虑的是如何为数以千万计的不同种类应用提供高质量的服务环境，以及如何提高这个环境对用户需求的响应从而加速业务创新。一般来说，云计算对用户的编程模型和应用类型等没有特殊限定，用户不再需要开发复杂的程序就可以把他们的各类企业和个人应用迁移到云计算环境中。其次，云计算更加强调用户通过互联网使用云服务，而在云中利用虚拟化进行大规模的系统资源抽象和管理。在并行计算中，计算资源往往集中在单个数据中心的若干台机器或者是集群上。云计算中资源的分布更加广泛，它已经不再局限于某个数据中心，而是扩展到了多个不同的地理位置。同时，由于采用了虚拟化技术，云计算中的资源利用率可以得到有效提升。由此可见，云计算是互联网技术和信息产业蓬勃发展背景下的产物，完成了从传统的、面向任务的单一计算模式向现代的、面向服务的多元计算模式的转变。

2. 分布式计算

分布式计算（Distributed Computing）是利用互联网上众多的闲置计算机能力，将其联合起来解决某些大型计算问题的一门学科。与并行计算同理，也是把一个需要海量计算机能力才能解决的问题分成很多部分，再分配给多个计算机处理，最终将结果汇总。与并行计算不同的是，分布式计算所划分的任务相互之间是独立的，某一个小任务的出错不会影响其他任务。

3. 网格计算

网格计算（Grid Computing）是专门针对复杂科学计算的新型计算模式，它把互联网上的众多计算资源整合成一台虚拟的超级计算机，再将以 CPU 为主的各种资源联系在一起，从而达到资源共享的目的。

网格计算是一种分布式计算模式。网格计算技术将分散在网络中的空闲服务器、存储系统和网络连接在一起，形成一个整合系统，为用户提供功能强大的计算及存储能力来处理特定的任务。对于使用网格的最终用户或应用程序来说，网格看起来就像是一个拥有超强能力的虚拟计算机。网格计算的本质在于以高效的方式来管理各种加入了该分布式系统的异构松耦合资源，并通过任务调度来协调这些资源合作完成一项特定的计算任务。

可见，网格计算着重于管理通过网络连接起来的异构资源，并保证这些资源能够充分为计算任务服务。通常，用户需要基于某个网格的框架来构建自己的网格系统，并对其进行管理，在其上执行计算任务。云计算则不同，用户只需要使用云中的资源，而不需要关注系统资源的管理和整合。这一切都将由云提供者进行处理，用户看到的是一个逻辑上单一的整体。因此，在资源的所属关系上存在着较大差异，也可以说在网格计算中是多个零散资源为单个任务提供运行环境，而在云计算中是单个整合资源为多个用户提供服务。

可以说，网格计算是将互联网内所有人的计算机组成一个供你个人使用的超级处理器，而分布式计算就是你和其他人一起组成的一个超级处理器。

4. 效用计算

效用计算（Utility Computing）强调的是 IT 资源，如计算和存储等，能够根据用户的要求按需提供，而且用户只需要按照其实际使用情况付费。效用计算的目标是 IT 资源能够像传统公共设施（如水和电等）一样的供应和收费。效用计算使得企业和个人不再需要一次性的巨额投入就可以拥有计算资源，而且能够降低使用和管理这些资源的成本。效用计算追求的是提高资源的有效利用率，最大限度地降低资源的使用成本和提高资源使用的灵活性。

效用计算所提倡的资源按需供应、用户按使用量付费的理念与云计算中的资源使用理念相符。云计算也可以按照用户的资源需求分配运算、存储、网络等各种基础资源。比效用计算更进一步的是云计算，已经有了很多实际应用案例，所涉及的技术和架构可行性更强。云计算所关注的是如何在互联网时代以其自身为平台开发、运行和管理不同的服务。云计算不但注重基础资源的提供，而且注重服务的提供。在云计算环境中，不但硬件等 IT 基础资源能够以服务的形式来提供，应用的开发、运行和管理也是以服务的形式提供的，应用本身也可以采用服务的形式来提供。因此，云计算与效用计算相比，技术和理念所涵盖的范围更可行。

2.2　云计算的技术基础

上面我们介绍了云计算的优势，并从云计算产业的角度分析了各个产业参与者将要或者已经面对的变革。实际上，早在 1966 年 Parkhill 在其经典的《计算机效用事业的挑战》一书中就大胆预测了计算服务如同水和电一样被供给的世界。此后，计算机科学家向着这个目标不断努力探索，经过多年的挫折与失败，却始终没有一个成功的方案让工业界与市场接受。但是，云计算的出现正在改变这一切。云计算让人们了解到，原来计算、存储和应用也可以像水和电一样地去获得。

在过去的 30 年中，我们目睹了发达国家将低端制造业向发展中国家转移，从而完成自身产业升级的全过程。从 IT 产业的角度出发，云计算顺应了资源合理配置、合理专业化分工的历史潮流。由此，规模效益与全球化分工在 IT 业界逐渐形成。正如 Thomas L. Friedman 在《世界是平的》一书中所写，散点分布在世界各地的企业和个人正在由信息高速公路更紧密地联系起来，世界正变得越来越平坦，资源合理配置、专业化分工和规模效益这些原本只在传统制造业中出现的名词已经被应用于 IT 产业。

可见，云计算带来的是 IT 产业的转型和升级。不仅使各个微观经济实体成为云计算产业链中的参与者，各国政府也同样重视这一产业的重要变革并参与其中。毕竟，就如同制造业的变革导致了全球范围内的重新分工，云计算的出现也将引发 IT 产业在世界范围内的再分工。世界各国，尤其是新兴发展中国家不应错过这个难得的机遇实现自己产业结构的升级。各国政府对于高科技产业的重视程度和投入力度是推动云计算向前发展的重要动力。

在技术层面，云计算之所以产生，是六方面原动力共同作用的总结果。

第一是芯片和硬件技术的飞速发展，使得硬件能力激增、成本大幅下降，让独立运作的公司集中可观的硬件能力实现规模效益成为可能。

第二是虚拟化技术的成熟，使得这些硬件资源可以被有效地细粒度分割和管理，以服务的形式提供硬件和软件资源成为可能。

第三是面向服务架构的广泛应用，使得开放式的数据模型和通信标准越来越广泛地为人们使用，为云中资源与服务的组织方式提供了可行的方案。

第四是软件即服务模式的流行，云计算以服务的形式向最终用户交付应用的模式被越来越多的用户所接受。

第五是互联网技术的发展，让网络的带宽和可靠性都有了质的提高，使得云计算通过互联网为用户提供服务成为可能。

第六是 Web3.0 技术的流行和广泛接受，改变了人们使用互联网的方式，通过创新的用户体验为云计算培育了使用群。下面具体介绍这些推动云计算出现和发展的技术原动力。

2.2.1　芯片与硬件技术

半导体芯片技术遵循着摩尔定律在不断发展，摩尔定律是指集成电路上可容纳的晶体管数目，约每隔 18 个月便会增加一倍，性能也将提升一倍。同时计算能力、内存容量、磁盘存储容量也相应地快速提升。多核技术可以在一枚处理器中集成多个完整的计算引擎，它的出现规避了仅仅提高单核芯片的速度而产生过多热量且无法带来相应的性能改善的问题。处理器位数的提高与总线技术的提升，使系统能够支持容量与吞吐量都更大的内存，满足日益增长的应用需求，使更多的任务可以同时运行。随着磁记录技术和固态硬盘的出现，磁盘的存储容量在增大，数据传输率在提高，访问时间在缩短。这些芯片与硬件技术的变革直接作用于计算机系统，使单个系统的能力越来越强，成本越来越低。

除了计算机系统能力的提高，系统间的通信能力也在增强。IEEE802.3ae 定义了带宽为 10GB 的以太网标准，企业级交换机也支持了 10GB 全速第二层转发。大量相对廉价的 x86 系统可以通过高速网络被组织成为大规模的分布式系统，通过协同与冗余来获得以往在大型机上才能达到的处理速度和可靠性。但是，大量地运用廉价系统也带来了各种问题，如大规模系统难于维护、资源消耗高等。在探索解决这些问题的新技术的过程中，云计算应运而生。

芯片与硬件技术的提升也为数据中心的建造创造了便利条件。伴随着速度的不断提升，硬件价格也在不断下降。以前，建设大规模数据中心所需的巨大资金投入，只有极少数企业或者政府机构能够负担得起。现在，由于硬件性能的提升和价格的下降，建造大型数据中心已经不再是不可实现的目标。这就为云服务提供商构建公有云，为企业机构用户构建私有云创造了可能。

2.2.2　资源虚拟化

在云计算中，数据、应用和服务都存储在云中，云就是用户的超级计算机。因此，云计算要求所有的资源能够被这个超级计算机统一地管理。但是，各种硬件设备间的差异使它们之间的兼容性很差，这为统一的资源管理提出了挑战。

虚拟化技术可以将物理资源等底层架构进行抽象，使得设备的差异和兼容性对上层应用透明，从而允许云对底层千差万别的资源进行统一管理。此外，虚拟化简化了应用编写的工作，使得开发人员可以只要关注于业务逻辑，而不需要考虑底层资源的供给与调度。在虚拟化技术中，这些应用和服务驻留在各自的虚拟机上，有效地形成了隔离，一个应用的崩溃不至于影响到其他应用和服务的正常运行。不仅如此，运用虚拟化技术还可以随时方便地进行资源调度，实现资源的按需分配，应用和服务既不会因为缺乏资源而性能下降，也不会由于长期处于空闲状态而造成资源的浪费。最后，虚拟机的快速重建使应用与服务可以拥有更多的虚拟机来进行容错和灾难恢复，从而提高了自身的可靠性与可用性。

可见，正是由于虚拟化技术的成熟和广泛运用，云计算中计算、存储、应用和服务都变成了资源，这些资源可以被动态扩展和配置，云计算最终在逻辑上以单一整体形式呈现的特性才能实现。虚拟化技术是云计算中最关键、最核心的技术基础。

2.2.3　面向服务架构

面向服务架构（Service Oriented Architecture，SOA）是一种 IT 架构设计模式，通过这种设计，用户的业务可以被直接转换成为能够通过网络访问的一组相互连接的服务模块。这个网络可以是本地网络或者是互联网。面向服务架构所强调的是将业务直接映射到模块化的信息服务，并且最大限度地重用 IT 资产，尤其是软件资产。当使用面向服务架构来实现业务时，用户可以快速创建适合自己的商业应用，并通过流程管理技术来加速业务的处理，促进业务的创新。面向服务架构还可以为用户过滤掉运行平台及数据来源上的差异，从而使得 IT 系统能够以一种一致的方式提供服务。

面向服务架构的设计思想引领了 Web 服务技术的发展，使得开放式的数据模型和通信标准越来越广泛地为人们使用，更大程度上促进了已有信息系统的互联。面向服务架构通过基础设施层、业务层、服务层、流程层的层次划分，将模块化的服务和标准化的流程封装成为可以被用户直接应用的组件，允许用户按照自己的实际情况选择、搭建灵活的 IT 架构，满足业务需求。

资源和功能服务化是云计算的一个核心思想。面向服务架构为云中的资源与服务的组织方式提供了可行的方案。云计算依赖于面向服务架构的思想，通过标准化、流程化和自动化的低耦合组件为用户提供服务。不过，云计算将不仅是一种设计架构的模式或方法，而且是一个完整的应用运行平台，基于面向服务架构思想构建的解决方案将在云中运行，服务于云外的用户。

2.2.4　软件即服务

软件即服务是一种通过互联网提供软件的服务模式。用户无须一次性购买软件，而是向服务提供商租用软件，且不用对软件进行维护，而由服务提供商全权管理和维护软件。其核心理念是将软件直接提供为服务，改变了以前常见的软件销售并安装在客户计算机上的这种消费及使用模型。

此外，软件即服务也深刻改变了 IT 业界的商业模式。“长尾理论”是使该模式在商业上取得成功的理论基础。长尾理论讲求的是充分发掘那 80%的零散但充满潜力的市场。从同样的理论出发，利用软件即服务的思想，云计算可以开发那部分曾经无法拥有专业计算中心和 Web 应用的客户，尤其是中小企业和初创型公司，为他们提供那些曾经只有实力雄厚的大公司才能够负担得起的 IT 基础设施和应用。

可以说，软件即服务技术是云计算的先行者，比如软件的远程使用、按需付费模式。然而软件即服务提供商一般仅仅提供某一种特定的应用软件。云计算则把这种单一的模式推广得更为广泛，其采用的虚拟化等技术使得普通软件也可以成为服务。

2.2.5　互联网技术

近 20 年来，世界各国在互联网基础设施建设方面进行了巨额的投资，互联网的带宽和可靠性都得到了大幅提升，网络的触角所涉及的区域也越来越广。目前，信息技术的发展使得世界上大部分的业务都离不开互联网的支持。互联网成为让世界运转不可缺少的平台。网上纷繁复杂的业务对于互联网上资源的稳定性、可靠性、安全性、可用性、灵活性、可管理性、自动化程度甚至节能环保等特性都提出了苛刻的要求，这一切都在不断推动着互联网技术的发展。正是由于互联网的发展，使得云计算中跨地域的资源共享与服务提供成为可能。

除了骨干网的发展，互联网的接入方式也发生了质的转变。从 PSTN 拨号上网到 ADSL 宽带上网，从单一的有线连接到灵活的无线接入，从高速而廉价的 WiFi 到潜力巨大的 4G 甚至 5G。从单一的计算机接入到手机、汽车及各种家用电器的接入，可以说，互联网已经是随时随处可用了。无论在办公室、在家，还是在路途中，稳定的互联网接入是用户获取云计算中丰富多彩资源的基础，不断提高的带宽是用户获得完美体验的前提。正是由于互联网接入的普及和改善，使得用户通过互联网使用远程云端的服务成为可能，在用户和云间搭起了宽阔的桥梁。

2.2.6　Web3.0

什么是 Web 3.0 呢？它不仅仅是 Web 1.0 的简单内容获取与查询，也不单纯是 Web 2.0 的大众参与和内容制造，更是互联网与人们日常生活的大融合。

首先，Web 3.0 是基于位置的信息共享和由此带来的附加价值会更加重要。在不久的将来，我们可以通过位置信息随时记录自己的足迹，获取周围的信息（新闻、优惠信息、可以参与的活动等）。同时，服务提供者可以通过位置信息帮用户扩展社交、推荐优惠、提供精确化的查询。

其次，人们的日常生活和互联网的结合将成为明显的特征。在 Web 2.0 时代，用户如果要参与论坛讨论，或者评价一条新闻，都不得不守在计算机跟前参与内容制造与信息交互。而现在，智能移动终端已经逐渐改变了大众的行为方式。在公交车上，在地铁站里，看到有人拿着手机刷微博、发微信是再普通不过的一件事了。更重要的是，我们已经渐渐习惯了出门拿地图软件找路导航，用团购软件随时随地团购晚餐，打开支付宝钱包付款，甚至用滴滴打车出行，而在其背后，是网络服务提供者为用户各种社会生活量身定制的各种服务。Web 3.0 时代必将是互联网和大众社会活动的大融合。有意思的是，Web 2.0 常常要求用户“走进来”坐在计算机前进入互联网生活，而 Web 3.0 更提倡用户“走出去”参与社会活动并随时随地使用服务、发表见闻。

最后，Web 3.0 的出现和广泛流行深刻地影响了用户使用互联网的方式。现在，人们越来越习惯从互联网上获得所需的应用与服务，同时将自己的数据在网络上共享与保存。而以往，这些都是用户在个人计算机上完成的工作。个人计算机渐渐不再是为用户提供应用、保存用户数据的中心，它蜕变成为接入互联网的终端设备。Web 3.0 提供了云计算的接入模式，也为云计算培养了用户习惯。Web 3.0 将是多种新技术的融合和发展，大数据、云计算、高速高可靠移动网络、物联网、智能硬件等新的技术和概念无一不和 Web 3.0 密切相关。正是因为 Web 3.0 全民随时随地在社会生活各个方面和 Web 的融合，才有了大数据爆发式的需求增长。云计算不仅可以用来处理 Web 3.0 时代的大数据，而且简化了 Web 3.0 时代服务制造者开发服务的难度，并为服务的高效和高质量提供保障。高速高可靠性移动网络保证用户可以随时随地访问 Web，提供了人与 Web 融合的媒介。智能硬件和物联网让更多的设备接入互联网，融入用户的社会生活，是 Web 3.0 时代的基础。可以想象，如果没有智能硬件和物联网，那么 Web 3.0 根本无从实施；如果没有大数据、云计算和高速高可靠性移动网络，Web 3.0 的进一步发展和壮大将受到限制。

2.3　云计算的发展变革

2.3.1　云计算的优势

1. 优化产业布局

云计算将企业原先自给自足的 IT 运用模式改变为由云计算提供商按需供给的模式。IT 业界将出现一些实力雄厚的云计算提供商，他们拥有雄厚的技术实力和管理经验，雇佣专业的商业专家和研发人员。最重要的是，他们有一座甚至许多座规模巨大的计算中心来支撑云中的服务。在摩尔定律的指引下，硬件成本正在不断降低，这些未来的云计算运营商心目中的关键资源不再是服务器，而是运行这些服务器所必不可少的电力资源。

以正在大规模投资云计算的百度公司为例，该公司在多个地点拥有超过 10 座专属数据中心，在这些数据中心中一共同时运行着约 100 万台服务器。每一台服务器加上为其提供冷却的空调的功率是 500W。再计入配套的用电设施及包括路由器、交换机在内的其他设备的其他消耗，该公司数据中心每小时需要使用的电力足有近 500MW，这相当于国内半个副省级城市的电力消耗。

电力作为一种传统资源，分布很不均匀。由于自然条件和政策法规的影响，各地的电价具有很大差异，如表 2.2 所示。在当前技术条件下，用电网传送电力的成本和产生的浪费要远大于用互联网传输数据，而电价又忠实地反映了获取电力资源的难易程度，因此，云计算提供商在建立大规模数据中心的时候都会充分考虑这个因素，将大型数据中心建造在电力资源丰富、地理条件安全、很少有自然灾害的地方；同时要充分考虑如当地法律政策、是否靠近互联网重要节点等非自然因素。例如，报道称，有几座大型数据中心正在艾奥瓦州的 CouncilBluffs 与华盛顿州的 Quincy 建设，而这些地点的选择恰好体现了对于以上因素的充分考虑。

表 2.2　美国部分地区电价比较

电价/（美分/千瓦时）	地点	可能的原因
3.6	艾奥瓦州	丰富的水电资源
10.0	加利福尼亚州	电网远距离传输，州立法禁止火电厂的建造
8.0	夏威夷	油料需要通过海运进岛进行发电

可见，进入云计算时代后，IT 已经从以前那种自给自足的作坊模式，转化为具有规模化效应的工业化运营，一些小规模的单个公司专有的数据中心将被淘汰，取而代之的是规模巨大而且充分考虑资源合理配置的大规模数据中心。而正是这种更迭，生动地体现了 IT 产业的一次升级，从以前分散的、高耗能的模式转变为集中的、资源友好的模式，顺应了历史发展的潮流。

而云桌面技术作为云计算的一种，一方面为企业提供规模化的集中运营：如中国人寿在其位于上海的自建数据中心，集中部署了可支撑十万自有员工用户的云桌面平台，大大优化了资源配置方式，降低了资源管理成本；另一方面为政府交付无差异化的信息化服务，促进地区均等与社会公平：如江苏泰州某区，在使用云桌面前，通过各学校自购 PC 建设电教室的方式为学生提供信息化教学，而许多乡镇学校因经费原因，其 PC 非常老旧，坏损率很高无法满足正常的电子教学要求，与市区学校形成鲜明对比，从某种意义上说严重影响了教育公平。后该区通过统一建设教育云桌面，为区内学生提供无差异的桌面交付，所有学生享受了均等的教学资源使用权利，促进了区域教育公平化。

2. 推进专业分工

不同于中小型企业的数据中心只能在距离企业不太远的地方选址以便维护，专业公司的大型数据中心可以充分利用选址灵活的优势合理配置资源。此外，大型数据中心具有实力雄厚的科研技术团队、丰富的维护管理经验来体现专业分工的优势。

云计算提供商普遍采用大规模数据中心，比中小型数据中心更专业，管理水平更高，提供单位计算所需的成本更低廉，如表 2.3 所示。中小规模的数据中心采用风冷的方式进行温度调节，空调耗电量较大，而大型数据中心一般采用专业的水冷与风冷相结合的方式进行温度调节，这样的数据中心一般建立在水资源丰富的河边，将用于制冷的水抽取到制冷单元，当水温度升高后再送到室外自然冷却，相对风冷来说这是一种既节能环保又经济的温度调节方式。

表 2.3　大型数据中心和中小型数据中心相比的成本优势

数据中心属性	中小型数据中心	大型数据中心
服务器个数	<2000	>2000
每个管理员管理服务器数	<500	>500
PUE 值	2.0～2.5	1.0～1.5
服务器供电方式	交流电	直流电
电价	高	低
制冷方式	风冷	水冷+风冷
提供单位计算力的成本	高	低

同时，专业的云计算提供商可以有更多的科研和经费投入来推动数据中心的技术革新。例如，目前大多中小型数据中心采用交流电的供电方式，仅能达到约 75%的能效比，其中有 25%的电能被白白浪费，转化成了热量，加剧了温度调节所需的能源消耗。但通过技术革新，改用直流电源的方式进行供电，仅此一项，大型专业数据中心就可以节电约 30%。

除了在硬件上更加专业，云计算提供商还具有更完善的软件，这包括具有丰富知识和经验的管理团队及与其配套的管理软件。在中小型的数据中心，平均每个工作人员最多可以管理 170 台服务器。而在大型数据中心中，由于有专业团队和工具的支持，每个工作人员可以同时管理的服务器数量达 1000 台以上。因此，人力成本这一项可以被大幅度削减。

由此可见，云计算带来的是更加专业的分工，更进一步优化的 IT 产业格局。通过让专业的人做专业的事，各取所长，扬长避短，有效地避免了 IT 产业中可能产生的内耗。另外，专业分工也孕育了新的产业契机，除了现有的大型IT公司外，一批新兴的高科技企业也将在云计算中找到自己的位置并逐渐成长起来。

云桌面同样具有此类优势，行业客户无须再安排专人聚焦PC采购、PC维护等事宜，直接采购云桌面服务，只聚焦桌面上的应用使用。因云桌面通过功率仅7～15W的瘦终端作为客户侧部署设备，相较200～300W的PC主机，可大大节能。如通过自建平台的方式，平均耗电量可降低30%，如使用运营商等提供的托管在运营商数据中心的云桌面服务，行业客户可减少90%的电力费用支出。

3. 提升资源利用率

前面我们在IT产业的层面，从产业布局和专业分工的角度阐述了云计算的优势。下面我们将深入到云计算所涉及的各个实体，讨论这个新兴的计算模式将赋予它们怎样的优势。

在云计算模式下，高科技企业、传统行业甚至是互联网公司的IT业务都可以在不同程度上外包给专业的云计算提供商进行管理。例如，Giftag公司就将其设计的Web 3.0应用交由Google App Engine托管，Google公司根据其业务量的变化来调整和分配其所需的资源。值得注意的是，Giftag并不是Google App Engine平台上唯一的托管应用。实际上，它与成千上万其他的Web应用一起共享这个平台提供的服务与资源。

图2.5是一个Web应用的典型负载变化图，从图2.5中可以看出负载呈现出三个主要规律：其一是负载的周期性变化规律，通常由昼夜差异和周末与工作日的差异引起，基本可以通过长期观察来预测；其二是一次性任务或突发事件引起的负载，例如，某热门话题会引起网站的访问量激增，通常无法预测；其三是由于业务增长引起的负载长期增长趋势，一定程度上可以预测。面对这样变化的负载，传统的Web应用提供商或者企业专有数据中心应该如何来规划资源呢？一般来说无外乎图中的A、B、C三种方式。方式A仅考虑短期的负载来分配资源，该方式产生的浪费最少，仅在负载周期低谷时有较大资源浪费。然而，在不对业务发展进行预测的情况下分配资源，会导致一段时间后因资源不足影响业务系统运行，或不久就需要再次扩容，带来管理上的复杂性。目前采用较多的是方式B，这种方式考虑了负载长期的增长趋势，有一定预见性地增加了资源，但相比方式A来说，造成短期内一定的资源浪费。方式C为了应对不可预测的突发事件或一次性任务而准备大量资源，在绝大多数情况下资源处于严重浪费的状态。这种方式仅适用于业务系统极其重要、为保证可用性可以不计成本的应用。

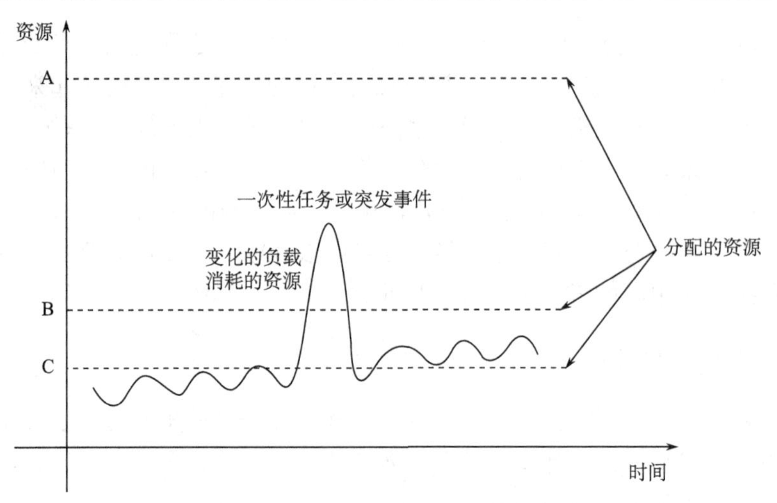

图 2.5　典型的业务系统负载变化及传统的资源分配方式

可见，传统的数据中心无法兼顾业务的可用性和资源的高效利用，只能在二者之间达到某种程度的平衡。一般来说，企业为了保证业务系统的高可用性，会牺牲掉资源的高效性。据统计，多数企业数据中心的资源利用率在 15%以下，有的还不到 5%。而在云计算的平台中，若干企业的业务系统共用同一个大的资源池，资源池的大小可以适时调整，还可以通过动态资源调度机制对资源进行实时的合理分配。即使有突发事件对某一个业务系统产生冲击，也不会对整个资源池造成很大影响。通过这些手段，云计算平台中的资源利用率可达 80%以上，与传统数据中心的资源利用率相比有大幅度提升。

云桌面针对并发用户数显著小于总用户数的情况下，可以通过“资源抢占”机制有效地提高资源利用。如某物流企业有 1200 名员工，但由于外出比例较高，经单位网管系统统计，6 个月中最高并发上线数为 400。则该企业事实上无须为员工采购 1200 台 PC 满足办公需求，只需建设容量为 500 用户并发的云桌面资源池，匹配 1200 个瘦终端或账号即可。

4. *减少初期投资*

从云服务提供商的角度看，同时托管多个服务提高了资源利用率，也降低了其长期的运营成本。同样，对于将自己的 IT 业务外包给云计算提供商的公司，他们的一次性 IT 投入也降到了最低，从而有效地规避了财务风险。

云计算将取代传统的企业专有数据中心。企业无须拥有硬件，而是直接使用云中的计算资源。云计算即用即付费的方式消除了企业的一次性投入，包括数据中心的营建，以及硬件设备的购置和定期更换。这种一次性投入对企业的现金流冲击较大，它意味着企业预付了若干年的投入。IT 设备的平均寿命是 3～5 年；

制冷设备、监控设备、门禁系统等其他设备的使用寿命则是 10～20 年；如果再考虑数据中心的建筑寿命，就可以达到几十年之久。这样巨额的一次性投入将使企业背负沉重的负担。此外，一旦企业发生较大变化，如业务转型、系统下线、政策变化等，前期投入的资产就有可能面临被折价处置的困境。

在大多数情况下，软件同样也是一项高昂的支出。如果需要一套高质量的行业解决方案，企业首先要购买构建该解决方案所必需的中间件软件的许可证，然后在这个基础上购买或者开发自己所需要的特定解决方案。除此之外，当这些服务器或者软件被购入以后，很多时候它们其实并没有被充分利用。因为系统的负载是不均衡的，甚至有些时候系统是空闲的，即并不处理任何用户请求。

回顾本章开始时华盛顿邮报的例子，显然以报社现有的 IT 资源是无法完成档案格式转换工作的。但是，报社也不可能为了这个任务而进行一次性投入，购买功能强大的计算机设备。而恰好是云计算提供的“按使用付费”的计价模型有效地降低了用户的 IT 成本，使不可能的任务成为可能。

云计算帮助用户降低 IT 成本体现在两个方面：第一，用户不再需要进行巨大的一次性投资，彻底省去了购置、安装、管理软硬件的费用，因为他们可以从云计算提供商那里租用这些 IT 基础设施；第二，用户在使用这些 IT 资源时，可以按照自己的实际使用量付费。如表 2.4 所示列出了 Amazon 公司提供的打包计算资源实例及他们的计价标准。在这种计价模型中，时间是按照小时来计算的，运算平台分为 Linux/UNIX 和 Windows 两种，并且根据占用资源的数量分为若干等级，各个等级的计价有所不同。通过这种计价方式，用户可以在负载较低的时候选择较小的实例，甚至在空闲的时候停止部分虚拟机的运行。由此可见，这种在类型和时间上更加细粒度的计费模型将有助于用户进一步降低 IT 成本。例如，云桌面相比传统 PC，由于计算及存储资源高度复用，一次性投入可下降 20%。

表 2.4　Amazon 公司提供的配置实例和收费标准

类型	型号	实例配置	Linux/UNIX 系统	Windows 系统
标准	小	1.7GB 内存，1 个 EC2 计算单元，160GB 存储，32 位平台	0.10 美元/小时	0.125 美元/小时
	大	7.5GB 内存，4 个 EC2 计算单元，850GB 存储，64 位平台	0.40 美元/小时	0.50 美元/小时
	超大	15GB 内存，8 个 EC2 计算单元，1690GB 存储，64 位平台	0.80 美元/小时	1.00 美元/小时
高 CPU 型	中	1.7GB 内存，5 个 EC2 计算单元，160GB 存储，32 位平台	0.20 美元/小时	0.30 美元/小时
	超大	7GB 内存，20 个 EC2 计算单元，1690GB 存储，64 位平台	0.80 美元/小时	1.20 美元/小时

5. 降低管理开销

对于云计算的用户来说，除了降低 IT 的使用门槛，更重要的是云计算平台还可以帮助他们实现应用的自动化管理。对于应用的运行和管理来讲，云计算的出现能够使用户获得更高的灵活性和自动化。

对应用管理的动态、高效率、自动化是云计算的核心。它要保证用户在创建一个服务的时候，能够用最少的操作和极短的时间就完成资源分配、服务配置、服务上线和服务激活等一系列操作。与此类似，当用户需要停用一个服务的时候，云计算能够自动完成服务停止、服务下线、删除服务配置和资源回收等操作。在虚拟化技术的支持下，Web 应用可以被做成虚拟器件，当需要启动服务的时候，可以快速部署到云计算环境中；当服务不再需要时，可以取消部署以释放占用的资源。可见，云计算可以在软件和解决方案等不同层次提供极大的灵活性与自动化。

除了应用的部署与删除，在应用的整个生命周期中，时时刻刻需要按照其当前状态进行动态管理，如根据业务需求增删功能模块、增减资源配置等。在云计算中，这些工作也将在不同程度上由云平台自动完成，为用户提供了灵活的业务管理和便捷的服务。

云桌面主要通过减少对 PC 终端的管理、维护成本降低总体管理成本。如一家 400 人的企业，分散在两个地区，需要配置管理人员 2～3 人进行 PC 设备的日常维护，如果部分涉密的企业，需要进行用户行为控制并在用工离职前进行数据删除等流程，则需要 3～4 人。但使用云桌面后，终端设备无须维护，只需进行少量备机替换工作，通过统一云管平台远程管理、检测、重启即可，90%以上工作可以远程完成，则 IT 管理人员减少至 1 人便可覆盖 400 人的企业，显著降低了管理成本。

2.3.2　云计算带来的变革

前面我们从 IT 产业和各个实体的角度分析了云计算及云桌面的优势，云计算作为一种新兴的 IT 运用模式，带来了 IT 产业调整和升级，同时也催生了一条全新的产业链。这条产业链中主要包含硬件供应商、基础软件提供商、云提供商、云服务提供商、应用提供商、企业机构用户和个人用户等不同角色。

如图 2.6 所示是云计算产业结构中的角色。在云计算的产业结构中，位于中心的是云提供商。云提供商为云服务提供搭建公有云环境，为政府和企业客户搭建私有云环境。云提供商从硬件提供商和基础软件提供商那里采购硬件与软件，向上提供构建云计算环境所需的解决方案。应用提供商从云服务提供商那里获得所需的资源来开发和运营自己的应用，为个人用户和企业机构用户提供服务。除了从云提供商那里获得私有云，从应用提供商那里获得随时可用的软件外，企业机构用户还可以直接从云服务提供商那里获得计算和存储资源来运行企业机构内部的自有应用。

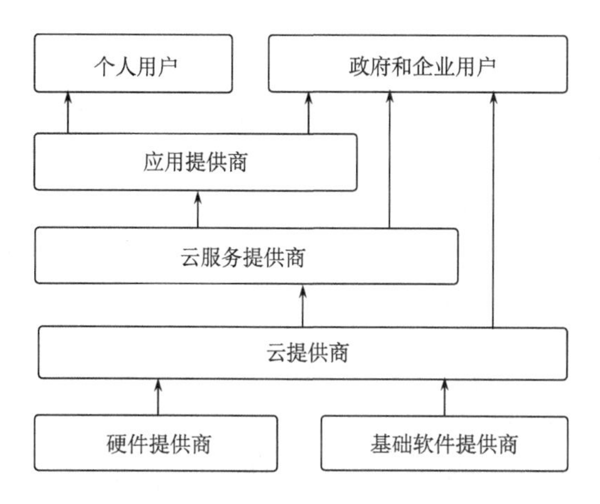

图 2.6　云计算产业结构中的角色

云计算将为 IT 产业带来深刻的变革，也为创业者带来新的机遇。下面我们将自底向上从这条产业链中的各个角色出发，通过对产业链各个环节中各角色的分析，简要介绍云计算及云桌面给整个产业带来的变革。

1. 硬件提供商

云计算对当前硬件提供商的业务具有很大的影响。作为硬件的行业客户，一些企业和机构考虑按照云提供商给出的解决方案，增购服务器或者进行技术升级，来构建完全可以由自己控制的私有云环境；也有一些公司将继续以传统的方式使用服务器并且不改变服务器的购买计划。但是，云计算会使得更多的公司，尤其是中小型企业都开始重新考虑甚至放弃原有的服务器购买计划，转而通过使用公有云来提高业务的灵活性，降低运营成本。

然而，这并不意味着云计算会打压硬件提供商的业务。相反，为了满足用户对公有云的需求，云服务提供商将建设更多的公有云环境。这将创造市场对硬件产品的新需求，并促进硬件产品在技术上的创新。那些更加节能、灵活并且能够支持云计算技术要求，尤其是支持虚拟化功能的硬件产品，将在未来的市场中占据更大的份额。

云桌面的硬件提供商包含两类：一是提供瘦终端的终端设备商，如 Dell、福建升腾、锐捷网络、福建实达、中兴通讯、清华同方等。国内的瘦终端供应商主要集中在广东、福建等地，而业内许多的中小品牌也是通过 ODM、OEM 等方式，通过广东、福建等地的代工厂，出厂贴牌的方式经销瘦终端；二是原有服务器和存储厂商，如华为、中兴、华三、浪潮、曙光、EMC等，不一而足。

2. 基础软件提供商

基础软件包括传统意义上的操作系统和中间件。云计算对于基础软件提供商的影响是巨大的。云计算所带来的变革将影响着从操作系统到上层应用整个软件体系结构的每个角落。在云计算中，互联网就像是一个巨大的操作系统，它运行着云中所有的软件并向用户提供服务。由于越来越多的应用都从桌面操作系统搬到了互联网上，这使得传统操作系统提供商承受着巨大的挑战和压力，一方面必须在新版本的操作系统中引入对云计算核心技术的支持，如虚拟化技术，从而在未来云基础设施领域中占据更多的市场份额；另一方面，如果已有客户要采纳这些新技术，就意味着比较复杂的升级周期，这在从操作系统桌面应用升级到云应用的过程中体现得最为明显。

与操作系统相同，中间件为上层服务提供了通用的功能模块，并且隐蔽了实现细节，使得上层软件的开发可以着重于业务逻辑，而非烦琐的底层细节。在云计算环境中，中间件对上层依然需要提供相同的便捷功能，但是对下层需要隐藏的细节就更加复杂了。首先，中间件运行在云之上，而不是在传统意义上的单个服务器上，这样它不仅需要适应单个云服务提供商的运行环境，还要具有跨多个云服务提供商的互操作性。其次，在云上运行的中间件必须支持云计算的核心特征——可扩展性，可以随时随地为任何用户调整资源以满足业务上的需求。可见，作为提供操作系统和中间件的基础软件提供商，新技术的研发和新产品的推出速度将决定其能否在云计算中占据领先地位。

云桌面的基础软件提供商包括Citrix、Vmare等国外虚拟化龙头，其中Citrix最早聚焦桌面虚拟化，基于Xen的开源框架，通过高效压缩的ICA协议，打造云桌面基础设施。近年来国内企业如深信服、锐捷网络、华云、辰云科技、蓝鸽等也着力基础虚拟化软件的自助研发，打造了Acloud、Ccloud等国内自主知识产权的云桌面基础虚拟软件。

3. 云提供商

云提供商处于云计算产业的核心位置，它向下采购硬件提供商及基础软件提供商的硬件与软件产品，向上为云服务提供商提供构建公有云的解决方案，为企业机构用户提供构建私有云的解决方案。可见，云提供商在云计算产业中处于“造云者”的角色。可以说，在云计算产业中，其他角色的业务流转都是围绕云提供商展开的。

云提供商需要具有三个显著特点。第一，具有丰富的硬件系统集成经验。云计算无疑将带来现有数据中心的技术升级和扩容，以及新兴大型数据中心的建造。为这些数据中心提供从处理、存储到网络的集成解决方案是一项复杂的系统工程，因此需要云提供商在这方面具有深刻的认识和丰富的经验。第二，具有丰富的软件系统集成经验。硬件是云计算的躯体，软件是云计算的灵魂。从操作系统到中间件，从数据库、Web服务到管理套件，软件的选择、配置与集成方案种类众多、千变万化，如何帮助用户做出最合适的选择，需要云提供商对软件集成具有深刻的理解。第三，具有丰富的行业背景。这一点主要是针对企业机构的私有云建设。由于用户是身处各行各业的不同企业机构，其业务也不尽相同，因此如何为用户设计出最适合自己的私有云解决方案，就需要云提供商对该行业具有深刻的理解和丰富的行业经验。

总之，云提供商需要同时具有丰富的硬件、软件和行业经验才能保证其在云计算产业中的核心位置。云计算产业中的其他角色围绕着云提供商运营流转。云提供商为产业链中的其他角色提供服务，创造价值。以云桌面为例，国内的云提供商主要为各大电信运营商，他们在全国范围内各数据中心搭建了集中或下沉的云桌面资源池，面向全社会的云服务商提供服务。

4. 云服务及应用提供商

云计算是互联网时代信息技术发展和信息服务需求共同作用下的产物。传统的软件提供商所提供的产品并不能直接适用于云计算环境。规模较小的独立软件提供商一般没有强大的技术实力去实现云计算技术的创新，而规模庞大的专业软件提供商在实现传统软件产品转型时遇到的技术和业务压力也是空前的，这就给那些眼光卓越的精英带来了创业机会。

这些新兴企业在面对变革时没有沉重的包袱，能够充分而直接地构建适合互联网时代需求的云计算产品。他们与云提供商紧密合作，提供适合市场需求的云计算环境。无疑，云计算打开了一片宽广的市场空间，无论是基础设施云、平台云还是应用云，都有着巨大的潜在需求。因此，对于每一家云服务提供商，只要能够通过变革和创新来提供便捷的、差异化的云计算服务，他们就能够在云计算产业中获得成功。

传统的应用提供商将其应用运行在自己的服务器或者在数据中心租赁的服务器上，这种传统的方式有着几个弊端。首先，应用提供商要负担更高的成本，因为需要购买或者租赁物理机器，购买相应的各种软件。其次，应用提供商需要对所有的机器和软件进行维护，保证整个系统从硬件到软件都正常地工作。更重要的是，由于成本控制，应用提供商很难用更为低廉的方式获取更多的资源，这会使得服务质量在服务高峰期受到很大影响。

在云计算中，应用提供商所提供的服务运行在云中，并且是以服务的方式通过互联网提供的。云计算能够有效地使应用提供商避免上述弊端，从而为中小企业和刚刚起步的企业降低成本。首先，应用提供商不需要购买专门的服务器硬件及各种软件，只需要将应用部署在云平台中即可，所需的硬件资源和软件服务都由云提供。其次，由于云平台由专人维护，应用提供商也省去了维护费用。再次，云计算中所有的资源都按照具体使用情况付费，从而避免了传统方式中资源空闲所造成的浪费。最后，云平台上的软件都以服务的形式运行，应用提供商在开发新业务的时候能够以较低的成本充分利用云平台所提供的各种服务，从而加速业务上的创新。

我们以某电信运营商为某市卫计委提供的医疗云桌面平台为例，运营商搭建了专线接入的云桌面资源池，卫宁等传统医疗软件商充当了云应用提供商的角色，将传统软件云化改造，在资源池上加载远程诊疗、移动护理等医疗信息化云服务，面向医院及乡镇卫生所提供两级医疗云桌面应用。

5. 个人用户

云计算时代将产生越来越多的基于互联网的服务，这些服务丰富全面、功能强大、使用方便、付费灵活、安全可靠，个人用户将从主要使用软件变为主要使用服务。在云计算中，服务运行在云端，用户不再需要购买昂贵的高性能的计算机来运行种类繁多的软件，也不需要对这些软件进行安装、维护和升级，这样可以有效地减少用户端系统的成本与安全漏洞。更重要的是，与传统软件的使用方式相比，云计算能够更好地服务于用户。在传统方式中，一个人所能使用的软件仅为其个人计算机上的所有软件。而在云计算中，用户可以通过互联网随时访问不同种类和功能的服务。

云计算将数据放在云端的方式给很多人带来了顾虑，通常人们认为数据只有保存在自己看得见、摸得着的计算机里才最安全，其实不然，因为个人计算机可能会不小心被损坏、遭受病毒攻击，导致硬盘上的数据无法恢复，数据也有可能被木马程序或者有机会接触到计算机的不法之徒窃取或删除，笔记本计算机还存在丢失的风险。而在云环境里，有专业的团队来帮用户管理信息，有先进的数据中心帮助用户备份数据。同时，严格的权限管理策略可以帮助用户放心地与指定的人共享数据。这就如同把钱存到银行里比放在家里更安全一样。

目前个人用户使用云存储的最为广泛，部分个人也会租用云主机来作为科学计算、金融高频交易、游戏挂机等特殊用途。因云桌面对于网络条件依赖较高，而其管理优势大于使用优势，因此个人使用云桌面服务目前较少，未来随着网络环境的持续优化以及云桌面协议中传输算法的不断革新，我们相信在大学生、软件开发者等人群中，个人云桌面将逐步普遍使用。

6. 政府与企业用户

对一个企业用户来说，云计算意味着很多。正如上面所述，政府与企业不必再拥有自己的数据中心，大大降低了运营 IT 部门所需的各种成本。由于云所拥有的众多设备资源往往不是某一个企业或者政府所能拥有的，并且这些设备资源由更加专业的团队进行维护，因此企业的各种软件系统可以获得更高的性能和可靠性。另外，政府与企业不需要为每个新业务重新开发新的系统，云中提供了大量的基础服务和丰富的上层应用，政府与企业能够很好地基于这些已有的服务和应用在更短的时间内推出新业务。

当然，也有很多争论说云计算并不适合所有的政府与企业，例如，对安全性、可靠性都要求极高的银行、金融企业，还有涉及国家机密的军事单位等，另外如何将现有的系统迁入到云中也是一个难题。尽管如此，很多普通制造业、零售业等类型的企业都是潜在的能够受益于云计算的企业。而且，对于那些对安全性和可靠性要求很高的政府与企业，他们也可以选择在云提供商的帮助下建立自己的私有云。随着云计算的发展，必将有更多的企业用户从不同方面受益于云计算。

云桌面特别适合应用场景较为单一或布局非常分散的政企类客户使用。目前云桌面面向的最大政府及企业客户为高校及各级教育局，其广泛建设的实训教室及电教室，因其“大规模部署单一应用”的应用场景尤其吻合云桌面的集中部署特性，因此被大规模应用。据不完全统计，仅江苏各高校在用的云桌面就接近 20 万台。其他的如企业呼叫中心、政府 12345 服务中心、驾校电子考场等。另外连锁超市、加油站、边防支队等散点分布的政府、企业客户也在大规模使用云桌面，可以大大降低运维成本。

2.3.3　云计算标准制定

云计算是这两年 IT 业最热的话题，也成为 IT 业一个新的发展趋势。然而目前，无论在国际上还是在国内，云计算其实并没有一个公认的标准。

全球范围内的云计算标准化工作已经启动。目前，全世界已经有 30 多个标准组织宣布加入云计算标准的制定行列，并且这个数字还在不断增加。这些标准组织大致可分为 3 种类型。

（1）以 DMTF、OGF、SNIA 等为代表的传统 IT 标准组织或产业联盟，这些标准组织中有一部分原来是专注于网格标准化的，现在转而进行云计算的标准化工作。

（2）以 CSA、OCC、CCIF 等为代表的专门致力于进行云计算标准化的新兴标准组织。

（3）以 ITU、ISO、IEEE、IETF 为代表的传统电信或互联网领域的标准组织。

应该说，在这些组织之中，大部分还处在“热点炒作”的状态之中，并没有多少实质性的进展，而且有个别标准组织已经由于一些如知识产权之类的内部因素而逐步失去了活力。而且，大部分标准组织的成果仍只是一些白皮书或者技术报告，能够形成标准文档的少之又少，即使是已经发布的一些标准，由于其领域比较局限（如只关注于存储等）而没有产生很大的影响。

虽然成果寥寥，但有一些标准组织的确进行了大量有意义的工作，正在努力将云计算的标准化向前推动。这些重要的标准组织如下。

1）NIST

美国国家标准技术研究院（National Institute of Standards and Technology，NIST）由美国联邦政府支持，进行了大量的标准化工作。美国联邦政府正在积极推进联邦机构采购云计算服务，而 NIST 作为联邦政府的标准化机构，就承担起为政府提供技术和标准支持的任务，它集合了众多云计算方面的核心厂商，共同提出了目前为止被广泛接受的云计算定义，并且根据联邦机构的采购需求，还在不断推进云计算的标准化工作。

2）DMTF

分布式管理任务组（The Distributed Management Task Force，DMTF）是领导面向企业和互联网环境的管理标准和集成技术的行业组织。DMTF 在 2009 年 4 月成立了“开放云计算标准孵化器”，主要关注 IaaS 的接口标准化，制定开放虚拟接口格式（Open Virtualization Format，OVF）以使用户可以在不同的 IaaS 平台间自由地迁移。

3）CSA

云安全联盟（Cloud Security Alliance，CSA）是专门针对云计算安全方面的标准组织，已经发布了《云计算关键领域的安全指南》白皮书，成为云计算安全领域的重要指导文件。

4）IEEE

电气和电子工程师协会（Institute of Electrical and Electronics Engineers，IEEE）云计算（主要是以虚拟化方式提供服务的 IaaS 业务）给传统的 IDC 及以太网交换技术带来了一系列难以解决的问题，如虚拟机间的交换、虚拟机的迁移、数据/储网络的融合等，作为以太网标准的主要制定者，IEEE 目前正在针对以上问题进行研究，并且已经取得了一些阶段性的成果。

5）SNIA

存储网络协会（Storage Networking Industry Association，SNIA）是专注于存储网络的标准组织，在云计算领域，SNIA 主要关注于云存储标准，目前已经发布了“与数据管理借口 CDMI v1.0”。

ITU、IETF、ISO 等传统的国际标准组织也已经开始重视云计算的标准化工作，ITU 继成立了云计算焦点组（Cloud Computing Focus Group）之后，又在 SG13 成立了云计算研究组（Q23）；IETF 在近两次会议中都召开了云计算的专题论坛，吸引了众多成员的关注；ISO 在 ISO/IECJTCI 进行一些云计算相关的 SOA 标准化工作等。

这些标准组织与其他专注于具体某个行业领域的组织不同，希望能够从顶层架构的角度来对云计算标准化进行推进。其中，尤其以 NIST 的工作得到的认可度最高。

根据 NIST 的定义，云计算是一种利用互联网实现随时随地、按需、便捷地访问共享资源池（如计算设施、存储设备、应用程序等）的计算模式。计算机资源服务化是云计算重要的表现形式，它为用户屏蔽了数据中心管理、大规模数据处理、应用程序部署等问题。通过云计算，用户可以根据其业务负载快速申请或释放资源，并以按需支付的方式对所使用的资源付费，在提高服务质量的同时降低运营成本。

技术分析篇

第3章 云 架 构

基于上面所述，我们可以把云桌面视为低配的云主机，本章中我们通过对云计算的技术分析，更好地了解云桌面的运行机制。众所周知，云计算能够将各种各样的资源以服务的方式通过网络交付给用户，这些服务包括种类繁多的互联网应用、运行这些应用的平台，以及虚拟化后的计算和存储资源。与此同时，云计算环境还要保证所提供服务的可伸缩性、可用性与安全性。云计算需要清晰的架构来实现不同类型的服务及满足用户对这些服务的各种需求。

3.1 云架构的基本层次

云计算可以按需提供所需资源，它的表现形式是一系列服务的集合。结合当前云计算的应用与研究，其体系架构可分为内核服务、服务管控、用户访问接口三层，如图 3.1 所示。

内核服务层将硬件基础设施、系统运行平台、应用程序抽象成服务，这些服务具有可靠性强、可用性高、规模可伸缩等特点，满足多样化的应用需求。服务管理层为核心服务提供支持，进一步确保核心服务的可靠性、可用性与安全性。用户访问接口实现客户到云的访问。

1. 内核服务层

云计算中的核心服务分为基础设施云、平台云和应用云。这样的分类方式其实已经包含了内核服务层云架构的基本层次。云架构通过虚拟化、标准化和自动化的方式有机地整合了云中的硬件和软件资源，并通过网络将云中的服务交付给用户。典型的云架构分为三个基本层次：基础设施即服务层（Infrastructure-as-a-Service，IaaS）、平台即服务层（Platform-as-a-Service，PaaS）与软件即服务层（Software-as-a-Service，SaaS），如图 3.1 和图 3.2 所示。按云服务类型分类的方式就是按照在云架构不同层次上提供服务的维度来划分的。从图 3.1 中我们可以发现，这三种层次向上提供服务的方式有公有云、私有云和混合云三种类型，这也正是前面介绍的云计算按其提供方式所划分的类别。

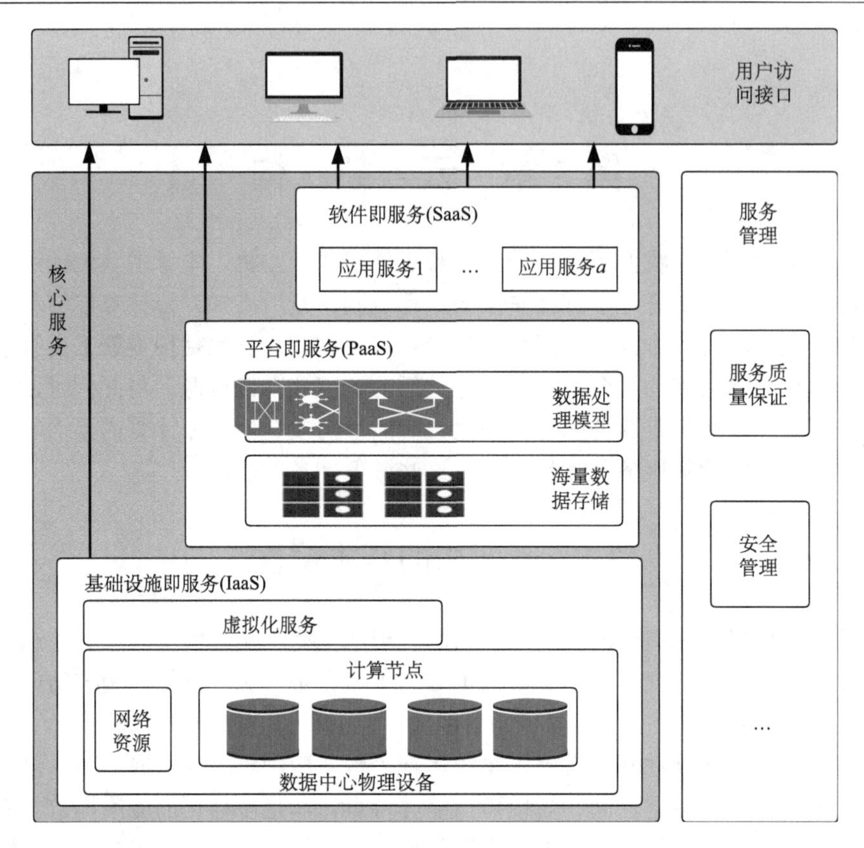

图 3.1　云计算体系架构

IaaS 提供硬件基础设施部署服务，为用户按需提供实体或虚拟的计算、存储和网络等资源。在使用 IaaS 层服务的过程中，用户需要向 IaaS 层服务提供商提供基础设施的配置信息，运行于基础设施的程序代码以及相关的用户数据。另外，为了优化硬件资源的分配，IaaS 层引入了虚拟化技术。借助虚拟化工具，可以提供可靠性高、可定制性强、规模可扩展的 IaaS 层服务。基础设施层是经过虚拟化后的硬件资源和相关管理功能的集合。云的硬件资源包括了计算、存储和网络等资源。基础设施层通过虚拟化技术对这些物理资源进行抽象，并且实现了内部流程自动化和资源管理优化，从而向外部提供动态、灵活的基础设施层服务。

PaaS 是云计算应用程序运行环境，提供应用程序部署与管理服务。通过 PaaS 层的软件工具和开发语言，应用程序开发者只需上传程序代码和数据即可使用服务，而不必关注底层的网络、存储、操作系统的管理问题。由于目前互联网应用平台的数据量日趋庞大，PaaS 层应当充分考虑对海量数据的存储与处理能力，并利用有效的资源管理与调度策略提高处理效率。平台层介于基础设施层和应用层之间，它是具有通用性和可复用性的软件资源的集合，为云应用提供了开发、运行、管理和监控的环境。平台层是优化的“云中间件”，能够更好地满足云的应用在可伸缩性、可用性和安全性等方面的要求。

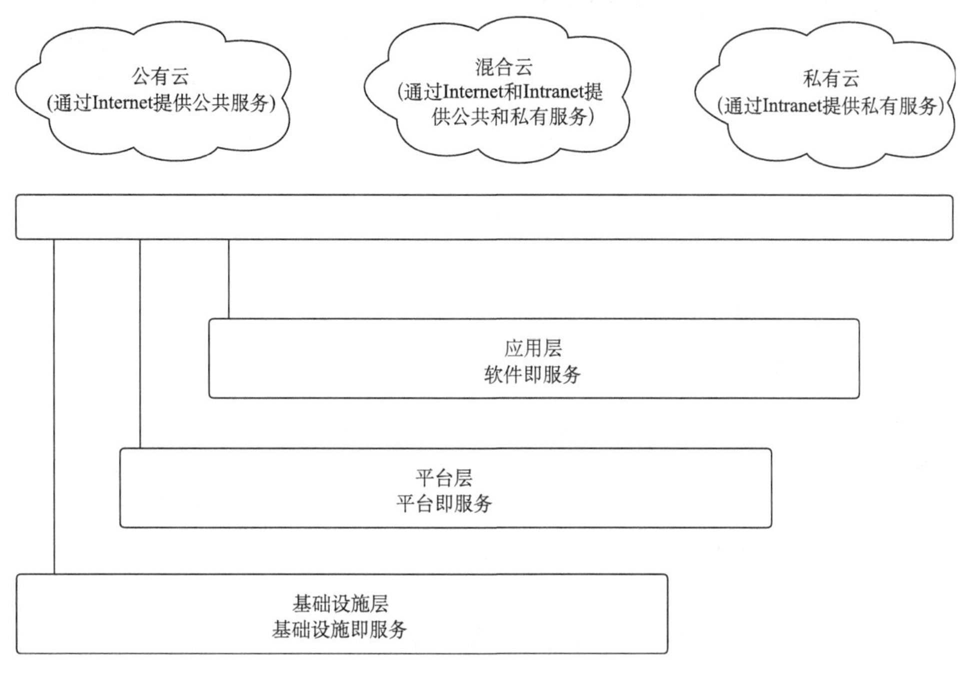

图 3.2　云架构层次示意图

SaaS 是基于云计算基础平台所开发的应用程序。企业可以通过租用 SaaS 层服务解决企业信息化问题，企业不必考虑服务器的管理、维护问题。对于普通用户来讲，SaaS 层服务将桌面应用程序迁移到互联网，可实现应用程序的泛在访问。应用层是云上应用软件的集合，这些应用构建在基础设施层提供的资源和平台层提供的环境之上，通过网络交付给用户。云应用种类繁多，既可以是受众群体庞大的标准应用，也可以是定制的服务应用，还可以是用户开发的多元应用。第一类主要满足个人用户的日常生活办公需求，如文档编辑、日历管理、登录认证等；第二类主要面向企业和机构用户的可定制解决方案，如财务管理、供应链管理和客户关系管理等领域；第三类是由独立软件开发商或开发团队为了满足某一类特定需求而提供的创新型应用，一般在公有云平台上搭建。

2. 服务管控层

服务管理层为核心服务层的可用性、可靠性和安全性提供保障。服务管理包括服务质量（Quality of Service，QoS）保证和安全管理等。云计算需要提供高可靠、高可用、低成本的个性化服务。然而云计算平台规模庞大且结构复杂，很难完全满足用户的 QoS 需求。为此，云计算服务提供商需要和用户进行协商，并制定服务水平协议（Service Level Agreement，SLA），使得双方对服务质量的需求达成一致。当服务提供商提供的服务未能达到 SLA 的要求时，用户将得到补偿。此外，数据的安全性一直是用户较为关心的问题。云计算数据中心采用的集中式管理方式使得云计算平台存在单点失效问题。保存在数据中心的关键数据会因为突发事件（如地震、断电）、病毒入侵、黑客攻击而丢失或泄露。根据云计算服务的特点，研究云计算环境下的安全与隐私保护技术（如数据隔离、隐私保护、访问控制等）是保证云计算得以广泛应用的关键。

除了 QoS 保证、安全管理外，服务管理层还包括计费管理、资源监控等管理内容，这些管理措施对云计算的稳定运行同样起到重要作用。

3. 用户访问接口层

用户访问接口实现了云计算服务的泛在访问，通常包括命令行、Web 服务、Web 门户等形式。命令行和 Web 服务的访问模式既可为终端设备提供应用程序开发接口，又便于多种服务的组合。Web 门户是访问接口的另一种模式。通过 Web 门户，云计算将用户的桌面应用迁移到互联网，从而使用户随时随地通过浏览器就可以访问数据和程序，提高工作效率。虽然用户通过访问接口使用便利的云计算服务，但是由于不同云计算服务商提供接口标准不同，导致用户数据不能在不同服务商之间迁移。

3.2　基础设施层

3.2.1　基础设施层架构

1. IaaS 软件体系架构

IaaS 软件位于云服务的最底层，向用户提供虚拟机、虚拟存储和虚拟网络等基础设施资源。基础设施即服务交付给用户的是基本的基础设施资源。用户无须购买、维护硬件设备和相关系统软件，就可以直接在基础设施即服务层上构建自己的平台和应用。基础设施向用户提供了虚拟化的计算资源、存储资源和网络资源。这些资源能够根据用户的需求进行动态分配。相对于软件即服务和平台即服务，基础设施即服务所提供的服务都比较偏底层，但使用也更为灵活。

以开源软件为例来说，现有开源软件支持的 IaaS 体系结构大体上可分为两种。

一种是两层体系结构，如图 3.3 所示。

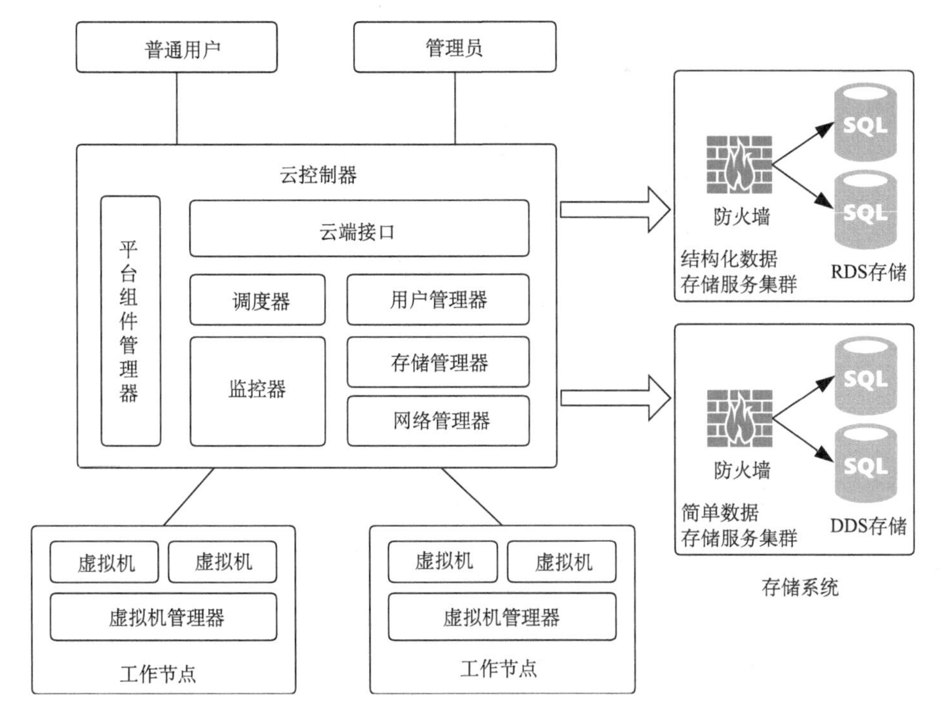

图 3.3 IaaS 两层体系结构

两层体系结构分为控制层和工作节点层，其中控制层由云控制器和存储系统构成，工作节点层由一系列的工作节点构成。云控制器是客户端与云计算平台通信的接口，对整个平台的工作节点实施调度管理，其组件大致包括云端接口、平台组件管理器、调度器、监控器、用户管理器、存储管理器和网络管理器。存储系统用于存储平台中所用到的映像文件。客户端（用户和云计算平台管理员）可以通过命令行和浏览器接口访问云计算平台。云端接口将来自客户端的命令转换成整个平台统一识别的模式。平台组件管理器管理整个平台的组件。监控器负责监控各个工作节点上资源的使用情况，为调度器调度工作节点和平台实施负载均衡提供参考。用户管理器对用户身份进行认证和管理。存储管理器与具体的存储系统相连，用于管理整个平台的映像、快照和虚拟磁盘映像文件等。网络管理器负责整个云计算平台里的虚拟网络的管理，包括 VLAN 和 VPN 等。

另一种是三层体系结构，如图 3.4 所示。

单从体系结构图来看，三层体系结构与两层体系结构的主要区别是增加了一个集群控制节点中间层，该层的作用主要有 3 个方面。

（1）控制相应集群中的网络管理情况，一般会在集群节点上建立起该集群的 DHCP 和 DNS 服务器。

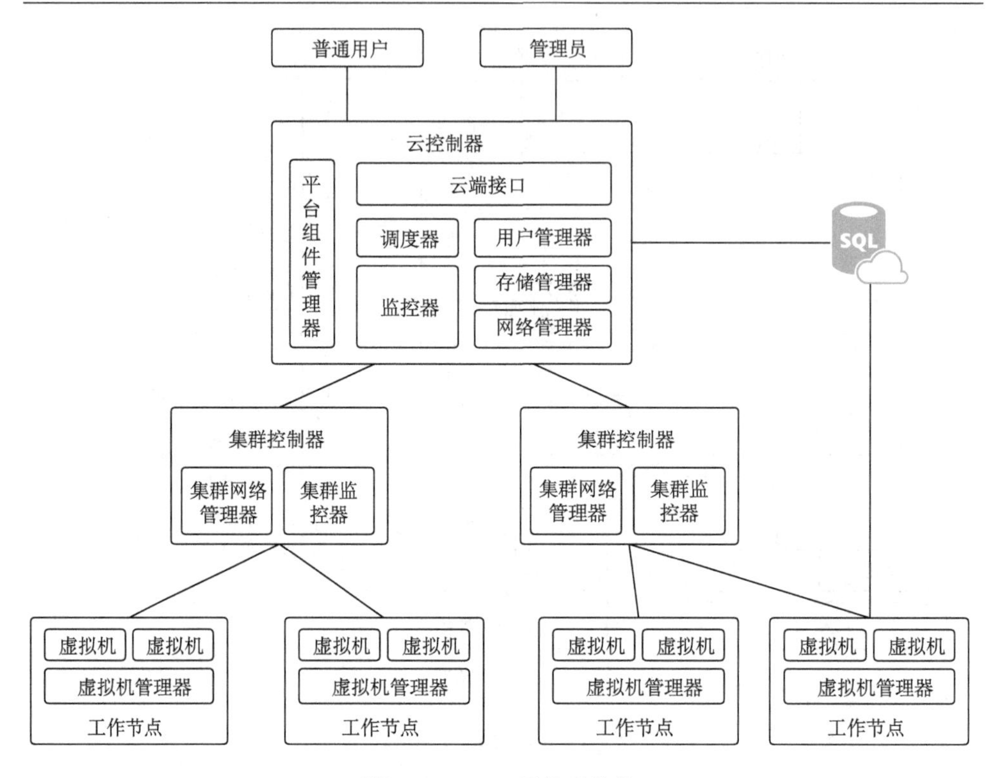

图 3.4　IaaS 三层体系结构

（2）监控该集群的 DHCP 和 DNS 服务器，群中节点的资源使用情况并将监控到的结果向上层的云控制器汇报，云控制器对底层的工作节点的调用要以集群控制节点监控到的信息为参考。

（3）充当路由器的功能，当两个集群间的工作节点通信时，它们通过双方的集群控制节点进行通信。

从功能角度来看，相对于两层体系结构而言，三层体系结构具有更好的扩展性。在两层体系结构中，云控制器直接管理工作节点，这种直接管理方式使得云控制器对 VM 的部署速度更快。在三层体系结构中，由集群控制节点与工作节点直接通信，工作节点通过集群控制节点与云控制器进行通信，云控制器通过中间层集群控制节点来负责对工作节点的调度，这样缓解了云控制器的开销，增强了整个平台的扩展性。

2. IaaS 软件关键技术

IaaS 层是云计算的基础。通过建立大规模数据中心，IaaS 层为上层云计算服务提供海量硬件资源。同时，在虚拟化技术的支持下，IaaS 层可以实现硬件资源的按需配置，并提供个性化的基础设施服务。

基于以上两点，IaaS 层主要研究两个问题。

一是，如何建设低成本、高效能的数据中心。

二是，如何拓展虚拟化技术，实现弹性、可靠的基础设施服务。

1）数据中心相关技术

与传统的企业数据中心不同，云计算数据中心具有以下特点。

（1）自治性。相较传统的数据中心需要人工维护，云计算数据中心的大规模性要求系统在发生异常时能自动重新配置，并从异常中恢复，而不影响服务的正常使用。

（2）规模经济。通过对大规模集群的统一化、标准化管理，使单位设备的管理成本大幅降低。

（3）规模可扩展。考虑到建设成本及设备更新换代，云计算数据中心往往采用大规模高性价比的设备组成硬件资源，并提供扩展规模的空间。

基于以上特点，云计算数据中心的相关研究工作主要集中在以下两个方面。

（1）研究新型的数据中心网络拓扑，以低成本、高带宽、高可靠的方式连接大规模计算节点。

目前，大型的云计算数据中心由上万个计算节点构成，而且节点数量呈上升趋势。计算节点的大规模给数据中心网络的容错能力和扩展性带来挑战。

然而，面对以上挑战，传统的树型结构网络拓扑存在以下缺陷：首先，可靠性低，若汇聚层或核心层的网络设备发生异常，网络性能会大幅下降；其次，可扩展性差，因为核心层网络设备的端口有限，难以支持大规模网络；最后，网络带宽有限，在汇聚层，汇聚交换机连接边缘层的网络带宽远大于其连接核心层的网络带宽，所以对于连接在不同汇聚交换机的计算节点来说，它们的网络通信容易受到阻塞。

为了弥补传统拓扑结构的缺陷，研究者提出了 VL2、PortLand、DCell、BCube 等新型的网络拓扑结构。这些拓扑在传统的树型结构中加入了类似于 MESH 的构造，使得节点之间连通性与容错能力更高，易于负载均衡。同时，这些新型的拓扑结构利用小型交换机便可构建，使得网络建设成本降低，节点更容易扩展。

（2）研究有效的绿色节能技术，以提高效能比，减少环境污染。

云计算数据中心规模庞大，为了保证设备正常工作，需要消耗大量的电能。据估计，一个拥有 50000 个计算节点的数据中心每年耗电量超过 1 亿千瓦时，电费达到 930 万美元。因此需要研究有效的绿色节能技术，以解决能耗开销问题。实施绿色节能技术，不仅可以降低数据中心的运行开销，而且能减少二氧化碳的排放，有助于环境保护。

2）虚拟化技术

数据中心为云计算提供了大规模资源。为了实现基础设施服务的按需分配，需要研究虚拟化技术。虚拟化是 IaaS 层的重要组成部分，也是云计算的最重要特点。

虚拟化技术可以提供以下特点。

（1）资源共享。通过虚拟机封装用户各自的运行环境，有效地实现多用户分享数据中心资源。

（2）资源定制。用户利用虚拟化技术，配置私有的服务器，指定所需的 CPU 数目、内存容量、磁盘空间，实现资源的按需分配。

（3）细粒度资源管理。将物理服务器拆分成若干虚拟机，可以提高服务器的资源利用率，减少浪费，而且有助于服务器的负载均衡和节能。

基于以上特点，虚拟化技术成为实现云计算资源池化和按需服务的基础。为了进一步满足云计算弹性服务和数据中心自治性的需求，需要研究虚拟机快速部署和在线迁移技术。

（1）虚拟机快速部署技术。为了简化虚拟机的部署过程，虚拟机模板技术被应用于大多数云计算平台。虚拟机模板预装了操作系统与应用软件，并对虚拟设备进行了预配置，可以有效地减少虚拟机的部署时间。

然而虚拟机模板技术仍不能满足快速部署的需求：一方面，将模板转换成虚拟机需要复制模板文件，当模板文件较大时，复制的时间开销不可忽视；另一方面，因为应用程序没有加载到内存，所以通过虚拟机模板转换的虚拟机需要在启动或加载内存镜像后，方可提供服务。

为此，有学者提出了基于 Fork 思想的虚拟机部署方式。该方式受操作系统的 Fork 原语启发，可以利用父虚拟机迅速克隆出大量子虚拟机。与进程级的 Fork 相似，基于虚拟机级的 Fork，子虚拟机可以继承父虚拟机的内存状态信息，并在创建后即时可用。当部署大规模虚拟机时，子虚拟机可以并行创建，并维护其独立的内存空间，而不依赖于父虚拟机。

（2）虚拟机在线迁移技术。虚拟机在线迁移是指虚拟机在运行状态下从一台物理机移动到另一台物理机。虚拟机在线迁移技术对云计算平台有效管理具有重要意义。

提高系统可靠性。一方面，当物理机需要维护时，可以将运行于该物理机的虚拟机转移到其他物理机；另一方面，可利用在线迁移技术完成虚拟机无缝切换至备份虚拟机，有利于负载均衡。当物理机负载过重时，可以通过虚拟机迁移达到负载均衡，优化数据中心性能。有利于设计节能方案。通过集中零散的虚拟机，可使部分物理机完全空闲，以便关闭这些物理机（或使物理机休眠），达到节能的目的。

3.2.2　基础设施层的基本功能

基础设施层使经过虚拟化后的计算资源、存储资源和网络资源能够以基础设施即服务的方式通过网络被用户使用和管理。虽然云提供商的基础设施层在其所提供的服务上有所差异，但是作为提供底层基础资源的服务，该层一般都具有以下基本功能。

1. 资源抽象

当要搭建基础设施层的时候，首先面对的是大规模的硬件资源，如通过网络相互连接的服务器和存储设备等。为了能够实现高层次的资源管理逻辑，必须对资源进行抽象，也就是对硬件资源进行虚拟化。

虚拟化的过程一方面需要屏蔽掉硬件产品上的差异，另一方面需要对每一种硬件资源提供统一的管理逻辑和接口。值得注意的是，根据基础设施层实现的逻辑不同，同一类型资源的不同虚拟化方法可能存在着非常大的差异。

另外，根据业务逻辑和基础设施层服务接口的需要，基础设施层资源的抽象往往是具有多个层次的。例如，目前业界提出的资源模型中就出现了虚拟机（Virtual Machine）、集群（Cluster）、虚拟数据中心（Virtual Data Center）和云（Cloud）等若干层次分明的资源抽象。资源抽象为上层资源管理逻辑定义了操作的对象和粒度，是构建基础设施层的基础。如何对不同品牌和型号的物理资源进行抽象，以一个全局统一的资源池的方式进行管理并呈现给客户，是基础设施层必须解决的一个核心问题。

2. 资源监控

资源监控是保证基础设施层高效率工作的一个关键任务。资源监控是负载管理的前提，如果不能有效地对资源进行监控，也就无法进行负载管理。基础设施层对不同类型的资源监控方法是不同的。对于 CPU，通常监控的是 CPU 的使用率；对于内存和存储，除了监控使用率，还会根据需要监控读写操作；对于网络，则需要对网络实时的输入、输出及路由状态进行监控。

基础设施层首先需要根据资源的抽象模型建立一个资源监控模型，用来描述资源监控的内容及其属性。资源监控还具有不同的粒度和抽象层次。一个典型的场景是对某个具体的解决方案整体进行资源监控。一个解决方案往往由多个虚拟资源组成，整体监控结果是对解决方案各个部分监控结果的整合。通过对结果进行分析，用户可以更加直观地监控到资源的使用情况及其对性能的影响，从而采取必要的操作对解决方案进行调整。

3. 负载管理

在基础设施层这样大规模的资源集群环境中，任何时刻所有节点的负载都不是均匀的，如果节点的资源利用率合理，即使它们的负载在一定程度上不均匀也不会导致严重的问题。可是，当太多节点资源利用率过低或者节点之间负载差异过大时，就会造成一系列突出的问题。一方面，如果太多节点负载较低，会造成资源上的浪费，需要基础设施层提供自动化的负载平衡机制将负载进行合并，提高资源使用率并且关闭负载整合后闲置的资源。另一方面，如果资源利用率差异过大，则会造成有些节点的负载过高，上层服务的性能受到影响，而另外一些节点的负载太低，资源没能充分利用。这时就需要基础设施层的自动化负载平衡机制将负载进行转移，即从负载过高节点转移到负载过低节点，从而使得所有的资源在整体负载和整体利用率上面趋于平衡。

4. 数据管理

在云计算环境中，数据的完整性、可靠性和可管理性是对基础设施层数据管理的基本要求。现实中软件系统经常处理的数据分为很多不同的种类，如结构化的 XML 数据、非结构化的二进制数据及关系型的数据库数据等。不同的基础设施层所提供的功能不同，会使得数据管理的实现有着非常大的差异。由于基础设施层由数据中心中大规模的服务器集群所组成，甚至由若干不同数据中心的服务器集群组成，因此数据的完整性、可靠性和可管理性都是极富挑战的。

完整性要求关系型数据的状态在任何时间都是确定的，并且可以通过操作使得数据在正常和异常的情况下都能够恢复到一致的状态，因此完整性要求在任何时候数据都能够被正确地读取并且在操作上进行适当的同步。可靠性要求将数据的损坏和丢失的概率降到最低，这通常需要对数据进行冗余备份。可管理性要求数据能够被管理员及上层服务提供者以一种粗糙度和逻辑简单的方式管理，这通常要求基础设施层内部在数据管理上有充分、可靠的自动化管理流程。对于具体云的基础设施层，还有其他一些数据管理方面的要求，如在数据读取性能上的要求或者数据处理规模的要求，以及如何存储云计算环境中海量的数据等。

5. 资源部署

资源部署指的是通过自动化部署流程将资源交付给上层应用的过程，即使基础设施服务变得可用的过程。在应用程序环境构建初期，当所有虚拟化的硬件资源环境都已经准备就绪时，就需要进行初始化过程的资源部署。另外，在应用运行过程中，往往会进行二次甚至多次资源部署，从而满足上层服务对于基础设施层中资源的需求，也就是运行过程中的动态部署。

动态部署有多种应用场景，一个典型的场景就是实现基础设施层的动态可伸缩性，也就是说云的应用可以在极短的时间内根据具体用户需求和服务状况的变化而调整。当用户服务的工作负载过高时，用户可以非常容易地将自己的服务实例从数个扩展到数千个，并自动获得所需要的资源，通常这种伸缩操作不但要在极短的时间内完成，还要保证操作复杂度不会随着规模的增加而增大。另外一个典型场景是故障恢复和硬件维护。在云计算这样由成千上万服务器组成的大规模分布式系统中，硬件出现故障在所难免，在硬件维护时也需要将应用暂时移走，基础设施层需要能够复制该服务器的数据和运行环境并通过动态资源部署在另外一个节点上建立起相同的环境，从而保证服务从故障中快速恢复。

资源部署的方法也会随构建基础设施层所采用技术的不同而有着巨大的差异。使用服务器虚拟化技术构建的基础设施层和未使用这些技术的传统物理环境有很大的差别，前者的资源部署更多是虚拟机的部署和配置过程，而后者的资源部署则涉及了从操作系统到上层应用整个软件堆栈的自动化部署和配置。相比之下，采用虚拟化技术的基础设施层资源部署更容易实现。

6. 安全管理

安全管理的目标是保证基础设施资源被合法地访问和使用。在个人计算机上，为了防止恶意程序通过网络访问计算机中的数据或者破坏计算机，一般都会安装防火墙来阻止潜在的威胁。数据中心也设有专用防火墙，甚至会通过规划出隔离区来防止恶意程序入侵。云计算需要能够提供可靠的安全防护机制来保证云中的数据是安全的，并提供安全审查机制保证对云数据的操作都是经过授权的并且是可被追踪的。

云是一个更加开放的环境，用户的程序可以更容易地放在云中执行，这就意味着恶意代码甚至病毒程序都可以从云内部破坏其他正常的程序。由于程序在运行和使用资源的方式上都和传统的程序有着较大区别，因此如何在云计算环境里更好地控制代码的行为或者识别恶意代码和病毒代码就成为管理员面临的新挑战。同时，在云计算环境中，数据都存储在云中，如何通过安全策略阻止云的管理人员泄露数据也是一个需要着重考虑的问题。

7. 计费管理

云计算倡导按量计费的计费模式。通过监控上层的使用情况，可以计算出在某个时间段内应用所消耗的存储、网络、内存等资源，并根据这些计算结果向用户收费。对于一个需要传输海量数据的任务，通过网络传输可能还不如将数据存储在移动存储设备中，再由快递公司送到目的地更有效。因为大规模数据传输一方面占用大量时间，另一方面消耗大量网络带宽，数据传输费用相当高。可见，在具体实施的时候，云计算提供商可以采用一些适当的替代方式来保证用户业务的顺利完成，同时降低用户需要支付的费用。目前以电信为代表的运营商通常通过月服务费的方式向客户提供服务租用，实现了云桌面的按需计费，而目前传统设备供应商和软件供应商通常通过一次性费用向用户收取云桌面建设费用，属于传统的系统集成收费模式。

3.2.3　基础设施层服务实施

1. 总体设计

服务器虚拟化是一种可以在一台物理服务器上运行多个逻辑服务器的技术，每个逻辑服务器被称为一个虚拟机。不同的虚拟机之间相互隔离，可以运行不同的操作系统，这使得硬件资源的复用成为可能。服务器虚拟化与其他类型的虚拟化技术，如存储虚拟化、网络虚拟化等，一同奠定了基础设施层进行资源抽象的基础。

下面这个示例所介绍的基础设施层基于虚拟化技术，如图 3.5 所示。在构建基础设施层前，数据中心的服务器、存储、网络等设备都已准备就绪。完成基础设施层的构建以后，数据中心的硬件设备被整合为虚拟的资源池。管理模块实现了基础设施层的基本功能，这些功能以基础设施即服务的方式提供给用户，用户可以通过这些服务在更高的层次使用基础设施资源。

虚拟化集成管理器是图 3.5 中的基础设施层管理模块，管理的最小单元是虚拟机，它能够完成负载管理、资源部署、资源监控、数据管理、账户收费等功能。另外，该管理器还能够调用虚拟化平台提供的接口，管理虚拟的硬件资源。

基础设施层服务主要包括镜像管理、系统管理、用户管理、系统监控和账户计费。这些服务与虚拟化集成管理器提供的功能相对应，是用户获得基础设施层资源的接口。下面将通过一个使用基础设施层的典型流程，介绍这些服务的功能。

2. 服务流程

典型的基础设施层服务应用流程分为规划、部署和运行三个阶段，如图 3.6 所示。在规划阶段，基础设施层对硬件资源进行虚拟化，使其成为一个逻辑的资源池，并且配置安全管理模块，控制用户对资源池的访问。基础设施层还要具备对数据尤其是对虚拟镜像文件的管理功能，同时提供给用户访问这些镜像或者上传自定义镜像的服务。在部署阶段，基础设施层实现自动部署资源的功能，从而支持用户通过系统管理服务进行系统部署和卸载。部署阶段过后就进入了运行阶段。在这个阶段，用户的系统已经运行在基础设施层提供的虚拟资源上了。此时，基础设施层需要持续地对该系统进行资源监控、负载管理和安全管理，同时为用户提供系统运行状态监控和账户计费服务。下面我们以这三个阶段为线索，为读者介绍基础设施层的基本功能和其为用户提供的服务。

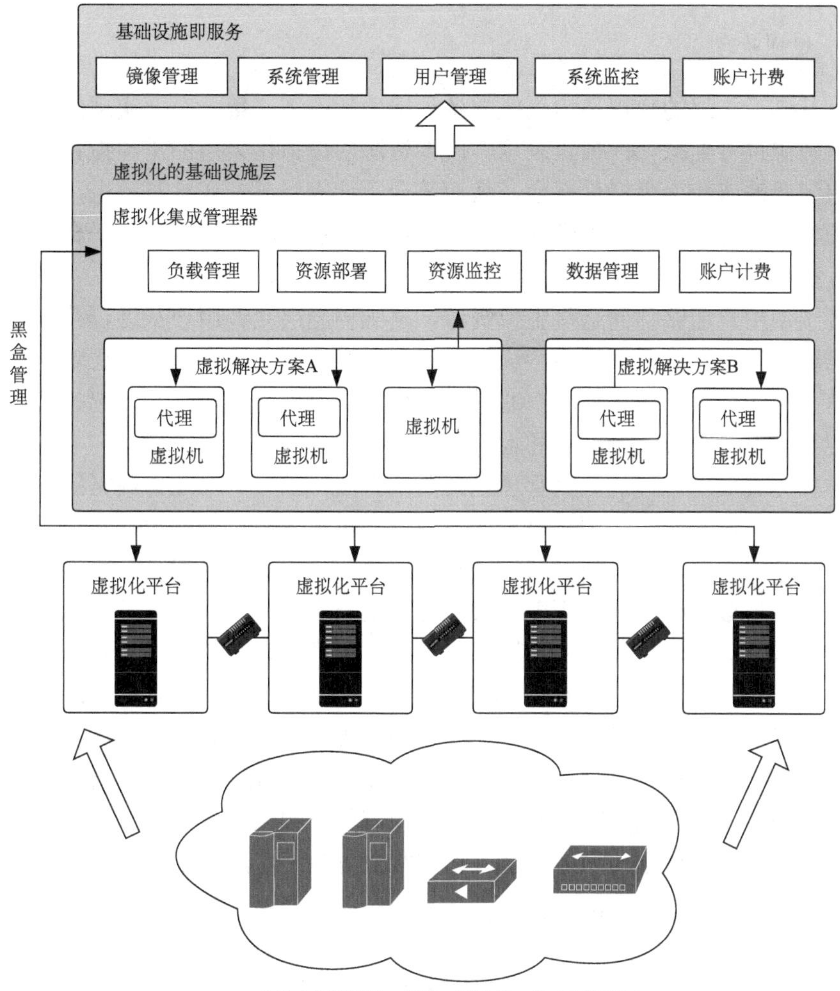

图 3.5 基础设施层示例

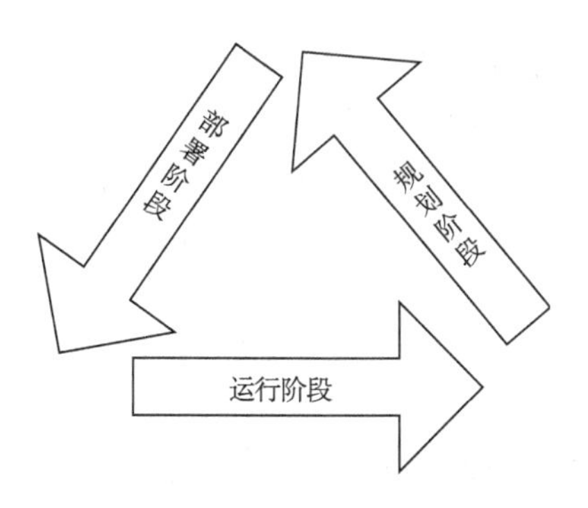

图 3.6 基础设施层服务应用流程

3. 规划阶段

在基础设施层的物理环境已经准备就绪的状态下，第一个要实现的基本功能就是对资源进行虚拟化的抽象表示。硬件资源的虚拟化采用的是虚拟化软件，将物理服务器改造成为虚拟化平台，从而整合了计算资源。在此基础上，虚拟化集成管理器通过虚拟化平台提供的接口，获得各种资源的信息，对该平台上的虚拟机进行操作。

为了使用户能够访问这些虚拟资源，基础设施层允许用户从远程获取资源。用户需要下载一个用户端程序，该程序包含了对基础设施层的访问逻辑，以及保证通信安全的证书和密钥。用户通过这个程序获取现有资源列表，选择其所需要的虚拟机类型，以及进行部署和运行等操作。

虚拟化集成管理器的数据管理包括两个方面：第一，对业务数据的管理；第二，对虚拟镜像文件的管理。对于业务数据，可以采用传统的数据管理方法。但是，由于镜像文件是二进制数据，虽然大小为 10～20GB ，但是一般镜像文件中包含了虚拟机数据的空间并不多，大部分都是空白。如果没有很好的镜像管理功能，会造成物理存储空间的极大浪费。虚拟化集成管理器的镜像管理一方面通过压缩的方式存储镜像文件，另一方面通过增量备份的方法减少镜像文件的冗余度。

虚拟镜像文件包含虚拟机配置、操作系统类型及其上软件堆栈等信息。一个可配置镜像文件模板可以被不同的用户重复使用，基础设施层提供给用户获取已有镜像的服务。如果用户有特殊的需求，现有的镜像文件无法满足其功能需要，基础设施层提供镜像上传服务，允许用户将兼容的镜像进行上载部署。

4. 部署阶段

资源部署主要是指虚拟机或者虚拟解决方案的部署，在部署的过程中为虚拟机分配资源，并且激活虚拟机内部的软件和服务。每个虚拟机都有一个配置文件用来描述虚拟机的资源配置，如内存大小和网络地址。通过虚拟化平台的管理接口，虚拟机及其网络可以被有效地部署，并处于运行状态。然而，虚拟化平台的管理接口却无法为我们激活虚拟机内部的软件，如中间件产品。

虚拟机内部的代理（Agent）根据 OVF 文件对虚拟机内部软件的配置描述，激活这些软件。如虚拟机内部安装了一个应用服务器，同时使用 OVF 文件描述这个应用服务器实例的配置。当这个虚拟机被部署了以后，虚拟机内部的 Agent 接收到虚拟化集成管理器的激活指令，根据 OVF 描述，启动和配置这个实例，使它进入运行状态。

基础设施层在虚拟化集成管理器与 OVF 描述文件的帮助下实现了解决方案部署的高度自动化，用户端的系统激活逻辑被大大简化。基础设施层提供给用户可视化的OVF文件编辑界面，允许用户根据自己的需求对解决方案进行配置。此后的部署激活工作就如同点击“开始”按钮一样简单。

5. 运行阶段

为了能够对虚拟机进行细粒度的运行时管理，在本实例中需要在每个虚拟机内部安装一个代理，如图3.5所示。这个代理负责与虚拟化集成管理通信，从而实现对虚拟机内部软件的管理。虚拟化集成管理器以两种方式对每个虚拟机进行管理。黑盒管理：这种管理主要是针对虚拟机整体进行的管理，与虚拟机内部运行什么软件无关，如虚拟机的内存调整等，这种方式是通过虚拟化集成管理器与虚拟服务器的直接交互完成的。白盒管理：这种管理主要是对虚拟机内部软件栈进行的管理，如中间件的监控和配置等，这种方式的管理是通过虚拟化集成管理器与虚拟机内部的代理之间的通信来完成的。

资源监控是通过虚拟化集成管理器的黑盒管理和白盒管理共同完成的。在黑盒管理中，虚拟化集成管理器通过与虚拟服务器的通信，获得每个虚拟机运行时间的资源监控信息。通过对单个虚拟机资源监控信息的进一步分析整合，虚拟化集成管理器还可以计算出整个虚拟解决方案的资源监控信息。在白盒管理中，虚拟化集成管理器需要管理的是虚拟机内部的软件栈。代理负责接收虚拟化集成管理器的状态监控指令，根据该指令监控信息并获取虚拟机内部软件的运行状况监控信息，然后将这些监控信息发给虚拟化集成管理器。值得注意的是，这种白盒管理方式的监控需要被监控的产品支持代理的监控接口标准，从而使得代理能够独立于任何产品。对于一个具体的产品而言，对代理监控接口标准的支持可以是产品自身提供的，也可以由第三方软件提供商支持。这种接口标准具有透明性，而这种透明性正是代理需要为虚拟化集成管理器提供的特性。

负载管理是基于资源监控功能来实现的，并且同样依赖于虚拟化集成管理器的黑盒管理和白盒管理。在黑盒管理方式下，虚拟化集成管理器根据收集到的监控信息，通过资源调整和资源整合的方式进行负载管理。当虚拟机所在的物理服务器上还有可用资源的时候，可以通过调用虚拟服务器的接口为虚拟机调整存储、内存等各种资源；当虚拟机所在的物理服务器上的可用资源不足时，可以通过虚拟机的实时迁移来进行资源整合，从而平衡不同服务器之间的负载。在白盒管理方式下，虚拟化集成管理器分析代理发出的监控信息，并将最后的动作指令发给代理，代理执行这些指令并将结果返回给虚拟化集成管理器。由此可见，代理在白盒管理中承担了虚拟化集成管理器与虚拟机内部软件监控管理的桥梁，是白盒管理中的核心模块。

安全管理贯穿于整个运行阶段，不同层次的安全管理对于整个基础设施层的安全都非常重要。首先需要保护的就是虚拟化平台的管理域。一般保护管理域的措施包括在管理域中只运行必要的服务、用防火墙控制对管理域的访问和禁止用户访问管理域等。虚拟化集成管理器和代理的安全管理至关重要。对它们的访问需要通过安全认证，并且服务的消息中需要包含安全认证信息，从而对所有的访问进行有效的跟踪和记录。在虚拟机内部，不同软件的安全管理对于解决方案的安全同样重要，如数据库的安全配置会影响到业务数据的安全性。虚拟化集成管理器和代理的安全管理可以与虚拟机内部软件的安全管理相结合，从不同层次对服务和数据的访问进行控制，从而保证云基础设施层的安全。

资源监控和负载管理是为用户提供账户计费、运行状态监控服务的基础。通过对虚拟机的配置、使用时间、负载管理复杂程度及服务质量的综合考虑，基础设施层为用户提供精确的账户计费服务。此外，虽然基础设施层实现了负载管理的自动化，但是用户仍希望获知自己系统的实时状态与历史信息，而运行状态监控服务就满足了用户的这个需求。通过日志信息和统计图表，用户可以了解系统详情，并根据这些信息做出决策，对系统的运行进行必要的手动优化。

3.3 平 台 层

3.3.1 平台层架构

1. PaaS 软件体系结构

PaaS 软件位于平台服务层，此类软件向用户提供开发、运行和测试应用的环境。图 3.7 展示了以 Hadoop 和 Cloud-Foundry 为代表的 PaaS 开源软件的体系结构，该体系结构包括云控制器和节点两部分。云控制器包含的组件有云端接口、平台组件管理器、调度器、监控器、应用执行引擎、用户管理器和数据库管理器。客户端可以通过命令行和浏览器接口使用 PaaS 平台提供的开发、部署和测试的应用环境。云端接口是用户访问云计算平台的接口，一般特指编程的 API 接口和用户远程使用平台的接口。平台组件管理器、监控器、调度器和用户管理器发挥着与 IaaS 中相应组件相同的功能。应用执行引擎负责启动各个节点上的任务。数据库管理器直接控制存储系统，实现对平台中应用数据的管理。在各个节点上，为保护应用进程实施了应用间的隔离，如使用 JVM 虚拟机进行隔离。

2. PaaS 软件关键技术

PaaS 交付给用户的是丰富的“云中间件”资源，这些资源包括应用容器、数据库和消息处理等。因此，PaaS 面向的并不是普通的终端用户，而是软件开发人员，他们可以充分利用这些开放的资源来开发定制化的应用。

在 PaaS 上开发应用和传统的开发模式相比有着很大的优势。

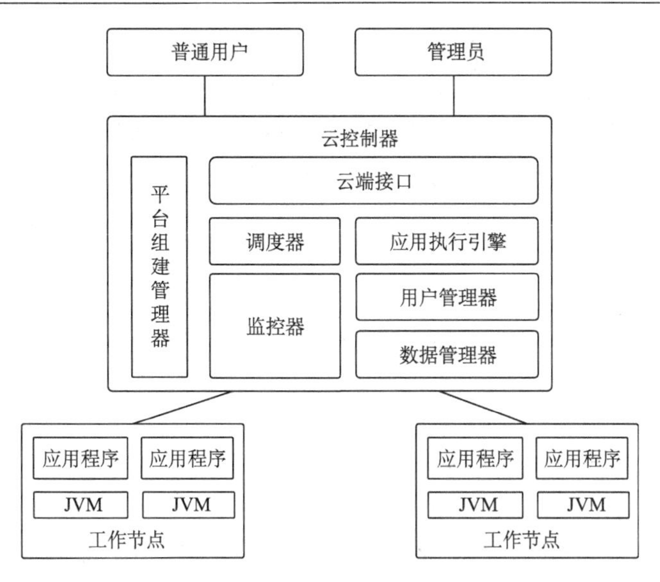

图 3.7 PaaS 的体系结构图

第一，由于 PaaS 提供的高级编程接口简单易用，因此软件开发人员可以在较短时间内完成开发工作，从而缩短应用上线的时间。

第二，由于应用的开发和运行都是基于同样的平台，因此兼容性问题较少。

第三，开发者无须考虑应用的可伸缩性、服务容量等问题，因为 PaaS 都已提供。

第四，PaaS 层不仅提供运营管理功能，还能够帮助开发人员对应用进行监控和计费。

PaaS 层作为 3 层核心服务的中间层，既为上层应用提供简单、可靠的分布式编程框架，又需要基于底层的资源信息调度作业、管理数据，屏蔽底层系统的复杂性。随着数据密集型应用的普及和数据规模的日益庞大，PaaS 层需要具备存储与处理海量数据的能力。

1）海量数据存储与处理技术

（1）海量数据存储技术。云计算环境中的海量数据存储既要考虑存储系统的 I/O 性能，又要保证文件系统的可靠性与可用性。

DeCandia 等设计了基于 P2 结构的 Dynamo 存储系统，Dynamo 允许使用者根据工作负载动态调整集群规模。另外，在可用性方面，Dynamo 采用零跳分布式散列表结构降低操作响应时间；在可靠性方面，Dynamo 利用文件副本机制应对节点失效。由于保证副本强一致性会影响系统性能，所以，为了承受每天数千万的并发读写请求，Dynamo 中设计了最终一致性模型，弱化副本一致性，保证提高性能。目前海量存储通常通过对象存储的方式在云平台搭载并调用，云桌面业务中的系统盘数据必须在块存储下保存，而数据盘中的数据可以通过云服务商提供的云网关等服务（如电信的天翼云网关）接入对象存储资源池。

（2）数据处理技术与编程模型。PaaS 层不仅要实现海量数据的存储，而且要提供面向海量数据的分析处理功能。由于 PaaS 层部署于大规模硬件资源上，所以海量数据的分析处理需要抽象处理过程，并要求其编程模型支持规模扩展，屏蔽底层细节并且简单有效。

2）资源管理与调度技术

海量数据处理平台的大规模给资源管理与调度带来挑战。研究有效的资源管理与调度技术可以提高 MapReduce、Dryad 等 PaaS 层海量数据处理平台的性能。

（1）副本管理技术。副本机制是 PaaS 层保证数据可靠性的基础，有效的副本策略不但可以降低数据丢失的风险，而且能优化作业完成时间。

（2）任务调度算法。PaaS 层的海量数据处理以数据密集型作业为主，其执行性能受到 I/O 带宽的影响。为了减少任务执行过程中的网络传输开销，可以将任务调度到输入数据所在的计算节点，因此，需要研究面向数据本地性（Data-Locality）的任务调度算法。除了保证数据本地性，PaaS 层的作业调度器还需要考虑作业之间的公平调度。PaaS 层的工作负载中既包括子任务少、执行时间短、对响应时间敏感的即时作业（如数据查询作业），也包括子任务多、执行时间长的长期作业（如数据分析作业）。研究公平调度算法可以及时为即时作业分配资源，使其快速响应。

（3）任务容错机制。为了使 PaaS 层可以在任务发生异常时自动从异常状态恢复，需要研究任务容错机制。

3.3.2　平台层的基本功能

云计算平台层与传统的应用平台在所提供的服务方面有很多相似之处。传统的应用平台，如本地 Java 环境或.Net 环境都定义了平台的各项服务标准、元数据标准、应用模型标准等规范，并为遵循这些规范的应用提供了部署、运行和卸载等一系列流程的生命周期管理。云计算平台层是对传统应用平台在理论与实践上的一次升级。这种升级给应用的开发、运行和运营各个方面都带来了变革。平台层需要具备一系列特定的基本功能，才能满足这些变革的需求。

1. 开发测试环境

平台层对于在其上运行的应用来说，首先扮演的是一个开发平台的角色。一个开发平台需要清晰地定义应用模型，具备一套 API 代码库，提供必要的开发测试环境。

一个完备的应用模型包括开发应用的编程语言、应用的元数据模型，以及应用的打包发布格式。一般情况下，平台层基于对传统应用平台的扩展而构建，因此应用可以使用流行的编程语言进行开发，如 Google App Engine 目前支持 Python 和 Java 这两种编程语言。即使平台层具有特殊的实现架构，开发语言也应该在语法上与现有编程语言尽量相似，从而缩短开发人员的学习时间，元数据在应用与平台层之间起着重要的接口作用，例如，平台层在部署应用的时候需要根据应用的元数据对其进行配置，在应用运行时也会根据元数据中的记录为应用绑定平台层服务。应用的打包格式需要指定应用的源代码、可执行文件和其他不同格式的资源文件应该以何种方式进行组织，以及这些组织好的文件如何整合成一个文件包，从而以统一的方式发布到平台层。

平台层所提供的代码库（SDK）和其 API 对于应用的开发至关重要。代码库是平台层为在其上开发应用而提供的统一服务，如界面绘制、消息机制等。定义清晰、功能丰富的代码库能够有效地减少重复工作，缩短开发周期。传统的应用平台通常提供自有的代码库，使用了这些代码库的应用只能在此唯一的平台上运行。在云计算中，某一个云提供商的平台层代码库可以包含由其他云提供商开发的第三方服务，这样的组合模式对用户的应用开发过程是透明的。如图 3.8 所示，假设某云平台提供了自有服务 A 与 B。同时该平台也整合了来自第三方的服务 D。那么，对于用户来说，看到的是该云平台提供的 A、B 和 D 三种服务程序接口，可以无差异地使用它们。可见，平台层作为一个开发平台应具有更好的开放性，为开发者提供更丰富的代码库和 APl。

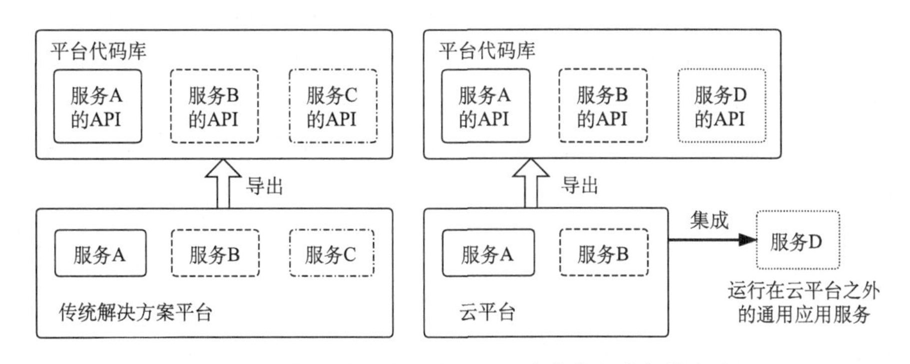

图 3.8 传统解决方案平台与云平台的代码库提供方式

平台层需要为用户提供应用的开发和测试环境。通常，这样的环境有两种实现方式。一种方式是通过网络向软件开发者提供一个在线的应用开发和测试环境，也就是说一切的开发测试任务都在服务器端完成。这样做的一个好处是开发人员不需要安装和配置开发软件，但需要平台层提供良好的开发体验，而且要求开发人员所在的网络稳定且有足够的带宽。另一种方式是提供离线的集成开发环境，为开发人员提供与真实运行环境非常类似的本地测试环境，支持开发人员在本地进行开发与调试。这种离线开发的模式更符合当前大多数开发人员的经验，也更容易获得良好的开发体验。在开发测试结束以后，开发人员需要将应用上传到云中，让它运行在平台层上。

2. 运行环境

完成开发测试工作以后，开发人员需要做的就是对应用进行部署上线。应用上线首先要将打包好的应用上传到远程的云平台上。之后，云平台通过解析元数据信息对应用进行配置，使应用能够正常访问其所依赖的平台服务。平台层的不同用户之间是完全独立的，不同的开发人员在创建应用的时候不可能对彼此应用的配置和他们将如何使用平台层进行提前约定，配置冲突可能导致应用不能正确运行。因此，在配置过程中需要加入必要的验证步骤，以避免冲突的发生。配置完成之后，将应用激活即可使应用进入运行状态。

以上云应用的部署激活是平台层的基本功能。此外，该层还需要具备更多的高级功能来充分利用基础设施层提供的资源，通过网络交付给客户高性能、安全可靠的应用。为此，平台层与传统的应用运行环境相比，必须具备三个重要的特性：隔离性、可伸缩性和资源的可复用性。

隔离性具有两个方面的含义，即应用间隔离和用户间隔离。应用间隔离指的是不同应用之间在运行时不会相互干扰，包括对业务和数据的处理等各个方面。应用间隔离保证应用都运行在一个隔离的工作区内，平台层需要提供安全的管理机制对隔离的工作区进行访问控制。用户间隔离是指同一解决方案不同用户之间的相互隔离，如对不同用户的业务数据相互隔离，或者每个用户都可以对解决方案进行自定义配置而不影响其他用户的配置。多租户技术是云计算环境中实现用户间隔离的重要技术。云桌面用户通常使用应用隔离，即逻辑隔离来实现各租户业务独立。

可伸缩性是指平台层分配给应用的处理、存储和带宽能够根据工作负载或业务规模的变化而变化，即工作负载或业务规模增大时，平台层分配给应用的处理能力能够增强；当工作负载或者业务规模下降时，平台层分配给应用的处理能力可以相应减弱。例如，当应用需要处理和保存的数据量不断增大时，平台层能够按需增强数据库的存储能力，从而满足应用对数据存储的需求。可伸缩性对于保障应用性能、避免资源浪费都是十分重要的。

资源的可复用性是指在有限的资源下，能够充分复用，提高资源使用效率。云计算平台层是能够容纳数量众多的不同应用的通用平台。该平台的一个重要特性是要满足应用的扩展性。当应用业务量提高，现有资源不足时，它可以向平台层提出请求，申请平台层为其分配更多的资源。当然，这并不是说平台层所拥有的资源是无限的，而是通过资源复用的方式提升资源使用效率从而保证应用在不同负载下可靠运行，使其感觉平台层仿佛拥有的资源是无限的，它可以随时按需索取。这一方面需要平台层所能使用的资源数量本身是充足的，另一方面需要平台层能够高效地利用各种资源，对不同应用所占有的资源根据其工作负载的变化来进行实时动态的调整和整合。

3. 运营环境

随着业务和客户需求的变化，开发人员往往需要改变现有系统从而产生新的应用版本。云计算环境简化了开发人员对应用的升级任务，因为平台层提供了升级流程自动化向导。为了提供这一功能，云平台要定义出应用的升级补丁模型及一套内部的应用自动化升级流程。当应用需要更新时，开发人员需要按照平台层定义的升级补丁模型制作应用升级补丁，使用平台层提供的应用升级脚本上传升级补丁、提交升级请求。平台层在接收到升级请求后，解析升级补丁并执行自动化的升级过程。应用的升级过程需要考虑两个重要问题：一个问题是升级操作的类型对应用可用性的影响，即在升级过程中客户是否还可以使用老版本的应用处理业务；另一个问题是升级失败时如何恢复，即如何回滚升级操作对现有版本应用的影响。

在应用运行过程中，平台层需要对应用进行监控。一方面，用户通常需要实时了解应用的运行状态，如应用当前的工作负载及是否发生了错误或出现异常状态等。另一方面，平台层需要监控解决方案在某段时间内所消耗的系统资源。不同目的的监控所依赖的技术是不同的。对于应用运行状态的监控，平台层可以直接检测到如响应时间、吞吐量和工作负载等实时信息，从而判断应用的运行状态。例如，可以通过网络监控来跟踪不同时间段内应用所处理的请求量，并由此来绘制工作负载变化曲线，并根据相应的请求响应时间来评估应用的性能。

对于资源消耗的监控，可以通过调用基础设施层服务来查询应用的资源消耗状态，这是因为平台层为应用分配的资源都是通过基础设施层获得的。如通过使用基础设施层服务为某应用进行初次存储分配。在运行时，该应用同样通过调用基础设施层服务来存储数据。这样，基础设施层记录了所有与该应用存储相关的细节，供平台层查询。云桌面的管理平台通常可复用云资源池的统一运管平台，如华三、华为等云服务提供商的云管理平台界面中可以将云桌面作为虚拟机在虚拟机列表中实现监控及实时警告。

用户所需的应用不可能是一成不变的，市场会随着时间推移不断改变，总会有一些新的应用出现，也会有老的应用被淘汰。平台层需要提供卸载功能帮助用户淘汰过时的应用。平台层除了需要在卸载过程中删除应用程序，还需要合理地处理该应用所产生的业务数据。通常，平台层可以按照用户的需求选择不同的处理策略，如直接删除或备份后删除等。平台层需要明确应用卸载操作对用户业务和数据的影响，在必要的情况下与客户签署书面协议，对卸载操作的功能范围和工作方式做出清楚说明，避免造成业务上的损失和不必要的纠纷。所有的云计算平台包括云桌面平台都是在云管理平台上统一添加删除应用，当然根据需要，也可以进行分权分域的权限设置，针对一个客户下的不同用户群组安装不同的应用组。如在一个中学中部署云桌面应用，为化学老师和语文老师提供不同的桌面模板，安装不同的桌面应用组合。

平台层运营环境还应该具备统计计费功能。这个计费功能包括了两个方面。一方面是根据应用的资源使用情况，对使用了云平台资源的ISV计费，这一点我们在基础设施层的资源监控功能中有所提及。另一方面是根据应用的访问情况，帮助ISV对最终用户进行计费。通常，平台层会提供如用户注册登录、ID管理等平台层服务，通过整合这些服务， ISV 可以便捷地获取最终用户对应用的使用情况，并在这些信息的基础上，加入自己的业务逻辑，对最终用户进行细粒度的计费管理。

3.3.3　平台层服务实施

1. 总体设计

图3.9所示的平台层服务示例构建在3.2.2小节所介绍的基础设施层示例的基础之上。平台层采用了多租户的系统架构，包括了运行、运营和开发这三个环境及这些环境所提供的一系列平台层服务。

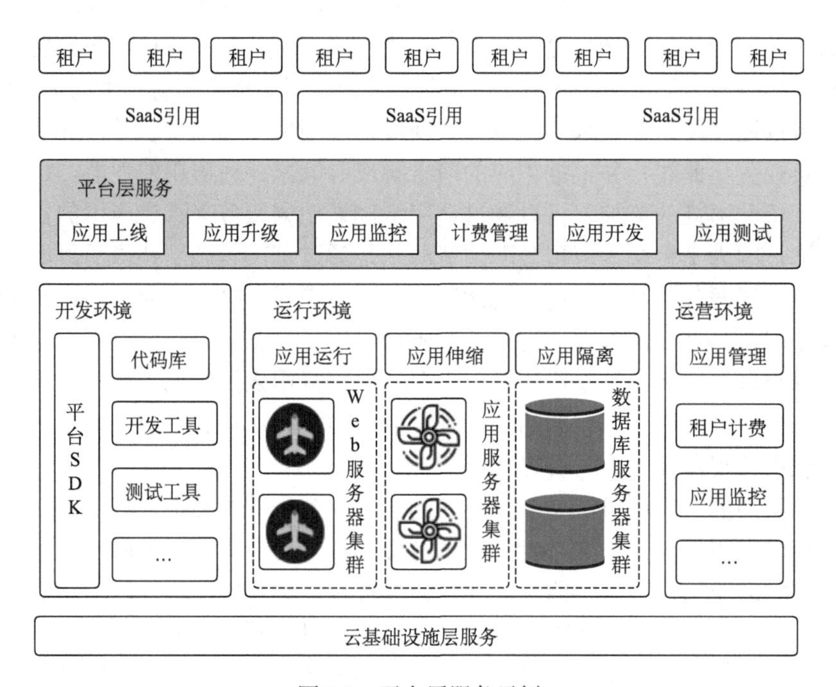

图3.9　平台层服务示例

图 3.9 中采用扩展的 J2EE 的企业解决方案模型。扩展的部分一方面是为了实现产品的高级功能，另一方面是为了满足平台层系统本身的需求，如多租户系统架构要求额外的元数据描述等。数据库服务器集群运行在基础设施层的虚拟机里面，每个虚拟机包含一个数据库服务器节点。应用服务器集群也运行在不同的虚拟机里面，每个虚拟机包含一个应用服务器。

同时，应用服务器和数据库服务器集群都采用了多租户技术来进行租户隔离。不同的应用运行在平台层之上，使用每个应用的不同租户的数据都被彼此隔离起来。每个租户可以根据自己的需要对应用程序进行定制化配置，从而满足具体的业务需求。在基础设施层构建好以后，平台层被打包成为虚拟解决方案，调用基础设施层的资源部署功能对平台层进行初始化部署和激活，从而使平台层进入运行状态。

平台层服务是该层为用户提供的服务的集合，主要包括应用上线、应用升级、应用监控、计费管理、应用开发和应用测试等。这些服务与平台层的基本功能相对应，是用户获得平台层服务的接口。下面我们将通过一个使用平台层服务的典型流程，来向读者介绍该层次提供的各种类型服务，以及支持这些服务需要的功能。

2. 平台层提供的环境

平台层提供了开发、运营与运行三个环境，如图 3.10 所示。在开发环境中，开发人员使用平台层提供的 SDK 和集成开发环境开发应用。同时，平台层为用户提供了一个模拟运行环境，使开发者可以模拟应用在云生产环境上的运行情况，并进行调试。当开发工作完成后，开发人员将应用按照平台层的规范打包，使用 SDK 中提供的应用上载服务将应用在平台层上部署和激活。运营环境为用户提供应用的上线、升级、维护和下线管理，以及应用运行状态监控和账户计费等服务。运行环境为应用提供运行时的适宜环境，保证其可以自动、高效、高性能地运行。运行环境需要持续地监控应用的行为，保证其隔离性与可伸缩性，执行资源监控与分配。下面我们以这三个环境为线索来介绍平台层的基本功能及其为用户提供的服务。

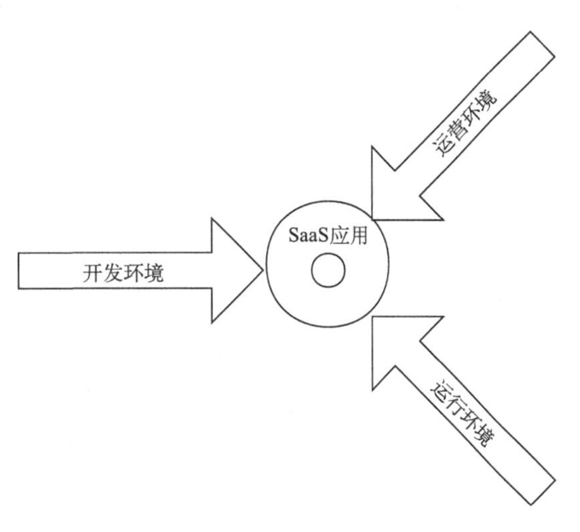

图 3.10　平台层提供的环境

3. 开发环境

作为一个开发平台，开发环境首先需要定义自己支持的应用模型，图 3.9 示例采用 J2EE 规范作为应用模型。开发人员可以采用他们熟悉的语言与开发范式来开发应用。

对任何一个支持上层应用运行的平台系统来说，它都必须提供清晰的上层应用的模型。模型定义中一个非常重要的问题就是如何描述其将要提供给外界的服务，以及该服务将要以何种方式来提供。无论采用何种方式，云应用中都必须包含对该服务接口的定义，以及描述该服务运行时配置信息的元数据，从而使得平台层能够在云应用部署的时候将该服务变成可用状态。

云应用比较常见的服务提供方式有 REST 和 SOAP 方式。REST 是 Representational State Transfer 的简称，它是面向资源的一种软件架构风格，通常对资源的操作有获取、创建、修改和删除。SOAP 是 Simple Object Access Protocol 的简称，它是通过 HTTP 方式以 XML 格式交换信息的一种协议，有着完备而复杂的封装机制和编码规则。

为支持应用与平台层的无缝整合，开发环境提供了自己的平台 SDK。SDK 中包括平台 API 和通用服务 API，以 JAR 包的形式发布。该 SDK 能够模拟出与真实运行环境非常相似的测试环境。测试环境应该尽量简单，不需要在架构上完全对生产环境进行复制，只需要保证运行时生产环境中可用的各种服务同样在测试环境中适用，并且所有的使用条件和限制也在测试环境中被反映出来，如对磁盘写操作的限制和对网络 I/O 的限制等。平台层同时开发了插件，使 SDK 有选择地与流行的集成开发环境（IDE）整合，如 Eclipse 等。通过可视化的方式简化整个开发过程中的配置和操作过程，为用户提供良好的开发体验。

4. 运营环境

运营环境需要能够有效地处理应用的上线、升级和卸载。这些任务总体可以分为两部分，一个是在 J2EE 平台上进行升级与卸载的标准流程，另一个是平台层的定制化操作，如上线需要在运营环境中注册、升级后，需要更新运营环境中该应用的版本信息。

为了完成应用上线，开发人员可以使用 SDK 中的工具对应用进行部署，SDK 负责与运营环境进行通信，提交部署请求，进行应用上载操作。然后，运营环境调用其内部的应用部署流程为应用进行数据存储的配置，将其部署在应用服务器上，并在运营环境中注册。最后，应用被激活，进入可用状态。运营环境为用户提供了管理功能，应用管理员可以通过浏览器访问管理控制台来管理应用的域名及子域名，查询访问记录和错误记录，进行流量分析，设置计划任务，查询账单等。此外，为了实现应用的安全升级，运营环境还为用户提供了一个测试用的沙箱环境。用户将新应用上传至平台层后，可以首先在该沙箱环境中测试应用与平台层的兼容性、业务的正确性与应用的性能等。当一切稳妥后再将其迁出沙箱环境，完成应用的升级。

在监控计费方面，运营环境可以从两个层面进行：一方面是虚拟机层面的，平台层管理器可以利用基础设施层的资源监控能力获得应用运行所占用的存储、内存和CPU等信息；另一方面，云平台层可以利用应用网络传输中的应用标识信息对网络资源的使用进行监控。根据各方面监控的结果有效地计算出应用所使用的资源，并根据计费标准对应用计费。这些信息将统一由平台层管理器获取与管理，通过应用管理控制台呈现给用户。

5. 运行环境

运行环境需要支持平台层的三个基本特性：隔离性、可伸缩性和资源的可复用性。隔离性依赖于两个方面，一方面是虚拟机之间的系统级别的隔离，另一方面是多租户系统架构所支持的租户级别的隔离。

示例中的平台层通过虚拟化技术可以很好地实现可伸缩性。根据虚拟解决方案中的虚拟机所包含软件的不同，可伸缩性的实现可以采用以下两种基本方案，如图3.11所示。如果应用服务器和数据库服务器是一起打包在一个虚拟机里面的，那么应用服务器和数据库服务器之间已经配置好了，也就是说应用服务器可以直接使用数据库服务器；如果应用服务器和数据库服务器是分别打包的，那么则需要在部署完动态扩展节点之后，由平台层管理器对那些需要更高数据存储能力的应用服务器进行配置，使得应用服务器可以使用这些新扩展的数据库服务器。该

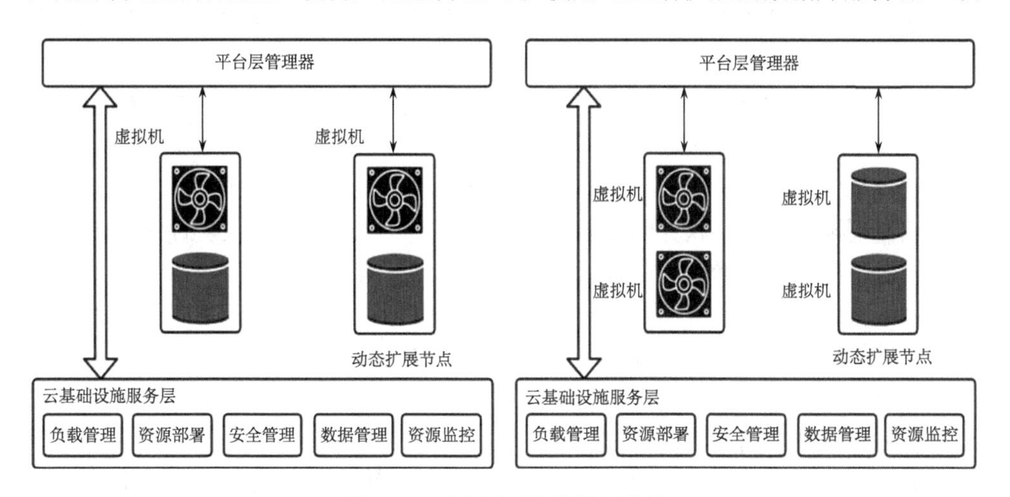

图3.11 平台层可伸缩性示意图

平台层基于上面所描述的基础设施层进行构建，可以充分享受虚拟化的基础设施层所带来的资源容量。然而，运营环境仍然需要协调每个虚拟机的资源，使得资源得到高效的使用。

3.4 应　用　层

3.4.1 应用层架构

1. IaaS 软件体系结构

我们知道，应用层是运行在云平台层上的应用的集合。每一个应用都对应一个业务需求，实现一组特定的业务逻辑，并且通过与用户的交互提供服务。总的来说，应用层的应用可以分为三大类：第一类是面向大众的标准应用；第二类是为了某个领域的客户而专门开发的客户应用；第三类是由第二方的独立软件开发商在云计算平台层上开发的满足用户多元化需求的应用。

值得注意的是，不同于基础设施层和平台层，应用层上运行的软件千变万化，新应用层出不穷，想要定义应用层的基本功能十分困难。或者说，应用层的基本功能就是要为用户提供尽可能丰富的创新功能，为企业和机构用户简化 IT 流程，为个人用户简化日常生活的方方面面。

软件即服务交付给用户的是定制化的软件，即软件提供方根据用户的需求，将软件或应用通过租用的形式提供给用户使用。软件即服务主要有以下三个特征。

第一，用户不需要在本地安装该软件的副本，也不需要维护相应的硬件资源，该软件部署并运行在提供方自有的或第三方的环境中。

第二，软件以服务的方式通过网络交付给用户，用户端只需要打开浏览器或者某种客户端工具就可以使用服务。

第三，虽然软件即服务面向多个用户，但是每个用户都感觉是独自占有该服务。

这种软件交付模式无论在商业上还是技术上都是一个巨大的变革。对用户来说，他们不再需要关心软件的安装和升级，也不需要一次性购买软件许可证，而是根据租用服务的实际情况进行付费，也就是“按需付费”。

对于软件开发者而言，由于与软件相关的所有资源都放在云中，开发者可以方便地进行软件的部署和升级，因此软件产品的生命周期不再明显。开发者甚至可以每天对软件进行多次升级，而对于用户来说这些操作都是透明的，他们感觉到的只是质量越来越完善的软件服务。

另外，软件即服务更有利于知识产权的保护，因为软件的副本本身不会提供给客户，从而减少了反编译等恶意行为发生的可能。Salesforce.com 公司是软件即服务概念的倡导者，它面向企业用户推出了在线客户关系管理软件 Salesforce CRM，已经获得了非常积极的市场反响。Google 公司推出的 Gmail 和 Google Docs 等，也是软件即服务的典型代表。

软件把应用作为服务提供给用户，它可以部署在 IaaS 和 PaaS 之上。

图 3.12 展示了以 Zimbra 和 Openld 等为代表的 SaaS 平台软件的体系结构，其包含云控制器、应用节点和存储系统 3 部分。

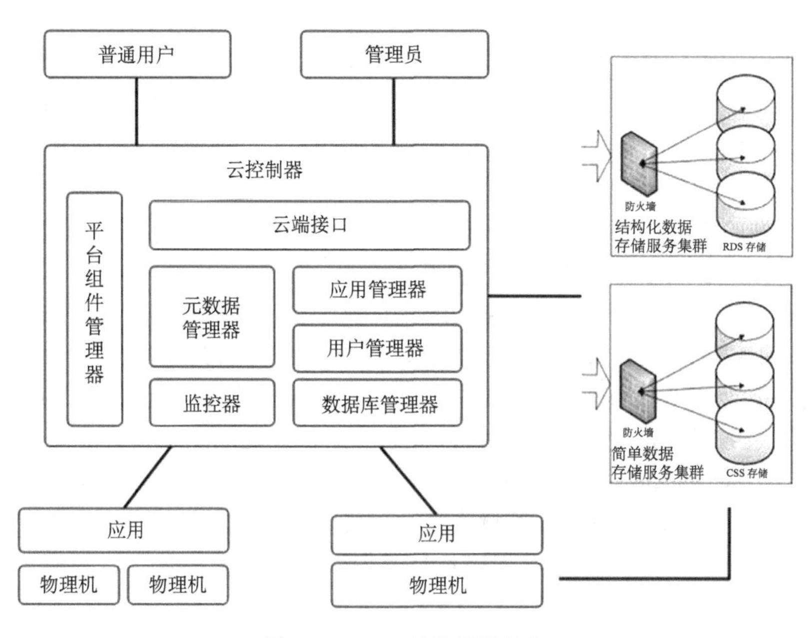

图 3.12 SaaS 的体系结构图

云控制器中的组件主要有云端接口、平台组件管理器、元数据管理器、应用管理器、用户管理器、监控器和数据库管理器。用户通过浏览器对整个平台进行访问。元数据管理器对整个平台应用的元数据进行管理。应用管理器管理应用软件的运行状况，如访问平台的进程调度和平台负载均衡。数据库管理器直接控制存储系统，实现对平台中应用数据的管理。SaaS 平台中的平台组件管理器、监控器和用户管理器与 IaaS 和 PaaS 中相关组件的功能类似。云控制器所分配的具体应用均在节点上运行。

通常情况下，一个 SaaS 平台不止给用户提供一种应用（如 Zimbra 不仅向用户提供邮件管理，还提供聊天服务）。这些应用可能运行在一个物理机上，也可能运行在多个物理机上。用户使用平台提供的应用，而不用关心应用程序的具体运行情况。

2. SaaS 软件关键技术

SaaS 层面向的是云计算终端用户，提供基于互联网的软件应用服务。随着 Web 服务、HTML5、Ajax、Mashup 等技术的成熟与标准化，SaaS 应用近年来发展迅速。

Google Apps 包括 Google Docs、Gmail 等一系列 SaaS 应用。Google 将传统的桌面应用程序（如文字处理软件、电子邮件服务等）迁移到互联网，并托管这些应用程序。用户通过 Web 浏览器便可随时随地访问 Google Apps，而不需要下载、安装或维护任何硬件或软件。Google Apps 为每个应用提供了编程接口，使各应用之间可以随意组合。Google Apps 的用户既可以是个人用户也可以是服务提供商。如企业可向 Google 申请域名为@.example.com 的邮件服务，满足企业内部收发电子邮件的需求。在此期间，企业只需对资源使用量付费，而不必考虑购置、维护邮件服务器、邮件管理系统的开销。

Salesforce CAM 部署于 Force.com 云计算平台，为企业提供客户关系管理服务，包括销售云、服务云、数据云等部分。通过租用 CRM 的服务，企业可以拥有完整的企业管理系统，用以管理内部员工、生产销售、客户业务等。利用 CRM 预定义的服务组件，企业可以根据自身业务的特点定制工作流程。基于数据隔离模型，CRM 可以隔离不同企业的数据，为每个企业分别提供一份应用程序的副本。CRM 可根据企业的业务量为企业弹性分配资源。除此之外，CRM 为移动智能终端开发了应用程序，支持各种类型的客户端设备访问该服务，实现泛在接入。

3.4.2　应用层的特征

用户就是通过 SaaS 的方式获得应用层中各种应用服务的。结合 SaaS 的定义，云计算应用层上的应用需要具有以下三个基本特征。

第一，这些应用能够通过浏览器访问，或者具有开放的 API，允许用户或者瘦客户端的调用。云应用的理想模式是无论用户身处何处，无论使用何种终端，只要有互联网连接和标准的浏览器，便可以不经任何配置地访问属于自己的应用。目前，虽然互联网连接速度和 Web 开发技术已经使基于浏览器的应用具有了非常好的用户体验，但是距离一些在本地安装与运行的软件仍有差距，如在图形处理方面。因此，在云计算的初期，应用层某些应用也可以通过瘦客户端来访问。这虽然影响了云应用的灵活性，但仍是一种有效的折中方案。

第二，用户在使用云服务时，不需要进行一次性投入，只需要在使用的过程中按照其实际的使用情况付费。首先，用户在使用云服务时不需要购买额外的硬件，因为从处理到数据存储都在云上执行，用户端的处理能力不高也可以访问云上应用。其次，虽然从本质上讲云应用也是供用户使用的软件，但用户不需支付软件副本的费用，只需要注册一个账号，即可开始使用该应用。最后，用户开始使用云应用后，只需按照其实际使用量付费。

第三，云应用要求高度的整合，而且云应用之间的整合能力对于云应用的成功至关重要。云应用之间的整合能力对于完美的用户体验来说是不可或缺的，因为用户的需求往往是综合性的。如果用户所需要的多个功能是由若干个彼此之间无法整合的应用程序来实现的，那么用户体验和操作效率都会不理想。由于应用都是运行在云中而且彼此相对独立，因此云应用整合较传统应用会相对容易实现。

3.4.3　应用层的分类

上面我们总结了云计算应用层需要具备的三个基本特征。用户不需要关心应用是在哪里被托管的、是采用何种技术开发的，也不需要在本地安装这些软件，只需要关心如何去访问这些应用。下面我们对常见的云应用进行分类讨论。

第一种类型是标准应用，采用多租户技术为数量众多的用户提供相互隔离的操作空间，提供的服务是标准的、一致的。用户除了界面上的个性化设定，不具有更深入的自定义功能。可以说，标准应用就是我们常用应用软件的云上版本。可以预见，常用的桌面应用都会陆续出现其云上版本，并最终向云上迁移。

第二种类型是客户应用，该类应用开发好标准的功能模块，允许用户进行不限于界面的深度定制。与标准应用是面向最终用户的立即可用的软件不同，客户应用一般针对的是企业级用户，需要用户进行相对更加复杂的自定义和二次开发。客户应用提供商是传统的企业IT解决方案提供商的云上版本。

第三种类型是多元应用，这类云应用一般由独立软件开发商或者是开发团队在公有云平台上搭建，是满足用户某一类特定需求的创新型应用。不同于标准应用所提供的能够满足大多数用户日常普遍需求的服务，多元应用满足了特定用户的多元化需求。这样的多元化应用涉及人们生活的方方面面，满足不同人群的各种需求。

公有云平台的出现推动了互联网应用的创新和发展。这些平台降低了云应用的开发、运营、维护成本。从基础设施到必备软件，从应用的可伸缩性到运行时的服务质量保障，这一切都将由云平台来处理。那么，对于云应用提供商，尤其是多元应用提供商来说，一款云应用的诞生甚至可以实现零初始投入的目标，唯一需要的就是富有创意的点子和敏捷而简单的开发。

上面我们将云应用划分为三种类型，这三种类型的划分可以使用“长尾理论”来诠释。在如图3.13所示的长尾模型中，横轴是云应用的种类，纵轴是云应用的流行程度。少量的标准应用具有最高的流行度，成为长尾图形的“头”。中等规模的客户应用具有中等的流行度，成为长尾图形的“肩”。大量的多元应用具有较低的流行度，成为长尾图形的“尾”。

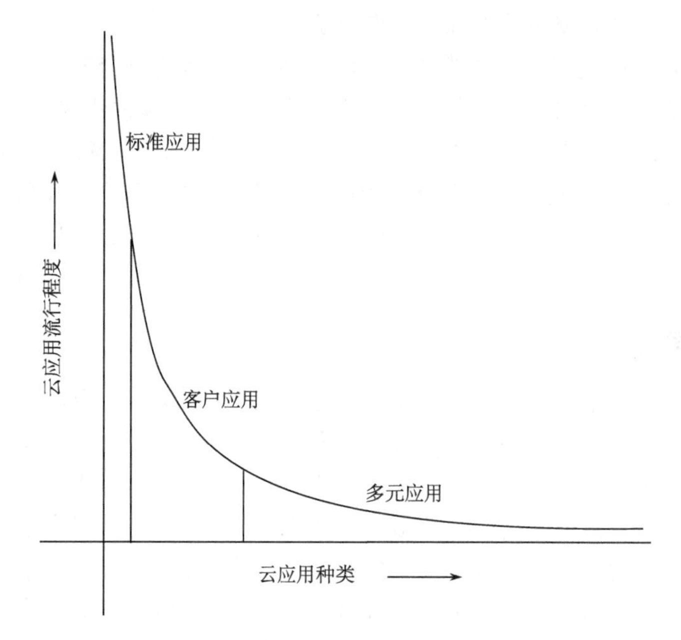

图 3.13　云应用的长尾模型

标准应用是人们日常生活中不可或缺的服务，如文档处理、电子邮件和日程管理等。这些应用提供的功能是人们所熟悉的，绝大多数云应用使用者将会使用它们来处理日常事务。标准应用的类型有限，它们必须具备的功能和与用户交互的方式在一定程度上已经形成了业界标准。标准应用的提供商往往是具有雄厚实力的 IT 业巨头。

客户应用针对的是某种具有普遍性的需求，如客户管理系统（CRM）和企业资源计划系统（ERP）等。这样的应用可以被不同的客户定制，为数量较大的用户群所使用。客户应用的类型较丰富，但往往集中在若干种通用的业务需求上。客户应用的提供商可以是规模较小的专业公司。

多元应用满足的往往是小部分用户群体的个性化需求，如身处某个城市的居民或者正在进行健身练习的用户。这样的应用追求新颖和快速，虽然应用的用户群体可能有限，但是它却对该目标群体有着巨大的价值。多元应用的种类繁多，千变万化，其提供者可以是规模很小的开发团队，甚至是个人。

“长尾理论”的核心思想是：再微小的需求如果能够得到满足，就可以创造价值。而这些微小需求的集合就是长尾的尾，它聚合起来具有巨大的潜力。在云应用的生态系统中，客户应用和多元应用落在长尾的肩部和尾部。在传统信息产业模式中，这部分空间所蕴藏的价值并没有被很好地挖掘。各大 IT 厂商主要关注于长尾的头部，而忽视了相对较难把握的个性化需求。云计算的出现显著降低了应用的开发和维护成本，拉近了初创型公司和行业巨头的技术差距，使得具有创新精神和独到眼光的团队可以快速地将构想转化为现实。可以说，云计算为信息行业创造了新的增长空间，也为互联网用户提供了更加丰富的选择。以云桌面为例，云桌面其实提供了一个类似智能手机桌面的应用呈现方式，可以使用默认预置桌面应用，在权限允许的前提下也可以自行安装个性化应用，其软件应用一次性大规模预安装的便捷性，对软件提供商多有裨益。

第4章　虚拟化概论

虚拟化技术（Virtualization）是伴随着计算机技术的产生而出现的，在计算机技术的发展历程中一直扮演着重要的角色。从20世纪50年代虚拟化概念的提出，到20世纪60年代IBM公司在大型机上实现了虚拟化的商用，从操作系统的虚拟内存到Java语言虚拟机，再到目前基于x86体系结构的服务器虚拟化技术的蓬勃发展，都为虚拟化这一看似抽象的概念添加了极其丰富的内涵。近年来随着服务器虚拟化技术的普及，出现了全新的数据中心部署和管理方式，为数据中心管理员带来了高效和便捷的管理体验。该技术还可以提高数据中心的资源利用率，减少能源消耗。这一切，使得虚拟化技术成为整个信息产业中最受瞩目的焦点。

4.1　虚拟化的概念

虚拟相对于真实，虚拟化就是将原本运行在真实环境上的计算机系统或组件运行在虚拟出来的环境中。一般来说，计算机系统分为若干层次，从下至上包括底层硬件资源、操作系统、操作系统提供的应用程序编程接口，以及运行在操作系统之上的应用程序。虚拟化技术可以在这些不同层次之间构建虚拟化层，向上提供与真实层次相同或类似的功能，使得上层系统可以运行在该中间层之上。这个中间层可以解除其上下两层间原本存在的耦合关系，使上层的运行不依赖于下层的具体实现。由于引入了中间层，虚拟化不可避免地会带来一定的性能影响，但是随着虚拟化技术的发展，这样的开销在不断地减少。根据所处具体层次的不同，“虚拟化”这个概念也具有不同的内涵，为“虚拟化”加上不同的定语，就形成不同的虚拟化技术。目前，应用比较广泛的虚拟化技术有基础设施虚拟化、系统虚拟化和软件虚拟化等类型。虚拟化是一个非常宽泛的概念，随着IT产业的发展，这个概念所涵盖的范围也在随之扩大。

例如，操作系统中的虚拟内存技术是计算机业内认知度最广的虚拟化技术，现有的主流操作系统都提供了虚拟内存功能。虚拟内存技术是指在磁盘存储空间中划分一部分作为内存的中转空间，负责存储内存中暂时不用的数据，当程序用到这些数据时，再将它们从磁盘换入到内存。有了虚拟内存技术，程序员就拥有了更多的空间来存放自己的程序指令和数据，从而可以更加专注于程序逻辑的编写。虚拟内存技术屏蔽了程序所需内存空间的存储位置和访问方式等实现细节，使程序看到的是一个统一的地址空间。可以说，虚拟内存技术向上提供透明的服务时，无论程序开发人员还是普通用户都感觉不到它的存在。这也体现了虚拟化的核心理念，以一种透明的方式提供抽象的底层资源。

4.1.1　虚拟化的定义

“虚拟化”是一个广泛而变化的概念，因此想要给出一个清晰而准确的“虚拟化”定义并不是一件容易的事情。目前业界对“虚拟化”已经产生如下多种定义。

“虚拟化”是表示计算机资源的抽象方法，通过虚拟化可以用与访问抽象前资源一致的方法访问抽象后的资源。这种资源的抽象方法并不受实现、地理位置或底层资源的物理配置的限制（来自于 Wikipedia.维基百科）。

虚拟化是为某些事物创造的虚拟（相对于真实）版本，如操作系统、计算机系统、存储设备和网络资源等（来自于 WhatIs .com，信息技术术语库）。

虚拟化是为一组资源提供一个通用的抽象接口集，从而隐藏属性和操作之间的差异，并允许通过一种通用的方式来查看并维护资源（来自于 Open Grid Services Architecture）。

尽管以上几种定义表述方式不尽相同，但仔细分析一下，不难发现它们都阐述了三层含义。

（1）虚拟化的对象是各种各样的资源。

（2）经过虚拟化后的逻辑资源对用户隐藏了不必要的细节。

（3）用户可以在虚拟环境中实现其在真实环境中的部分或者全部功能。

虚拟化的定义是资源的逻辑表示，它不受物理限制的约束。

在这个定义中，资源涵盖的范围很广，如图 4.1 所示。资源可以是各种硬件资源，如 CPU、内存、存储、网络；也可以是各种软件环境，如操作系统、文件系统、应用程序等。按照这个定义，就能很好地理解操作系统中的内存虚拟化。内存是真实资源，而硬盘则是这种资源的替代品。经过虚拟化后，这两者具有了相同的逻辑表示。虚拟化层向上隐藏了如何在硬盘上进行内存交换、文件读写，如何在内存与硬盘间实现统一寻址和换入换出等细节。对于使用虚拟内存的应用程序来说，它们仍然可以用一致的分配、访问和释放的指令对虚拟内存进行操作，就如同在访问真实存在的物理内存一样。

虚拟化的主要目标是对包括基础设施、系统和软件等 IT 资源的表示、访问和管理进行简化，并为这些资源提供标准的接口来接收输入和提供输出。虚拟化的使用者可以是最终用户、应用程序或者是服务。通过标准接口，虚拟化可以在 IT 基础设施发生变化时将对使用者的影响降到最低。最终用户可以重用原有的接口，因为他们与虚拟资源进行交互的方式并没有发生变化，即使底层资源的实现方式已经发生了改变，他们也不会受到影响。

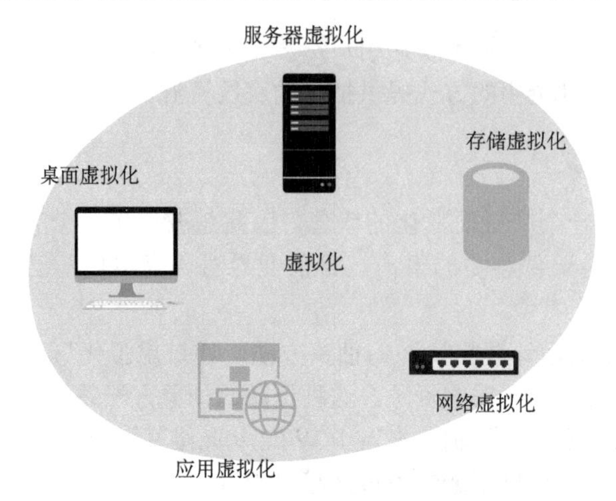

图 4.1　各式各样的虚拟化

虚拟化技术降低了资源使用者与资源具体实现之间的耦合程度，让资源使用者不再依赖于资源的某种特定实现。利用这种松耦合关系，系统管理员在对 IT 资源进行维护与升级时，可以降低资源变化对资源使用者的影响。

4.1.2　虚拟化的类型

在虚拟化技术中，被虚拟的实体是各种各样的 IT 资源。按照这些资源的类型分类，我们可以梳理出不同类型的虚拟化。目前，大家接触最多的就是系统虚拟化。例如，使用 VMware Workstation 在个人计算机上虚拟出一个逻辑系统，用户可以在这个虚拟的系统上安装和使用另一个操作系统及其上的应用程序，就如同在使用一台独立的计算机。我们将该虚拟系统称为“虚拟机”，而 VMware Workstation 这样的软件就是“虚拟化软件套件”，它们负责虚拟机的创建、运行和管理。虽然虚拟机或者说系统虚拟化是当前最常使用的虚拟化技术，但它并不是虚拟化的全部。虚拟化的类型如下所示。

1. 基础设施虚拟化

由于网络、存储和文件系统同为支撑数据中心运行的重要基础设施，因此网络虚拟化、存储虚拟化归类为基础设施虚拟化。

网络虚拟化是指将网络的硬件和软件资源整合，向用户提供虚拟网络连接的虚拟化技术。网络虚拟化可以分为局域网虚拟化和广域网虚拟化两种形式。在局域网虚拟化中，多个本地网络被组合成为一个逻辑网络，或者一个本地网络被分割为多个逻辑网络，并用这样的方法来提高大型企业自用网络或者数据中心内部网络的使用效率。该技术的典型代表是虚拟局域网（Virtual LAN，VLAN ）。对于广域网络虚拟化，目前最普遍的应用是虚拟专用网（ Virtua Private Network，VPN ）。虚拟专用网抽象化了网络连接，使得远程用户可以随时随地访问公司的内部网络，并且感觉不到物理连接和虚拟连接的差异性。同时，VPN 保证这种外部网络连接的安全性与私密性。

存储虚拟化是指为物理的存储设备提供一个抽象的逻辑视图，用户可以通过这个视图中的统一逻辑接口来访问被整合的存储资源。存储虚拟化有两种主要形式：基于存储设备的存储虚拟化和基于网络的存储虚拟化。磁盘阵列技术（Redundant Array of Inexpensive Disks，RAID）是基于存储设备的存储虚拟化的典型代表，该技术通过将多块物理磁盘组合成为磁盘阵列，用廉价的磁盘设备实现了一个统一的、高性能的容错存储空间。网络附加存储（Network Attached Storage，NAS）和存储区域网（Storage Area Network，SAN）则是基于网络的存储虚拟化技术的典型代表。

存储虚拟化是指把物理上分散存储的众多文件整合为一个统一的逻辑视图，方便用户访问，提高文件管理的效率。存储设备和系统通过网络连接起来，用户在访问数据时并不知道真实的物理位置。它还使管理员能够在一个控制台上管理分散在不同位置的异构设备上的数据。

2. 系统虚拟化

目前对于大多数熟悉或从事 IT 工作的人来说，“虚拟化”这个词在脑海里的第一印象就是在同一台物理机上运行多个独立的操作系统，即所谓的系统虚拟化。系统虚拟化是最被广泛接受和认识的一种虚拟化技术。系统虚拟化实现了操作系统与物理计算机的分离，使得在一台物理计算机上可以同时安装和运行一个或多个虚拟的操作系统。在操作系统内部的应用程序看来，与使用直接安装在物理计算机上的操作系统没有显著差异。

系统虚拟化的核心思想是使用虚拟化软件在一台物理机上虚拟出一台或多台虚拟机。虚拟机是指使用系统虚拟化技术，运行在一个隔离环境中、具有完整硬件功能的逻辑计算机系统，包括客户操作系统和其中的应用程序。在系统虚拟化中，多个操作系统可以互不影响地在同一台物理机上同时运行。对于这些不同类型的系统虚拟化，虚拟机运行环境的设计和实现不尽相同。但是，在系统虚拟化中虚拟运行环境都需要为在其上运行的虚拟机提供一套虚拟的硬件环境，包括虚拟的处理器、内存、设备与 I/O 及网络接口等，如图 4.2 所示。同时，虚拟运行环境也为这些操作系统提供了许多特性，如硬件共享、统一管理、系统隔离等。

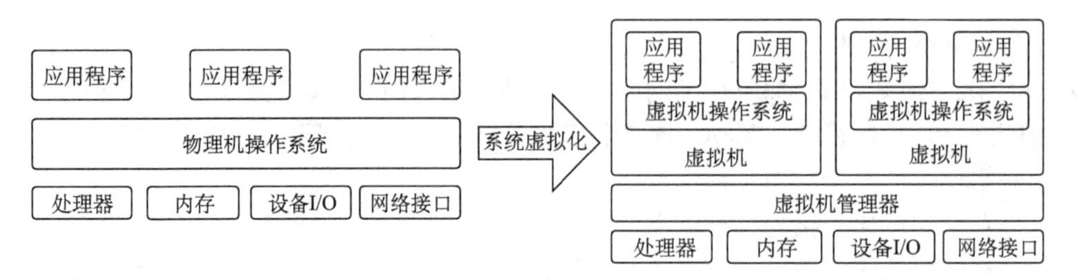

图 4.2　系统虚拟化

系统虚拟化技术已经运用到我们日常所用的个人计算机上。在个人计算机上使用系统虚拟化具有丰富的应用场景，其中最普遍的一个就是运行与本机操作系统不兼容的应用程序。例如，一个用户使用的是 Windows 系统的个人计算机，但是需要使用一个只能在 Linux 下运行的应用程序，他可以在个人计算机上虚拟出一个虚拟机并在上面安装 Linux 操作系统，这样就可以使用他所需要的应用程序了。

系统虚拟化更大的价值在于服务器虚拟化。目前，数据中心大量使用 x86 服务器，一个大型的数据中心中往往托管了数以万计的 x86 服务器。出于安全、可靠和性能的考虑，这些服务器基本只运行着一个应用服务，导致了服务器利用率低下。由于服务器通常具有很强的硬件能力，如果在同一台物理服务器上虚拟出多个虚拟服务器，每个虚拟服务器运行不同的服务，这样便可提高服务器的利用率，减少机器数量，降低运营成本，节省物理存储空间及电能，从而达到既经济又环保的目的。

除了在个人计算机和服务器上采用虚拟机进行系统虚拟化，桌面虚拟化也可以达到在同一个终端环境运行多个不同系统的目的。桌面虚拟化解除了个人计算机的桌面环境（包括应用程序和文件等）与物理机之间的耦合关系。经过虚拟化后的桌面环境被保存在远程的服务器上，而不是在个人计算机的本地硬盘上。这意味着当用户在其桌面环境上工作时，所有的程序与数据都运行和最终被保存在这个远程的服务器上，用户可以使用任何具有足够显示能力的兼容设备来访问和使用自己的桌面环境，如个人计算机、智能手机等。

3. 软件虚拟化

除了针对基础设施和系统的虚拟化技术，还有另一种针对软件的虚拟化环境，如用户所使用的应用程序和编程语言，都存在着相对应的虚拟化概念。目前，业界公认的这类虚拟化技术主要包括应用虚拟化和高级语言虚拟化。

应用虚拟化将应用程序与操作系统分离，为应用程序提供了一个虚拟的运行环境。在这个环境中，不仅包括应用程序的可执行文件，还包括它所需要的运行环境。当用户需要使用软件时，应用虚拟化服务器可以实时地将用户所需的程序组件推送到客户端的应用虚拟化运行环境。当用户完成操作关闭应用程序后，他所做的更改和数据将被上传到服务器集中管理。这样，用户将不再局限于单一的客户端，可以在不同的终端上使用自己的应用。

高级语言虚拟化解决的是可执行程序在不同体系结构计算机间迁移的问题。在高级语言虚拟化中，由高级语言编写的程序被编译为标准的中间指令。这些中间指令在解释执行或动态翻译环境中被执行，因而可以运行在不同的体系结构之上。例如，被广泛应用的 Java 虚拟机技术，它解除下层的系统平台（包括硬件与操作系统）与上层的可执行代码之间的耦合，来实现代码的跨平台执行。用户编写的 Java 源程序通过 JDK 提供的编译器被编译成平台中立的字节码，作为 Java 虚拟机的输入。Java 虚拟机将字节码转换为在特定平台上可执行的二进制机器代码，从而达到了“一次编译，多次执行”的效果。

4.2　服务器虚拟化

4.2.1　基本概念

服务器虚拟化将系统虚拟化技术应用于服务器上，将一个服务器虚拟成若干个服务器使用。如图 4.3 所示，在采用服务器虚拟化之前，三种不同的应用分别运行在三个独立的物理服务器上；在采用服务器虚拟化之后，这三种应用运行在三个独立的虚拟服务器上，而这三个虚拟服务器可以被一个物理服务器托管。简单来说，服务器虚拟化使得在单一物理服务器上，可以运行多个虚拟服务器。服务器虚拟化为虚拟服务器提供了能够支持其运行的硬件资源抽象，包括虚拟 BIOS、虚拟处理器、虚拟内存、虚拟设备与 I/O，并为虚拟机提供了良好的隔离性和安全性。

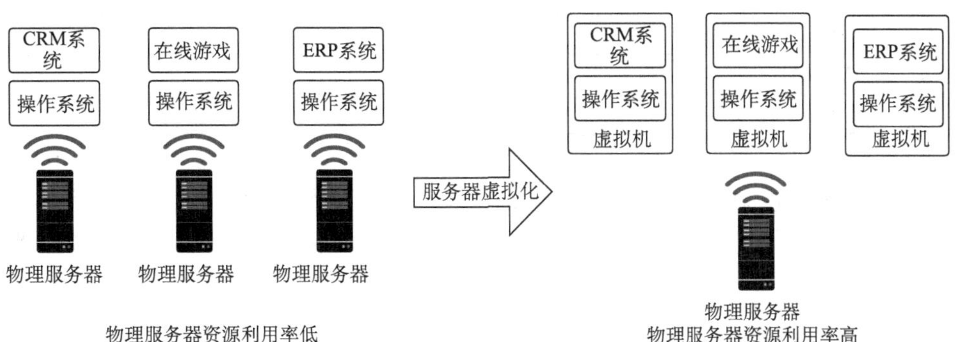

图 4.3　服务器虚拟化

4.2.2　服务器虚拟化实施

服务器虚拟化通过虚拟化软件向上提供对硬件设备的抽象和对虚拟服务器的管理。目前，业界在描述这样的软件时通常使用两个专用术语，它们分别如下。

虚拟机监视器（Vutual Machine Monitor，VMM）。虚拟机监视器负责对虚拟机提供硬件资源抽象，为客户操作系统提供运行环境。

虚拟化平台（Hypervisor）。虚拟化平台负责虚拟机的托管和管理。它直接运行在硬件之上，因此其实现直接受底层体系结构的约束。

这两个术语通常不做严格区分，其出现源于虚拟化软件的不同实现模式。在服务器虚拟化中，虚拟化软件需要实现对硬件的抽象，资源的分配、调度和管理，虚拟机与宿主操作系统及多个虚拟机间的隔离等功能。这种软件提供的虚拟化层处于硬件平台之上、客户操作系统之下。根据虚拟化层实现方式的不同，服务器虚拟化主要有两种类型，如图 4.4 所示。表 4 .1 比较了这两种实现方式。

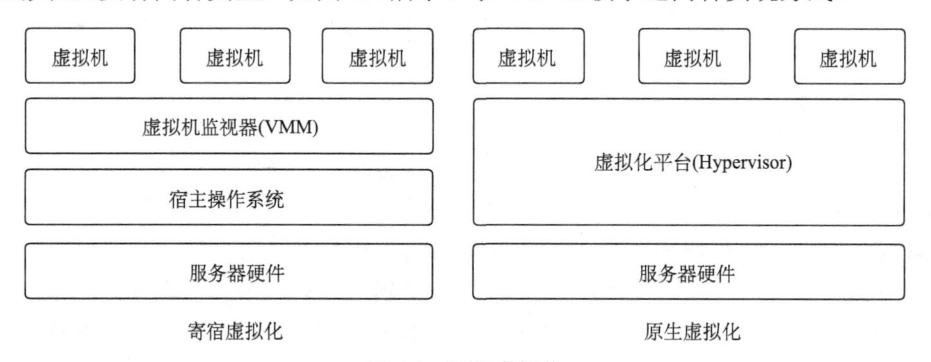

图 4.4　两张虚拟化

表 4.1　服务器虚拟化的实现方式比较

	寄宿虚拟化	原生虚拟化
是否依赖于宿主操作系统	完全	不
性能	低	高
实现的难易程度	易	难

寄宿虚拟化。虚拟机监视器是运行在宿主操作系统之上的应用程序，利用宿主操作系统的功能来实现硬件资源的抽象和虚拟机的管理。这种模式的虚拟化实现起来较容易，但由于虚拟机对资源的操作需要通过宿主操作系统来完成，因此其性能通常较低。

原生虚拟化。在原生虚拟化中，直接运行在硬件之上的不是宿主操作系统，而是虚拟化平台。虚拟机运行在虚拟化平台上，虚拟化平台提供指令集和设备接口，以提供对虚拟机的支持。这种实现方式通常具有较好的性能，但是实现起来较为复杂。

4.2.3 服务器虚拟化特征

无论采用以上何种方式，服务器虚拟化都具有以下特性，来保证可以被有效地运用在实际环境中。

（1）多实例。通过服务器虚拟化，在一个物理服务器上可以运行多个虚拟服务器，即可以支持多个客户操作系统。服务器虚拟化将服务器的逻辑整合到虚拟机中，而物理系统的资源，如处理器、内存、硬盘和网络等，是以可控方式分配给虚拟机的。

（2）隔离性。在多实例的服务器虚拟化中，一个虚拟机与其他虚拟机完全隔离。通过隔离机制，即使其中的一个或几个虚拟机崩溃，其他虚拟机也不会受到影响，虚拟机之间也不会泄露数据。如果多个虚拟机内的进程或者应用程序之间要相互访问，只能通过所配置的网络进行通信，就如同采用虚拟化之前的几个独立的物理服务器一样。

（3）封装性。也称硬件无关性，在采用了服务器虚拟化后，一个完整的虚拟机环境对外表现为一个单一的实体（如一个虚拟机文件、一个逻辑分区），这样的实体非常便于在不同的硬件间备份、移动和复制等。同时，服务器虚拟化将物理机的硬件封装为标准化的虚拟硬件设备，提供给虚拟机内的操作系统和应用程序，保证了虚拟机的兼容性。

（4）高性能。与直接在物理机上运行的系统相比，虚拟机与硬件之间多了一个虚拟化抽象层。虚拟化抽象层通过虚拟机监视器或者虚拟化平台来实现，并会产生一定的开销。这些开销为服务器虚拟化的性能损耗。服务器虚拟化的高性能是指虚拟机监视器的开销要被控制在可承受的范围之内。

4.2.4 服务器虚拟化核心技术

服务器虚拟化必备的是对三种硬件资源的虚拟化：CPU、内存、设备与I/O 。此外，为了实现更好的动态资源整合，当前的服务器虚拟化大多支持虚拟机的实时迁移。本节将介绍 x86 体系结构上这些服务器虚拟化的核心技术，包括 CPU 虚拟化、内存虚拟化、设备与 I/O 虚拟化和虚拟机实时迁移。

1. CPU 虚拟化

CPU 虚拟化技术把物理 CPU 抽象成虚拟 CPU ，任意时刻一个物理 CPU 只能运行一个虚拟 CPU 的指令。每个客户操作系统可以使用一个或多个虚拟 CPU。在这些客户操作系统之间，虚拟 CPU 的运行相互隔离，互不影响。

基于 x86 架构的操作系统被设计为直接运行在物理机器上，这些操作系统在设计之初都假设其完整地拥有底层物理机硬件，尤其是 CPU。在 x86 体系结构中，处理器有 4 个运行级别，分别为 Ring 0、Ring 1、Ring 2 和 Ring 3。其中，Ring 0 级别具有最高权限，可以执行任何指令而没有限制。运行级别从 Ring 0 到 Ring 3 依次递减。应用程序一般运行在 Ring 3 级别。操作系统内核态代码运行在 Ring 0 级别，因为它需要直接控制和修改 CPU 的状态，而类似这样的操作需要运行在 Ring 0 级别的特权指令才能完成。在 x86 体系结构中实现虚拟化，需要在客户操作系统层以下加入虚拟化层，来实现物理资源的共享。可见，这个虚拟化层运行在 Ring 0 级别，而客户操作系统只能运行在 Ring 0 以上的级别，如图 4.5 所示。

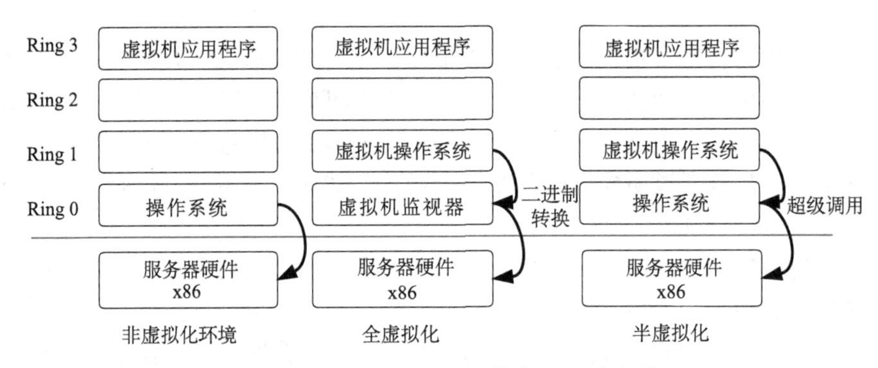

图 4.5　x86 体系结构下的软件 CPU 虚拟化

但是，客户操作系统中的特权指令，如中断处理和内存管理指令，如果不运行在 Ring 0 级别将会具有不同的语义，产生不同的效果，或者根本不产生作用。由于这些指令的存在，虚拟化 x86 体系结构还存在一定不足。问题的关键在于这些在虚拟机里执行的敏感指令不能直接作用于真实硬件之上，而需要被虚拟机监视器接管和模拟。

目前，为了解决 x86 体系结构下的 CPU 虚拟化问题，业界提出了全虚拟化（Full-Virtualization）和半虚拟化（Para-Virtualization）两种不同的软件方案，如图 4.5 所示。除了通过软件的方式实现 CPU 虚拟化，业界还提出了在硬件层添加支持功能的硬件辅助虚拟化（Hardware Assisted Virtualization）方案来处理这些敏感的高级别指令。

全虚拟化采用二进制代码动态翻译技术（Dynamic Binary Translation）来解决客户操作系统的特权指令问题，如图 4.5 所示。所谓二进制代码动态翻译，是指在虚拟机运行时，在敏感指令前插入陷入指令，将执行陷入虚拟机监视器中。虚拟机监视器会将这些指令动态转换成可完成相同功能的指令序列后再执行。通过这种方式，全虚拟化将在客户操作系统内核执行的敏感指令转换成可以通过虚拟机监视器执行的具有相同效果的指令序列，而对于非敏感指令则可以直接在物理处理端上运行。形象地说，在全虚拟化中，虚拟机监视器在关键的时候“欺骗”虚拟机，使得客户操作系统还以为自己在真实的物理环境下运行。全虚拟化的优点在于代码的转换工作是动态完成的，无须修改客户操作系统，因而可以支持多种操作系统。

与全虚拟化不同，半虚拟化通过修改客户操作系统来解决虚拟机执行特权指令的问题。在半虚拟化中，被虚拟化平台托管的客户操作系统需要修改其操作系统，将所有敏感指令替换为对底层虚拟化平台的超级调用（Hypercall），如图 4.5 所示。虚拟化平台也为这些敏感的特权指令提供了调用接口。形象地说，半虚拟化中的客户操作系统被修改后，知道自己处在虚拟化环境中，从而主动配合虚拟机监视器，在需要的时候对虚拟化平台进行调用来完成敏感指令的执行。在半虚拟化中，客户操作系统和虚拟化平台必须兼容，否则虚拟机无法有效地操作宿主物理机，所以半虚拟化对不同版本操作系统的支持有所限制。无论是全虚拟化还是半虚拟化，它们都是纯软件的 CPU 虚拟化，不要求对 x86 架构下的处理器本身进行任何改变。但是，纯软件的虚拟化解决方案存在很多限制。无论是全虚拟化的二进制翻译技术，还是半虚拟化的超级调用技术，这些中间环节必然会增加系统的复杂性和性能开销。此外，在半虚拟化中，对客户操作系统的支持受到虚拟化平台的能力限制。

由此，硬件辅助虚拟化应运而生。这项技术是一种硬件方案，支持虚拟化技术的 CPU 加入了新的指令集和处理器运行模式来完成与 CPU 虚拟化相关的功能。Intel 公司和 AMD 公司分别推出了硬件辅助虚拟化技术 Intel VT 和 AMD-V，并逐步集成到最新推出的微处理器产品中。虚拟化平台运行在根模式，客户操作系统运行在非根模式。由于硬件辅助虚拟化支持客户操作系统直接在其上运行，无须进行二进制翻译或超级调用，因此减少了相关的性能开销，简化了虚拟化平台的设计。目前，主流的虚拟化软件厂商也在通过和 CPU 厂商的合作来提高他们虚拟化产品的性能和兼容性。

2. 内存虚拟化

内存虚拟化技术把物理机的真实物理内存统一管理，包装成多个虚拟的物理内存分别供若干个虚拟机使用，使得每个虚拟机拥有各自独立的内存空间。在服务器虚拟化技术中，因为内存是虚拟机最频繁访问的设备，所以内存虚拟化与 CPU 虚拟化具有同等重要的地位。

在内存虚拟化中，虚拟机监视器要能够管理物理机上的内存，并按每个虚拟机对内存的需求划分机器内存，同时保持各个虚拟机对内存访问的相互隔离。从本质上讲，物理机的内存是一段连续的地址空间，上层应用对于内存的访问多是随机的，因此虚拟机监视器需要维护物理机里内存地址块和虚拟机内部看到的连续内存块的映射关系，保证虚拟机的内存访问是连续的、一致的。现代操作系统中对于内存管理采用了段式、页式、段页式、多级页表、缓存、虚拟内存等多种复杂的技术，虚拟机监视器必须能够支持这些技术，使它们在虚拟机环境下仍然有效，并保证较高的性能。

在讨论内存虚拟化之前，我们先回顾一下经典的内存管理技术。内存作为一种存储设备是程序运行所必不可少的，因为所有的程序都要通过内存将代码和数据提交到 CPU 进行处理与执行。如果计算机中运行的应用程序过多，就会耗尽系统中的内存，成为提高计算机性能的瓶颈。之前，人们通常利用扩展内存和优化程序来解决该问题，但是该方法成本很高。因此，虚拟内存技术诞生了。为了虚拟内存，现在所有基于 x86 架构的 CPU 都配置了内存管理单元（Memory Management Unit，MMU）和页表转换缓冲（Translation Lookaside Buffer，TLB），通过它们来优化虚拟内存的性能。总之，经典的内存管理维护了应用程序所看到的虚拟内存和物理内存的映射关系。

3. 设备与 I/O 虚拟化

虚拟化除了处理器与内存，服务器中其他需要虚拟化的关键部件还包括设备与 I/O。设备与 I/O 虚拟化技术把物理机的真实设备统一管理，包装成多个虚拟设备给若干个虚拟机使用，响应每个虚拟机的设备访问请求和 I/O 请求。

目前，主流的 I/O 与设备虚拟化都是通过软件的方式实现的。虚拟化平台作为在共享硬件与虚拟机之间的平台，为设备与 I/O 的管理提供了便利，也为虚拟机提供了丰富的虚拟设备功能。

虚拟化平台将物理机的设备虚拟化，把这些设备标准化为一系列虚拟设备，为虚拟机提供一个可以使用的虚拟设备集合，如图 4.6 所示。值得注意的是，经过虚拟化的设备并不一定与物理设备的型号、配置、参数等完全相符，然而这些虚拟设备能够有效地模拟物理设备的动作，将虚拟机的设备操作转译给物理设备，并将物理设备的运行结果返回给虚拟机。这种将虚拟设备统一并标准化的方式带来的另一个好处就是虚拟机并不依赖于底层物理设备的实现。因为对于虚拟机来说，它看到的始终是由虚拟化平台提供的这些标准设备。这样，只要虚拟化平台始终保持一致，虚拟机就可以在不同的物理平台上进行迁移。

在服务器虚拟化中，网络接口是一个特殊的设备，具有重要的作用。虚拟服务器都是通过网络向外界提供服务的。在服务器虚拟化中每一个虚拟机都变成了一个独立的逻辑服务器，它们之间的通信通过网络接口进行。每一个虚拟机都被分配了一个虚拟的网络接口，从虚拟机内部看来就是一块虚拟网卡。服务器虚拟化要求对宿主操作系统的网络接口驱动进行修改。经过修改后，物理机的网络接口不仅要承担原有网卡的功能，还要通过软件虚拟出一个交换机，如图 4.7 所示。虚拟交换机工作于数据链路层，负责转发从物理机外部网络发送到虚拟机网络接口的数据包，并维护多个虚拟机网络接口之间的连接。当一个虚拟机与同一个物理机上的其他虚拟机通信时，它的数据包会通过自己的虚拟网络接口发出，虚拟交换机收到该数据包后将其转发给目标虚拟机的虚拟网络接口。这个转发过程不需要占用物理带宽，因为有虚拟化平台以软件的方式管理着这个网络。

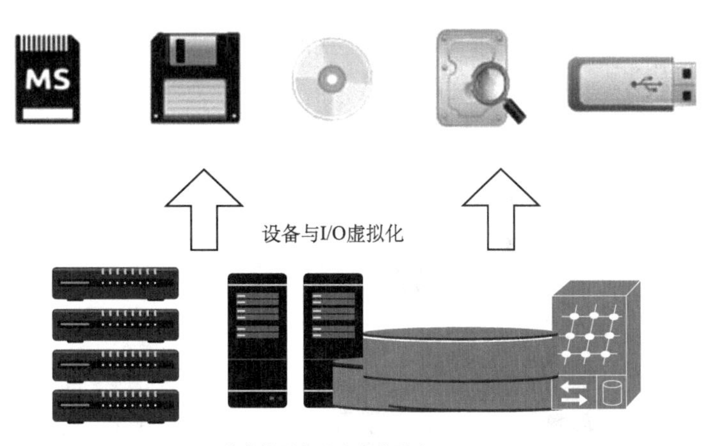

图 4.6　设备与 I/O 虚拟化

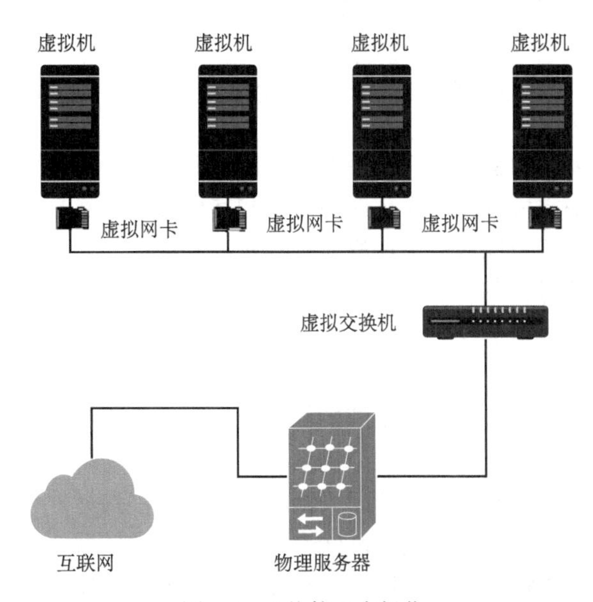

图 4.7　网络接口虚拟化

4. 虚拟机实时迁移

实时迁移（Live Migration）技术是在虚拟机运行过程中，将整个虚拟机的运行状态完整、快速地从原来所在的宿主机硬件平台迁移到新的宿主机硬件平台上，并且整个迁移过程是平滑的，用户几乎不会察觉到任何差异，如图 4.8 所示。由于虚拟化抽象了真实的物理资源，因此可以支持原宿主机和目标宿主机硬件平台的异构性。

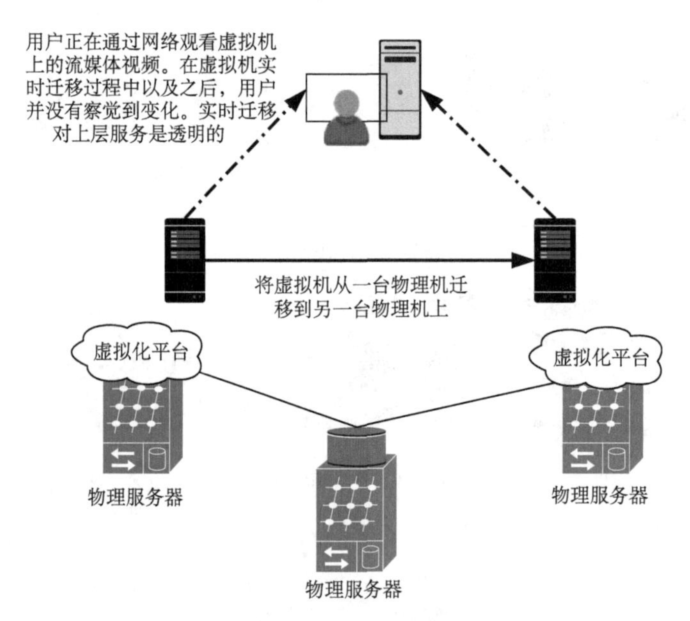

图 4.8　实时迁移技术示意图

实时迁移需要虚拟机监视器的协助，即通过源主机和目标主机上虚拟机监视器的相互配合，来完成客户操作系统的内存和其他状态信息复制。实时迁移开始以后，内存页面被不断地从源虚拟机监视器复制到目标虚拟机监视器。这个复制过程对源虚拟机的运行不会产生影响。最后一部分内存页面被复制到目标虚拟机监视器之后，目标虚拟机开始运行，虚拟机监视器切换源虚拟机与目标虚拟机，源虚拟机的运行被终止，实时迁移过程完成。

实时迁移技术最初只应用在系统硬件维护方面。众所周知，数据中心的硬件需要定期地进行维护和更新，而虚拟机上的服务需要不间断地运行。如果使用实时迁移技术，便可以在不宕机的情况下，将虚拟机迁移到另外一台物理机上，然后对原来虚拟机所在的物理机进行硬件维护。维护完成以后，虚拟机迁回到原来的物理机上，整个过程对用户是透明的。目前，实时迁移技术更多地被用作资源整合，通过优化的虚拟机动态调度方法，数据中心的资源利用率可以得到进一步提升。

4.2.5 服务器虚拟化性能分析

服务器虚拟化的性能一直是人们所关注的问题。一方面，采用服务器虚拟化技术以后，虚拟服务器上的应用与直接运行在物理服务器上的应用相比性能是否有很大差异；另一方面，服务器虚拟化的不同实现技术所提供的性能是否有很大差异。

首先，我们从应用对资源的利用情况进行服务器虚拟化的性能分析，大致可以把应用分为三种类型：处理器密集型（CPU Intensive）、内存密集型（Memory Intensive）和输入/输出密集型（I/O Intensive）。

对于处理器密集型应用，它们需要消耗大量处理器资源，使得处理器保持一个较高的利用率，而处理器的调度是由物理服务器的操作系统内核或虚拟化平台的内核管理的。在物理服务器上，操作系统直接对应用的进程进行调度；在虚拟化平台上，操作系统直接对虚拟机的进程进行调度，并间接地影响虚拟机内部应用的进程，引入了调度开销。对于不同的虚拟化平台，实现处理器调度的机制和策略不同，开销的大小也有差异。

对于内存密集型应用，它们需要频繁地使用内存空间，而物理内存和虚拟内存的映射和读写操作也是由物理服务器的操作系统内核或虚拟化平台的内核管理的。在物理服务器上，内存管理单元直接负责虚拟内存和物理内存的寻址；而在虚拟化平台下，虚拟机操作系统所管理的是虚拟内存和伪“物理”内存间的映射，虚拟化平台的内存管理单元管理着伪“物理”内存和真正的机器内存之间的映射，增加的这层映射关系造成了内存寻址的开销。各种虚拟化平台所采用的内存寻址机制也有差别，导致了性能的不同。

对于 I/O 密集型应用，它们需要通过网络和外界进行频繁的通信。在物理服务器上，操作系统的网络驱动直接作用于物理网卡上，因此，应用能够直接通过网络驱动和物理网卡与外界进行通信。而虚拟化平台为每个虚拟机创建的是虚拟网卡，这些虚拟网卡分时共享真正的物理网卡，应用在网络通信过程中，数据包会在虚拟网卡到物理网卡之间进行分发和转换，造成了一定的开销。

除了对不同类型应用的评估，我们也可以从服务质量的维度来评估服务器虚拟化的性能，衡量 Web 服务的两个重要指标是吞吐量（Throughput）和响应时间（Response Time）。相同条件下，吞吐量越大，说明服务同时处理请求的能力越强、响应时间越短，也就是说，服务处理单个事务的速度越快。

衡量标准的处理器密集型应用、内存密集型应用和输入/输出密集型应用的性能对实际应用具有很好的参考价值。但在现实场景中运行的往往是具有各种业务逻辑的应用，例如，典型的 J2EE 应用，它不同层次上的功能部件对于资源的需求是不一样的。因此，衡量一个具体类型的商务应用的综合性能往往对企业构建虚拟化环境具有更大的指导意义。

除了横向比较 x86 架构下的服务器虚拟化性能，比较大型机虚拟化平台（Z/VM）和 x86 虚拟化平台的性能也具有现实意义。这样的测试在分配了相似的物理资源的条件下（ 8Cores@4GHz）不断地增加运行在 Z/VM 和 x86 上的虚拟机数量，通过标准测试工具来测试吞吐量、响应时间和 CPU 利用率。响应时间的测试结果显示，当虚拟机数量超过 20 时， x86 虚拟化平台上虚拟机的响应时间会迅速增加，直至达到其容纳虚拟机的极限（约 50 个）；而 Z/VM 则表现出良好的性能，即使在虚拟机数量达到 100 个时，响应时间也只是微量增长。在吞吐量的测试中，随着虚拟机数量的增加，x86 虚拟化平台的吞吐量也随之增加，当虚拟机数量为 25～50 个时，吞吐量基本维持在每秒 50 个事务；而 Z/VM 随着虚拟机数量增加，吞吐量呈对数型增长，最大能达到每秒 150 个事务的处理能力。这两者的差异是由大型机和 x86 硬件体系结构不同造成的，大型机在设计之初就考虑到了虚拟化和并行处理等因素，从而充分利用大型机上的资源，而 x86 只是面向普通的个人用户，一开始并没有考虑支持虚拟化，之后只能以补丁式的方式实现虚拟化，因此所表现出来的性能和大型机是无法比拟的。

总之，通过这些服务器虚拟化的性能测试报告，可以得出以下结论：第一，服务器虚拟化会引入一定的系统开销，应用的性能比直接运行在物理服务器上有所下降，但是随着该技术的日益成熟，以及硬件辅助虚拟化和多核等技术的不断成熟，这个开销已经在逐渐缩小，性能下降的幅度变得可以接受；第二，服务器虚拟化的各种实现技术之间存在一些不同点，但是同等系统架构（如 x86）的虚拟化平台的实现方法正在逐步趋同，不同品牌虚拟化平台的性能差异已经很小；第三，大型机的服务器虚拟化技术相比 x86 的服务器虚拟化技术具有明显的优势，具有更好的服务器整合能力，并使得应用拥有更快的响应时间和更大的吞吐量；第四，对于需要运行在虚拟化环境的企业应用，都应针对其应用的特点进行实际测试优化后才可以上线，从而更好地满足用户对于服务质量的需求。

4.3　其他虚拟化技术

4.3.1　网络虚拟化

网络虚拟化通常包括虚拟局域网和虚拟专用网。虚拟局域网可以将一个物理局域网划分成多个虚拟局域网，甚至将多个物理局域网里的节点划分到一个虚拟的局域网中，使得虚拟局域网中的通信类似于物理局域网的方式，并对用户透明。

虚拟专用网对网络连接进行了抽象，允许远程用户访问组织内部的网络，就像物理上连接到该网络一样。虚拟专用网帮助管理员保护 IT 环境，防止来自 Internet 或 Intranet 中不相干网段的威胁，同时使用户能够快速、安全地访问应用程序和数据。目前虚拟专用网在大量的办公环境中都有使用，成为移动办公的一个重要支撑技术。

对于网络设备提供商来说，网络虚拟化是对网络设备的虚拟化，即对传统的路由器、交换机等设备进行增强，使其可以支持大量的可扩展的应用，同一网络设备可以运行多个虚拟的网络设备，如防火墙、VoIP、移动业务等。

目前网络虚拟化还处于初级阶段，有大量的基础问题需要解决，如更复杂的网络通信，识别物理与虚拟网络设备等。

4.3.2　存储虚拟化

随着信息业务的不断发展，网络存储系统已经成为企业的核心平台，大量高价值数据积淀下来，围绕这些数据的应用对平台的要求也越来越高，不仅是在存储容量上，还包括数据访问性能、数据传输性能、数据管理能力、存储扩展能力等多个方面。可以说，存储网络平台的综合性能的优劣，将直接影响到整个系统的正常运行。正因为这个原因，虚拟化技术又一子领域——存储虚拟化技术应运而生。

RAID（Redundant Array of Independent Disk）技术是存储虚拟化技术的雏形。它通过将多块物理磁盘以阵列的方式组合起来，为上层提供一个统一的存储空间。对操作系统及上层的用户来说，他们并不知道服务器中有多少块磁盘，只能看到一块大的“虚拟”的磁盘，即一个逻辑存储单元。在 RAID 技术之后出现的是 NAS（Network Attached Storage）和 SAN（Storage Area Network）。 NAS 将文件存储与本地计算机系统解耦合，把文件存储集中在连接到网络上的 NAS 存储单元，如 NAS 文件服务器。其他网络上的异构设备都可以通过标准的网络文件访问协议，如 UNIX 系统下的 NFS（Network File System）和 Window 系统下的 SMB（Server Message Block），来对其上的文件按照权限限制进行访问和更新。与 NAS 不同，虽然同样是将存储从本地系统上分离，集中在局域网上供用户共享与使用，SAN 一般是由磁盘阵列连接光纤通道组成的，服务器和客户机通过 SCSI 协议进行高速数据通信。SAN 用户感觉这些存储资源和直接连接在本地系统上的设备是一样的。在 SAN 中，存储的共享是在磁盘区块的级别上，而在 NAS 中是在文件级别上。

目前，不限于 RAID、NAS 和 SAN，存储虚拟化有了更多的含义。存储虚拟化可以使逻辑存储单元在广域网范围内整合，并且可以不需要停机就从一个磁盘阵列移动到另一个磁盘阵列上。此外，存储虚拟化还可以根据用户的实际使用情况来分配存储资源。例如，操作系统磁盘管理器给用户分配了 300GB 空间，但用户当前使用量只有 2GB ，而且在一段时间内保持稳定，则实际被分配的空间可能只有 10GB，小于提供给用户的标称容量。而当用户实际使用量增加时，再适当分配新的存储空间。这样有利于提升资源利用率。

4.3.3　应用虚拟化

应用程序在很大程度上依赖于操作系统为其提供的功能，如内存分配、设备驱动、服务进程、动态链接库等。这些应用程序之间也存在着复杂的依存关系。它们通常共享许多不同的程序部件，如动态链接库。如果一个程序的正确运行需要一个特定版本的动态链接库，而另一个程序需要这个动态链接库的另一个版本，那么在同一个系统上同时安装这两个应用程序，就会造成动态链接库的冲突，其中一个程序会覆盖另一个程序所需要的动态链接库，造成另一个程序的不可用。因此，系统或其他应用程序的改变（如执行升级补丁等）都有可能导致应用之间的不兼容。当一个企业要为其组织中的桌面系统安装新应用时，总是要进行严格而烦琐的测试，来保证新应用与系统中的已有应用不产生冲突。这个过程需要耗费大量的人力、物力和财力。因为这个原因，虚拟化技术的又一子领域应用虚拟化技术应运而生，如图 4.9 所示。

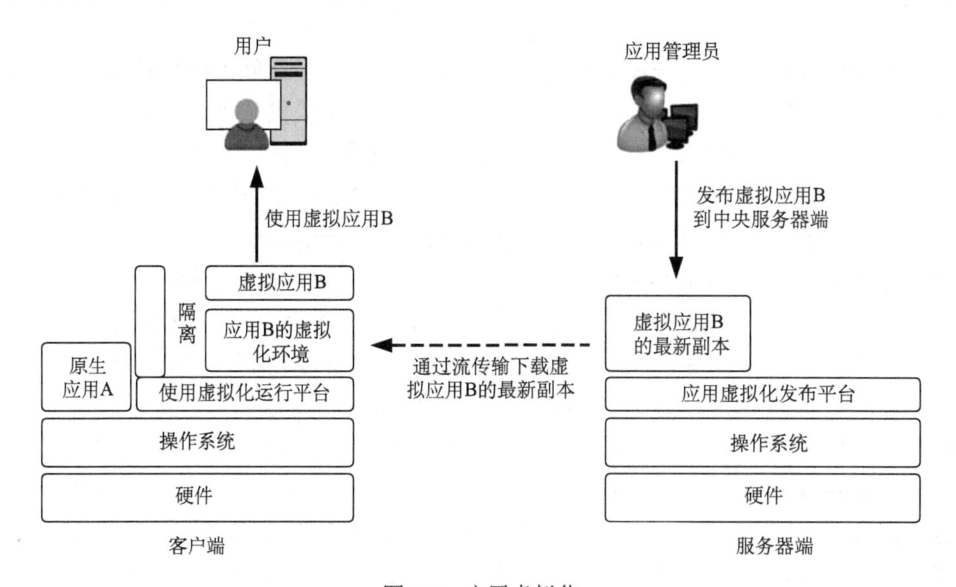

图 4.9　应用虚拟化

有了应用虚拟化，应用可以运行在任何共享的计算资源上。应用虚拟化为应用程序提供了一个虚拟的运行环境。在这个环境中，不仅拥有应用程序的可执行文件，还包括它所需要的运行时环境。应用虚拟化为企业内部的 IT 管理提供了便利。在应用虚拟化以前，如果管理员要对一个应用程序进行更新，他必须处理每一台机器可能出现的不同类型的不兼容情况。采用应用虚拟化技术后，管理员只需要更新虚拟环境中的应用程序副本，并将其发布出去；使用者也与传统的应用程序安装方式不同，程序并不是完全安装在本地机器的硬盘上，而是从一个中央服务器上下载下来，运行在本地的应用虚拟化环境中。当用户关闭应用程序后，已经下载下来的部分可以被完全删除，就像它从来没有在本地机器里运行过一样。

应用虚拟化的应用也可以以流的方式发布到客户端。采用这种方式，仅当用户需要时按需地将程序的部分或者全部内容以数据流的方式传送到客户端。这种用数据流方式传送应用程序的方式与用流方式传送多媒体文件的方式有相似之处，要求一定的网络带宽和质量来保证应用在客户端的可用性与易用性。

从本质上说，应用虚拟化是把应用对底层的系统和硬件的依赖抽象出来，从而解除应用与操作系统和硬件的耦合关系。应用程序运行在本地的应用虚拟化环境中，这个环境为应用程序屏蔽了底层可能与其他应用产生冲突的内容，如动态链接库等。这简化了应用程序的部署或升级，因为程序运行在本地的虚拟环境中，不会与本地安装的其他程序产生冲突，同时带来应用程序升级的便利。

第 5 章　虚拟化的关键技术

虚拟化技术给数据中心管理带来了许多优势，它一方面可以提升基础设施利用率，实现运营开销成本最小化；另一方面可以通过整合应用栈和即时应用镜像部署来实现业务管理的高效敏捷。目前，如何在数据中心实施虚拟化和实施中的关键技术成为业界关注的重点。如图 5.1 所示，实施虚拟化的顺序按照其生命周期可以简单划分为三个重要阶段：创建、部署和管理。

创建虚拟化解决方案	部署虚拟化解决方案	管理虚拟化解决方案
发布虚拟器件 创建虚拟镜像 管理虚拟器件镜像 创建虚拟器件 迁移到虚拟化环境	规划部署环境 激活虚拟器件 部署虚拟器件	集中监控 快捷管理 高效备份

图 5.1　虚拟化解决方案生命周期示意图

5.1　虚拟化解决方案

5.1.1　创建基本虚拟镜像

虚拟机是指通过虚拟化软件套件模拟的、具有完整硬件功能的、运行在一个隔离环境中的逻辑计算机系统。虚拟机里的操作系统称为客户操作系统（Guest Operating System，Guest OS），在客户操作系统上可以安装中间件和上层应用程序，从而构成一个完整的软件栈。虚拟镜像是虚拟机的存储实体，它通常是一个或者多个文件，其中包括了虚拟机的配置信息和磁盘数据，还可能包括内存数据。

虚拟镜像的主要使用场景是开发和测试环境：软件开发人员在虚拟机内部对应用进行开发测试，把虚拟镜像作为应用在初始状态或某一中间状态的备份来使用，这样能够在当前的环境发生不可恢复的变更时方便地用虚拟镜像恢复到所需要的状态。

虚拟镜像大致可以分为两类：一类是在虚拟机停机状态下创建的镜像，由于这时的虚拟机内存没有数据需要保存，因此这种镜像只有虚拟机的磁盘数据；另一类是在虚拟机运行过程中做快照所生成的镜像，在这种情况下，虚拟机内存中的数据会被导出到一个文件中，因此这种镜像能够保存虚拟机做快照时的内存状态，在用户重新使用虚拟机时可以立即恢复到进行快照时的状态，不需要进行启动客户操作系统和软件的工作。

创建一个最基本的虚拟镜像的流程包括以下三个步骤：创建虚拟机、安装操作系统和关停虚拟机，如图 5.2 所示。第一步，在虚拟化管理平台上选择虚拟机类型，并设定虚拟硬件参数。参数主要包括虚拟机的 CPU 数量、内存大小、虚拟磁盘大小、挂载的虚拟光驱及虚拟磁盘等，其中虚拟磁盘的设定要充分考虑到后续安装软件所需空间的实际情况。虚拟化管理平台将依据这些参数创建相应的虚拟机。第二步，选择客户机操作系统并安装，这个过程一般在虚拟化软件套件提供的虚拟机窗口界面上进行，类似于在一台普通的物理机器上安装操作系统。安装客户机操作系统时要遵循“够用即可”的原则，移除不必要的模块、组件和功能，这样既能提高虚拟机运行时的性能，又可以降低虚拟机受攻击的风险。最后一步是关停虚拟机，保存生成的虚拟镜像和配置文件。经过这三个步骤，一个最基本的虚拟镜像就创建完毕了，整个过程一般需要十几分钟左右。

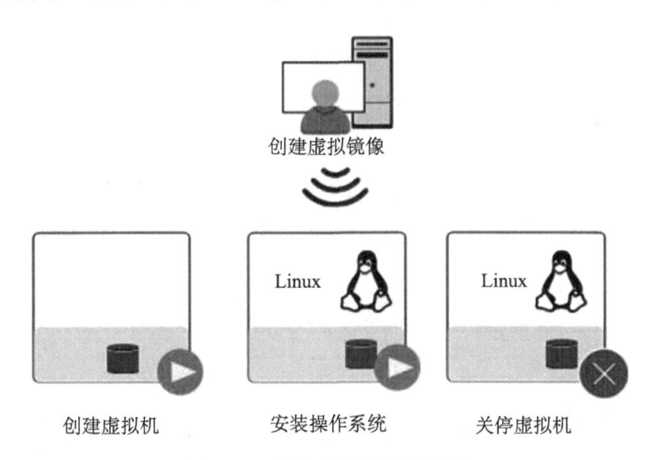

图 5.2　创建虚拟镜像流程图

目前主流的虚拟化软件套件都提供了非常方便的虚拟镜像创建功能，一般来说都是图形化、流程化的，用户只需要根据虚拟化软件提供的提示，填写必要的信息，就可以很方便地完成虚拟镜像的创建。

5.1.2 创建虚拟器件镜像

在 5.1.1 节中，我们介绍了如何创建一个最基本的虚拟镜像，但对于用户来说，这样的虚拟镜像并不足以直接使用，因为用户使用虚拟化的目的是希望能够将自己的应用、服务、解决方案运行在虚拟化平台上，而基本虚拟镜像中只安装了操作系统，并没有安装客户需要使用的应用及运行应用所需的中间件等组件。当用户拿到虚拟镜像后，还要进行复杂的中间件安装，以及应用程序的部署和配置工作，加上还需要熟悉虚拟化环境等，反而有可能使用户感觉使用不便了。

虚拟器件（Virtual Appliance）技术能够很好地解决上述难题。虚拟器件技术是服务器虚拟化技术和计算机器件（Appliance）技术结合的产物，有效地吸收了两种技术的优点。根据 Wikipedia 的定义，计算机器件是具有特定功能和有限配置能力的计算设备，例如，硬件防火墙、家用路由器等设备都可以看作计算机器件。虚拟器件则是一个包括了预安装、预配置的操作系统、中间件和应用的最小化的虚拟机。如图 5.3 所示，和虚拟镜像相比，虚拟器件文件中既包含客户操作系统，也包含中间件及应用软件，用户拿到虚拟器件文件后经过简单的配置即可使用。与计算机器件相比，虚拟器件摆脱了硬件的束缚，可以更加容易地创建和发布。

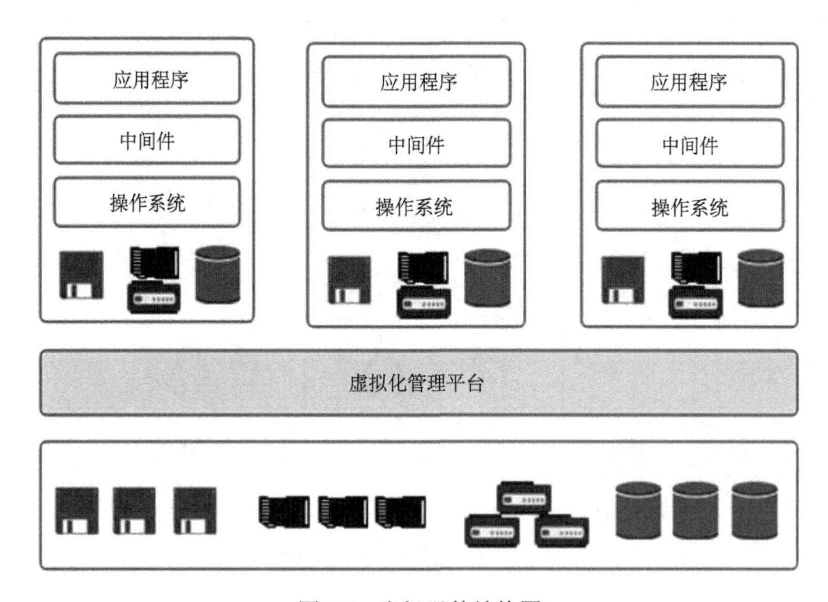

图 5.3　虚拟器件结构图

虚拟器件的一个主要使用场景是软件发布。传统的软件发布方式是软件提供商将自己的软件安装文件刻成光盘或者放在网站上，用户通过购买光盘或者下载并购买软件许可证的方法得到安装文件，然后在自己的环境中安装。对于大型的应用软件和中间件，则还需要进行复杂的安装配置，整个过程可能耗时几个小时甚至几天。而采用虚拟器件技术，软件提供商可以将自己的软件及对应的操作系统打包成虚拟器件，供客户下载，客户下载到虚拟器件文件后，在自己的虚拟化环境中启动虚拟器件，再进行一些简单的配置就可以使用，这样的过程只耗时几分钟到几十分钟。可以看出，通过采用虚拟器件的方式，软件发布的过程被大大简化了。认识到虚拟器件的好处之后，很多软件提供商都已经开始采用虚拟器件的方式来发布软件。虚拟器件将成为最为普及的软件和服务的发布方式，用户不再需要花费大量的人力、物力和时间去安装、配置软件，工作效率会得到很大提高。虚拟器件创建流程图如图 5.4 所示。

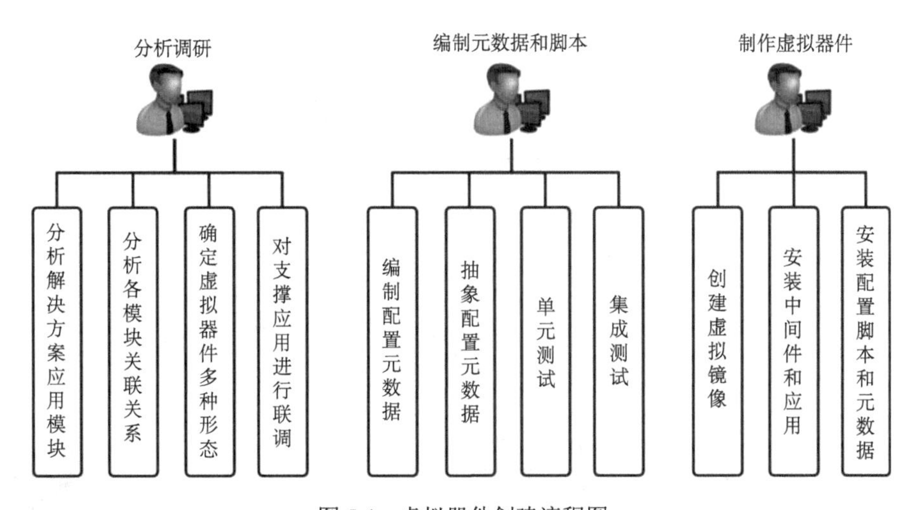

图 5.4 虚拟器件创建流程图

虚拟器件在很多场景下都要支持复杂的企业级应用和服务，而应用和服务的特点是需要多个虚拟器件组合交付，在虚拟器件的创建阶段需要考虑各个虚拟器件的关联关系，因而前期调研显得尤为重要。在创建虚拟器件之前，首先要调研和分析如何把现有的服务迁移、封装成若干个虚拟器件，然后编写相应配置脚本、规范配置参数并进行多次测试和验证，最后才是真正创建虚拟器件。制作出来的虚拟器件是一个模板，部署者在后续的部署过程中可以将其复制并生成多个实例，将解决方案交付给最终用户。

在开始的调研工作中，需要分析解决方案都由哪些应用模块组成。从基于单机的小型 LAMP（Linux-Apache-MySQL-PHP）解决方案（图 5.5），到基于集群的企业级解决方案，设计人员需要针对不同的应用场景进行调研工作。要将这种复杂的应用封装到多个虚拟器件上，需要对其进行大致的分层或者分类，将不同层次或类型的支撑模块分别安装在不同的虚拟器件中。针对 Web 服务器、应用服务器和数据库服务器，至少需要三个虚拟器件。需要注意的是，中间件或者应用可能出现多种形态，服务器可以按需被配置成多种形态，如 Deployment Manager、Standalone、Managed Node、Cell 等。对于这种情况，虚拟解决方案中只需要一个 WAS 虚拟器件就可以了，因为通过在部署阶段读取传入的参数，配置脚本可以将其实例化成上面提到的各种形态。在分层或分类以后，需要考虑支撑模块和操作系统之间的兼容性与配置优化问题。在对支撑模块优化完成以后，还需要对整个解决方案进行联调，目的主要是对网络参数、安全参数等参数进行配置，对请求连接数、数据源缓存等进行优化，这部分工作对后面配置脚本的编写很重要。HIS-WAS-DB2 解决方案如图 5.6 所示。

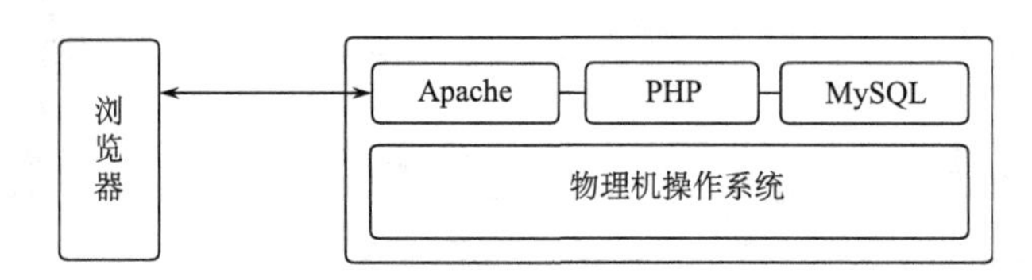

图 5.5　LAMP 解决方案

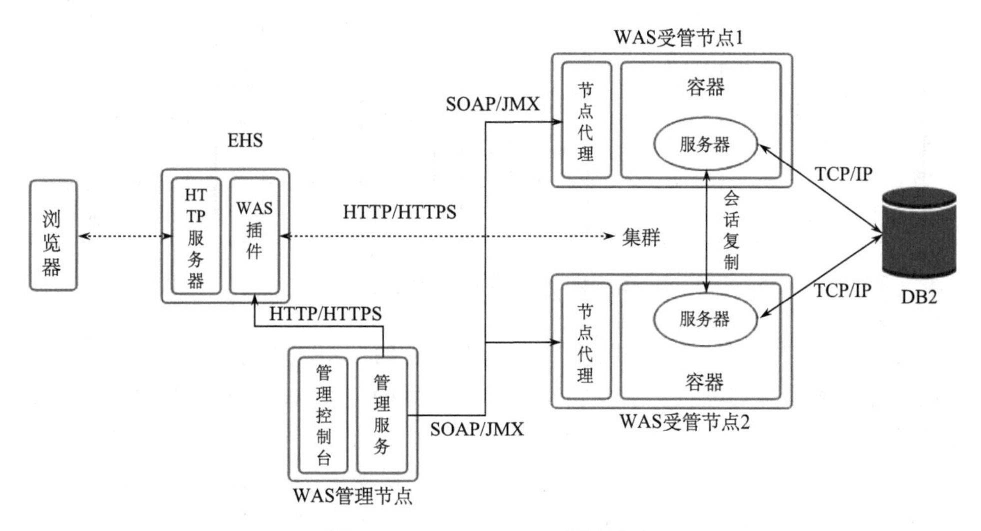

图 5.6　HIS-WAS-DB2 解决方案

调研工作完成以后，设计人员就可以编写配置脚本并进行测试了。在前期工作中，我们知道了如何对虚拟器件操作系统和支撑模块调优，由于虚拟器件中的软件栈已经固定，因此这些调优基本上都是一次性的，只需要在创建虚拟器件时配置成最优的固定值即可。但是，对中间件或模块的多态处理、联调时的网络配置、应用参数的设定等操作才是虚拟器件能够适应各种部署环境的根本所在。这些内容的配置需要编制脚本，并根据部署时传入的参数完成。通过脚本实现配置的设定是一个相对简单的操作，只要支撑模块开放命令行接口，脚本就能通过执行一系列命令的方法来使得配置生效。在脚本编制完成以后，设计人员需要确定配置参数及调用脚本的逻辑顺序，并进行测试和验证，使得配置脚本能够满足不同实例化的要求。测试过程分为单元测试和集成测试，单元测试主要检测单个脚本的正确性，而集成测试模拟脚本执行的顺序来逐一测试脚本，以保证最终用户需要的解决方案能够被成功部署。

最后一个步骤是创建虚拟器件，这个过程包括三个子步骤：第一步，创建虚拟镜像；第二步，在虚拟镜像中安装服务解决方案所需的中间件和支撑模块并进行优化；第三步，安装上面所提到的配置脚本，并且配置相应的脚本执行逻辑和参数，从而使得脚本在虚拟器件的启动、配置过程中能够按照一定的顺序执行。当与一个应用或服务相关的虚拟器件都创建完成以后，可以将它们保存起来，供发布和部署时使用。

5.1.3　发布虚拟器件镜像

随着服务器虚拟化技术的发展，各大厂商都推出了自己的虚拟器件，但是这些产品的接口规范、操作模式互不兼容，妨碍了用户将多个不同厂商的虚拟器件组装成自己所需的虚拟化方案，也阻碍了虚拟化技术的进一步发展和推广。在这种背景下，需要统一的标准来明确接口规范，提高互操作性，规范各大厂商的虚拟器件组装和发布过程。

DMTF（Distributed Management Task Force）非盈利标准化组织制定了开放虚拟化格式（Open Virtualization Format，OVF）。

OVF 标准为虚拟器件的包装和分发提供了开放、安全、可移植、高效和可扩展的描述格式。OVF 标准定义了三类关键格式：虚拟器件模板和由虚拟器件组成的解决方案模板的 OVF 描述文件、虚拟器件的发布格式 OVF 包（OVF Package），以及虚拟器件的部署配置文件 OVF Environment。下面分别介绍 OVF 描述文件和 OVF 包。

每个虚拟化解决方案都能够通过一个 OVF 文件来描述。目前，最新的 OVF1.0 规范中定义了虚拟器件的数量，以及每个虚拟器件的硬件参数信息、软件配置参数信息和磁盘信息等各种信息。图 5.7 描述了一个 OVF 描述文件的实例结构。OVF 描述文件通过对标准的 XML 格式进行扩展来描述一个虚拟器件（在 OVF 规范中称为 Virtual System），或者若干个虚拟器件整合成的一个解决方案（在 OVF 规范中称为 Virtual System Collection），这些虚拟器件可以来自不同厂商。由于 OVF 描述文件中包括了整合后的各个虚拟器件之间的关联关系、配置属性和启动的先后顺序等关键信息，因此用户或者任何第三方厂商编写的部署工具都能够解析 OVF 文件，并快速地部署其中描述的各个虚拟器件。

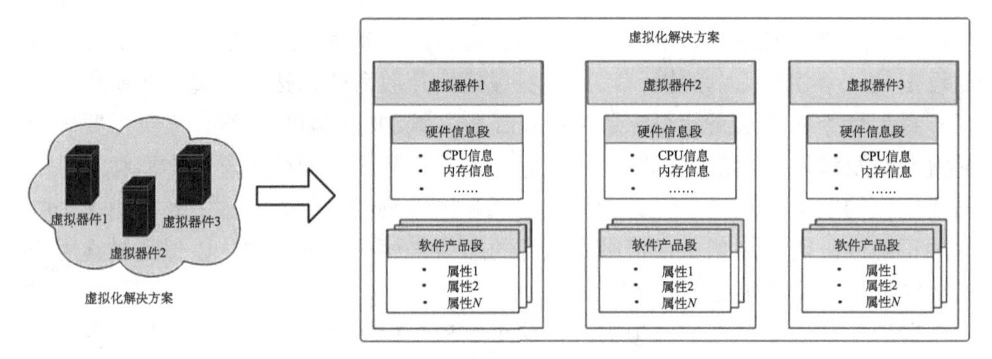

图 5.7　OVF 描述文件结构示意图

OVF 包是虚拟器件最终发布的打包格式，它是一个按照 IEEE 1003.1USTAR POSIX 标准归档的以.ova 为后缀的文件。OVF 包里面包含了以下几种文件：一个以.ovf 为后缀结尾的 OVF 文件、一个以.mf 为后缀结尾的摘要清单文件、一个以.cert 为后缀结尾的证书文件、若干个其他资源文件和若干个虚拟器件的镜像文件，如图 5.8 所示。如前面所述， OVF 文件描述了整个解决方案的组成部分，以及每个组成部分的内在特性和组成部分之间的关联关系。镜像文件既可以是虚拟器件的二进制磁盘文件，也可以是一个磁盘配置文件，它记录了下载二进制磁盘文件的 URI 地址。摘要清单文件记录了 OVF 包里面每个文件的哈希摘要值、所采用的摘要算法（如 SHA-l、MD5）等信息。证书文件是对摘要清单文件的签名摘要，用户可以利用这个摘要文件来对整个包进行认证。资源文件是一些与发布

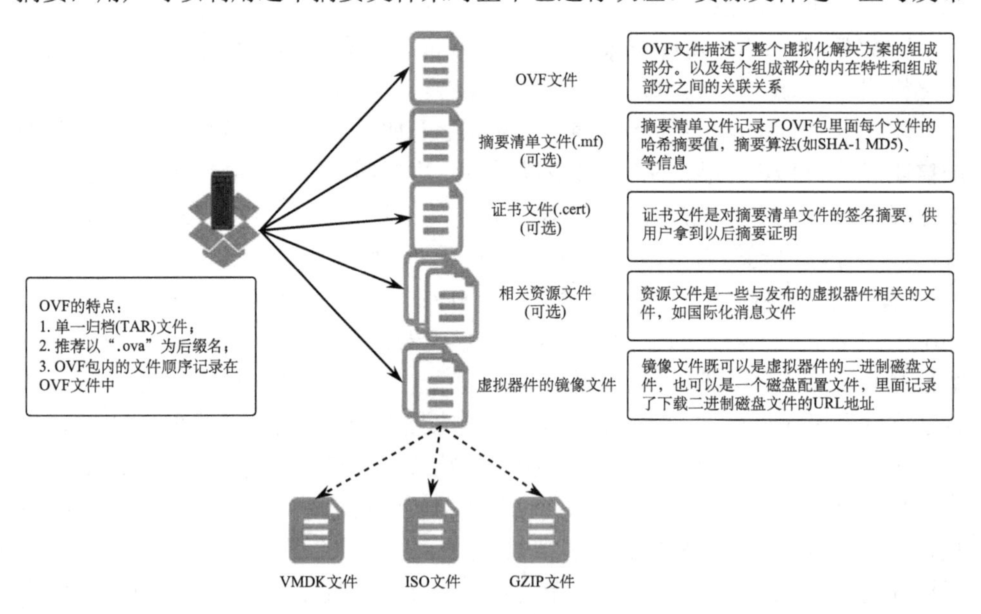

图 5.8　OVF 包结构示意图

的虚拟器件相关的文件，如 ISO 文件等。这些文件中，摘要清单文件、证书文件和资源文件是可选的，而 OVF 文件和镜像文件是必需的。

以 OVF 包的方式发布虚拟器件，包含以下几个步骤。第一，创建需要发布的虚拟器件所对应的 OVF 文件。第二，准备好需要添加到 OVF 包里的虚拟器件镜像，为了减小 OVF 包的体积，二进制格式的虚拟磁盘可以采用 GZIP 格式进行压缩。第三，为了防止恶意用户对发布的 OVF 包进行篡改，应该对 OVF 包里面的文件做哈希摘要和签名，并将这些信息保存到摘要清单文件和证书文件，但是这个步骤目前并不是必需的。第四，如果有必要，准备好相关的资源文件。最后，用 TAR 方式对 OVF 文件、虚拟器件的镜像文件、摘要清单文件、证书文件和相关资源文件进行打包，并放置在一个公共的可访问的空间，准备被用户下载或部署。

5.1.4　管理虚拟器件镜像

如前面所述，用户按照流程创建、打包好虚拟器件镜像后，会将镜像发布到公共的可访问的仓库，准备被下载或部署。这样的公共仓库会储存大量的虚拟器件镜像，而一般来说一个虚拟器件镜像文件都有几 GB 甚至几十 GB，在这种情况下，对大量虚拟器件镜像的有效管理显得十分重要。

镜像文件管理的目标主要有三个：一是保证镜像文件能够被快速地检索到；二是尽量减小公共仓库的磁盘使用量；三是能够对镜像进行版本控制。目前比较成熟的解决办法是对镜像文件的元数据信息和文件内容分别存储。镜像文件的元数据信息主要包括文件的大小、文件名、创建日期、修改日期、读写权限等，以及指向文件内容的指针链接。而镜像文件的实际内容，一般会采用切片的方式进行存储，将一个很大的镜像文件切成很多的小文件片，再将这些文件片作为一个个的文件单独存放，为每一个文件分配一个唯一的标识符，以及文件内容的摘要串。这需要在镜像文件的元数据里增加新的信息，这个信息记录了镜像文件对应的各个文件片。采用文件切片方法的好处在于，由于很多镜像文件具有相似的部分，例如，相同的操作系统目录，通过镜像切片及生成的内容摘要，镜像管理系统可以发现这些镜像文件中相同的文件片，然后对这些文件片进行去重操作，在文件系统中只保存单一的切片备份，这种方法可以大大地减少镜像文件的磁盘空间占用量。文件切片同样有利于镜像的版本管理，因为一般来说，一个文件的版本更新只涉及整个文件的一小部分，通过镜像切片技术，当一个镜像的新版本进入系统时，系统会通过切片及生成摘要，识别出新版本中哪些切片的内容与之前的版本不同，然后只保存这些不同的切片。

在采用了文件切片和版本管理的镜像管理系统上获取一个虚拟器件镜像的流程大致如下：第一步，用户选择虚拟器件的名称或标识符，以及虚拟器件的版本号码，如果用户没有给出版本号码，系统会默认用户需要最新版本；第二步，系统根据用户给出的虚拟器件名称或标识符，在镜像文件库中找到对应的元数据描述文件；第三步，根据用户给出的或由系统生成的版本号码，在元数据文件中找到对应的版本信息；第四步，系统根据元数据文件对应版本中标明的文件切片信息，从文件切片库中找到对应的切片；第五步，系统根据元数据文件中文件切片的顺序，对找到的文件切片进行拼接；第六步，系统将组装好的虚拟器件镜像文件数据包返回给用户。

5.1.5　迁移到虚拟化环境

在虚拟化普及之前，数据中心的绝大多数服务都部署在物理机上。随着时间的推移，这些物理设备逐渐老化，性能逐渐下降，所运行的服务的稳定性和可靠性都受到了极大的影响。然而，想要把服务迁移到新的系统上会面临很大的风险。这主要有两个方面原因：一方面是开发人员的流动性，当需要迁移服务时，可能已经找不到以前开发团队的相关人员了；另一方面是服务对系统的兼容性问题，服务所依赖的原系统的特定接口或者函数库在新的系统里面并不一定兼容，这些问题长期困扰着传统数据中心的管理。

随着虚拟化的日益流行和其优势的不断体现，人们也在思考如何让已有的服务迁移到虚拟化环境里来充分利用虚拟化所带来的好处。虚拟化的辅助技术 P2V（Physical to Virtual）成为决定服务器虚拟化技术能否顺利推广的关键技术。顾名思义，P2V 就是物理到虚拟，它是指将操作系统、应用程序和数据从物理计算机的运行环境迁移到虚拟环境中，如图 5.9 所示。P2V 技术能够把应用服务与操作系统一起从物理服务器上迁移到虚拟环境中，通过这样整体性的解决方案，管理员不再需要触及与系统紧密整合的应用的相关代码，大大提高了系统迁移的可行性和成功率。

当然，P2V 技术的原理并不是文件复制那么简单。例如，在操作系统启动过程中，操作系统内核负责发现必要的硬件设备和相应的驱动程序，如果内核没有发现合适的驱动，硬件设备就无法正常运行。因此，要将物理机上的整套系统迁移到虚拟机上，硬件设备从“真实的”变成了“虚拟的”，相应的驱动程序也需要替换成能够驱动“虚拟”硬件的程序。

绝大多数实现 P2V 技术的软件都遵循了上述原理。下面，我们来看着用户操作 P2V 软件的基本步骤。

第一步制作镜像，通过镜像制作工具将物理机的系统整体制作成物理机的镜像。这里的镜像制作工具既可以是 P2V 软件自带的，也可以是第三方的软件。

第二步选择驱动，替换掉镜像中与特定硬件设备相关的驱动程序或者磁盘驱动器，并且保证镜像中新的驱动程序和其他驱动程序在系统初始化时有序启动，以使镜像能够在虚拟环境中运行。

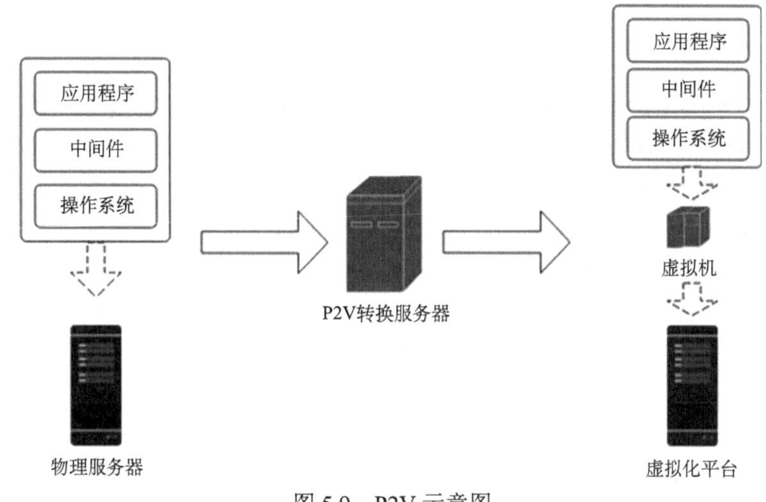

图 5.9　P2V 示意图

第三步定制配置，用户手动输入必要的参数，例如，虚拟机的 CPU、内存、MAC 地址等， P2V 软件根据数据的参数生成能够让镜像被虚拟机监视器所识别的配置文件。

总之，P2V 软件需要捕捉物理系统的所有硬件配置、软件配置、磁盘内容等信息，并对与客户环境个性化相关的配置参数进行抽象，将所有这些信息打包成一个镜像及相应的虚拟机监视器相关的配置文件。就具体的操作系统而言，由于 Linux 系统内核是开放的，因此实现 P2V 的过程相对较为简单；Windows 系统内核没有公开，P2V 相对比较复杂，如果不能很好地解决驱动替换，在虚拟机启动时很可能出现不能操作的现象，因此存在一定的风险。

值得一提的是，伴随 P2V 技术的还有 V2P（Virtual to Physical）和 V2V（Virtual to Virtual ）技术。所谓 V2P 就是将虚拟机向物理机迁移，类似于我们日常所用的 Symantec Ghost 软件，只是增加了对各种不同物理平台的硬件设备的驱动支持。而 V2V 技术使得系统和服务可以在不同的虚拟化平台之间进行迁移，如现有的系统和服务运行在 Xeo 虚拟机上，通过 V2V 迁移，使得系统和服务可以运行在 VMwareESX 虚拟机上。

5.2　部署虚拟化

当虚拟器件被创建、发布以后，它们需要通过某种方式被部署到数据中心里才能被用户使用。在这个阶段，我们首先要考虑如何规划虚拟化环境，将数据中心的计算资源、存储资源和网络资源进行虚拟化，从而保证虚拟器件能够在虚拟化环境里面正常运行。

5.2.1 规划部署环境

数据中心采用虚拟化能够显著地提高服务器利用率，缩短服务部署时间，减少能耗、制冷和维护等成本。然而不可否认的是，虚拟化技术同时带来了新的问题：在管理层次上增加了虚拟机层，增加了资源管理和调度的复杂性。另外，面向服务的架构（Service Oriented Architecture，SOA）催生了大量的由松散耦合功能模块组成的业务，当这些业务被部署在数据中心时需要更加快捷、便利。因此，在数据中心构建虚拟化环境时，用户应该进行投资回报分析，根据自己的业务需求来规划数据中心的计算资源、存储资源和网络资源，并选择适合的虚拟化产品来寻找虚拟化环境的管理能力及成本的平衡点。

下面将根据构建虚拟化环境的三个步骤即投资回报分析、资源规划和虚拟化平台厂商及产品的选择来分别介绍相关的关键技术。

第一个步骤是投资回报分析。作为企业的管理人员，最关心的是自己的投资能否获得更高的回报，对数据中心实施虚拟化同样要考虑这样的问题，在实施虚拟化之前进行投资回报（Return On Investment，ROI）分析就显得尤为重要。投资回报分析是通过一系列的经济学方法对数据中心内各种资源的成本进行处理分析，得到数据中心实施虚拟化以后效益是否能够提高的预测值。通常，在分析过程中需要考虑直接投资成本和间接投资成本。比较常见的直接投资成本包括：服务器硬件设备成本、网络硬件设备成本、存储设备成本、配套制冷设备成本、虚拟化软件成本、构建虚拟化环境的时间成本和相关设施的维护成本等。另外，还需要结合服务器硬件性能和虚拟化软件来考察数据中心的整体虚拟化能力，这个能力决定了该数据中心能够容纳的虚拟机的数量，从而间接得出能够容纳的虚拟化解决方案数量。很多虚拟化厂商都提供简单的计算工具方便用户计算投资回报率，如VMware公司的在线ROI计算器、PlaleSpin公司的Plate Spin Reco。对于复杂的大型数据中心，用户也可以找第三方的专业公司来分析投资回报率。

第二步是资源规划。数据中心的资源主要包括三大类：计算资源、存储资源和网络资源。计算资源是指物理服务器的计算处理能力，和CPU、内存相关；存储资源是指数据中心的存储能力和磁带、磁盘、存储系统的空间相关；网络资源是指数据中心的网关、子网、带宽和IP等资源。通过虚拟化技术，数据中心里面的各种资源被整合成了统一的资源池。资源规划就是要研究如何把由虚拟器件组成的解决方案部署在虚拟化环境里，合理分配资源，并且保证资源的高效利用。资源规划一般从计算资源规划入手，资源规划者在能够保证虚拟化方案所需要的计算资源的前提下，再考虑与存储、网络资源池分配相适应的资源。对于计算资源，常用的衡量指标是VM/Core，它指单台物理机的CPU里每个核（Core）上所能运行的虚拟机的数量。如果单台物理服务器的计算资源无法满足解决方案服务的需求，就需要用到多台服务器资源。这时，虚拟机的负载均衡就成为很重要的因素。可以保证规划阶段分配的资源能够得到充分利用。当然，还需要考虑存储资源的 I/O 负载均衡、网络资源的带宽均衡等。在产品方面，VMware 公司推出的资源规划辅助工具 Capacity Planner 能够帮助数据中心更方便地进行规划。IBM 公司的全球技术服务部（GTS）也提供了相关的服务来帮助客户对数据中心现有资产做出评估，并在战略上实施资源规划。

第三步是虚拟化平台厂商及产品的选择。x86 平台下的主流虚拟化厂商，用户在进行选择时，需要综合考虑这些产品的价格、功能、兼容性，找到适合自己的产品。

5.2.2　部署虚拟器件

准备工作完成以后，就可以进行虚拟器件的部署了。部署虚拟器件是将虚拟器件支持的解决方案交付给用户的过程中最重要的一个环节，即虚拟机实例化的阶段。在 3.1 节所提到的步骤中知道了如何创建虚拟器件和发布虚拟器件，而部署阶段所要做的工作就是使虚拟器件适应新的虚拟化环境，并将其承载的解决方案交付给用户。

部署虚拟器件的流程（图 5.10）大致可以分为以下 6 个步骤。

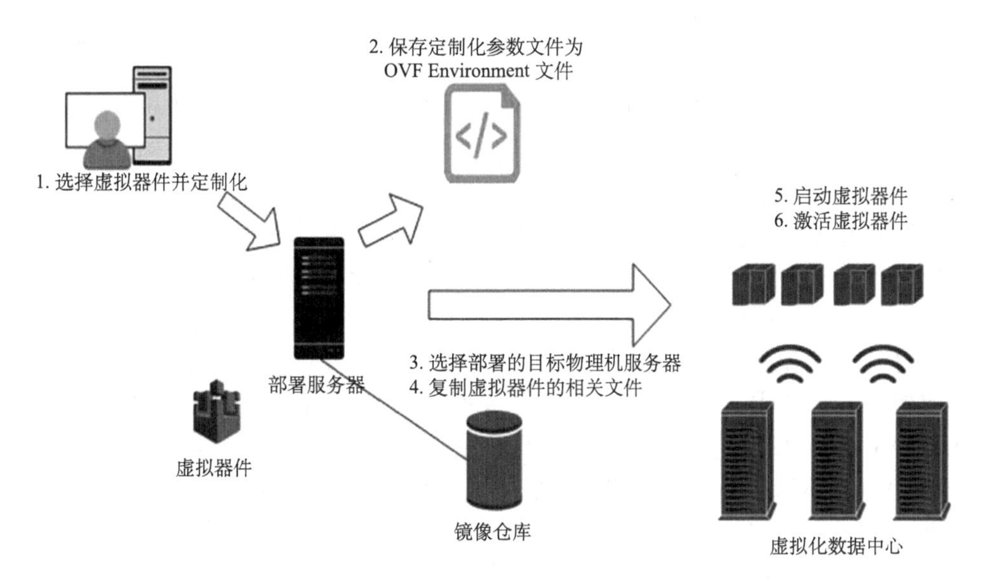

图 5.10　部署虚拟器件流程图

（1）选择虚拟器件并定制化。

（2）保存定制化参数文件为 OVF Environment 文件。

（3）选择部署的目标物理机。

（4）复制虚拟器件的相关文件。

（5）启动虚拟器件。

（6）激活虚拟器件。

目前，比较主流的部署工具都能够完成流程中前 5 步操作，下面详细介绍每一个步骤，而第 6 步操作在虚拟机内部进行，我们将在后面单独介绍。

第 1 步，选择虚拟器件并定制化。在部署虚拟器件之前，用户首先要选择需要部署的虚拟器件，并输入配置参数。这一步是整个部署过程中少数需要用户参与的步骤之一，由于采用了虚拟器件技术，需要用户配置的参数相对于传统的部署已经变得非常简单，而且部署工具还能够帮助用户对这些参数进行配置，进一步减少了用户操作的复杂性。概括来说，用户可以配置的参数信息包括虚拟机的虚拟硬件信息（CPU、内存等），以及少量的软件信息。软件信息是指虚拟机内部软件栈（操作系统、中间件、应用程序）相关的配置，其中与网络和账户相关的参数必不可少。网络参数是连接各个虚拟器件从而构成整体解决方案的重要信息，包括 IP 地址、子网掩码、DNS 服务器、主机名、域名、端口等，它们既可以由用户手动分配，也可以由部署工具自动分配。账户参数的设定是用户定制化最重要的环节，主要包括虚拟机的用户名和密码、某个软件的用户名和密码，或者某个数据源的用户名和密码等。出于安全方面的考虑，这些参数一般情况下需要用户去指定，而不采用默认值。

第 2 步，保存定制化参数文件为 OVF Environment 文件。在第 1 步生成的定制化信息需要保存在文件中，以便被后续的虚拟机配置程序调用。一般来说，定制化信息被保存为两个文件：一个文件保存虚拟机的硬件配置信息，用于被虚拟化平台调用来启动虚拟机；另一个文件保存的是对于虚拟器件内的软件进行定制的信息。虚拟机配置文件与虚拟机的平台相关，因此需要遵循厂商指定的文件格式规范。对于虚拟器件的软件定制化信息，由于在虚拟化技术产生的初期各个厂商独自开发自己的部署工具，使得保存定制化参数的方式各不相同，例如，有些厂商使用文本配置文件，有些厂商使用 XML 文件。在上面提到的开放虚拟化格式（OVF）成为工业标准以后，这一问题得到了有效的解决，目前各大厂商都会按照 OVF Environment 文件的格式来保存定制化的信息。前面已经介绍了 OVF 标准及其定义的文件格式，具体对于 OVF Environment 文件，OVF 标准是这样定义的：该文件定义了虚拟机中的软件和部署平台的交互方式，允许这些软件获取部署平台相关的信息，如用户指定的属性值，而这些属性本身是在 OVF 文件里定义的。OVF Environment 规范分为两个部分，一个是协议部分，另外一个是传输部分。协议部分定义了能够被虚拟机上软件获取的 XML 文档的格式和语义，而传输部分定义了信息是怎样在虚拟机软件和部署平台上通信的。综合说，虚拟器件的模板描述信息、能够被用户配置的属性项信息、属性的默认值等信息在 OVF

文件里进行了描述，而客户在第 1 步填写的定制化信息在 OVF Environment 文件里面描述。两个文件通过将属性的名称作为关键字进行匹配。

第 3 步，选择部署的目标物理机服务器。目标机至少需要满足下列几个条件：网络畅通、有足够的磁盘空间放置虚拟镜像文件、物理资源满足虚拟机的硬件资源需求（CPU、内存数量足够）、虚拟化平台与虚拟器件的格式兼容。目前的部署工具都能够自动完成对上述几个条件的检查工作。具体来说，部署工具会通过网络连接目标服务器，连接成功后，通过执行系统命令检查服务器上的 CPU 、内存、磁盘空间、虚拟化平台。在检查通过后，返回给用户可以部署的信息。另外，有些部署工具可以提供更高级、更智能的部署能力，让用户事先输入一组服务器的列表，组成一个服务器池，当用户选择要部署一个虚拟器件时，部署系统根据上述几个条件自动从服务器池中选择出满足条件的一台服务器，作为部署的目标机。部署工具还可以考虑用户的定制化需求，将虚拟器件部署到网络较好的服务器，或者部署到硬件性能比较好的服务器，或者部署到没有运行其他虚拟机的服务器，或者考虑一个解决方案中的多个虚拟器件的关系，将它们部署到同一个服务器或者多个不同的服务器上。

第 4 步，复制虚拟器件的相关文件。在用户完成参数定制化并选择了目标物理机以后，部署工具就可以从虚拟器件库中提取出用户选择的虚拟器件的 OVF 包，再将它们与第 2 步生成的 OVF Environment 文件、虚拟机配置文件一起复制到目标物理机上。由于虚拟器件镜像的大小一般都在几 GB 至几十 GB ，而目前的网络主要是百兆网或者千兆网，因此部署的时间瓶颈在于传输所耗费的时间。随着虚拟化服务越来越受到人们的重视，相应的厂商也不断开发出新的技术来解决部署费时的问题，目前比较成熟的技术有镜像流技术和快照技术。

镜像流传输类似于在线视频播放的流媒体。通过流媒体技术，用户可以边下载影音文件，边播放已下载的部分。这样的好处是用户不需要等待整个文件下载完毕再播放，节省了时间，优化了用户体验。对于典型的虚拟器件，其内容包括操作系统、中间件、应用软件，以及用户需要使用的剩余空间。用户在启动虚拟器件时，主要是启动虚拟器件的操作系统、中间件和应用软件，这些部分仅占整个虚拟器件文件中的一小部分，通过镜像流技术就可以无须下载整个虚拟器件而即时启动虚拟机。简单来说，在虚拟器件启动时，虚拟器件通过流传输的方式从镜像存储服务器传输到虚拟化平台上，虚拟器件在接收其镜像的一部分后，即可开始启动过程。虚拟器件余下的部分可以按需从镜像存储服务器中获取，从而减少了虚拟器件的部署时间，使得部署的总时间只需要几十秒钟到几分钟。镜像流传输技术与镜像切片技术可以很好地结合，部署系统按照流传输方式请求镜像时，镜像管理系统无须将文件片打包成镜像文件数据包再整体返回给部署工具，而是按照文件片的顺序，依次将文件片以文件流的方式传送给部署工具。通过省去虚拟器件文件片组装打包的过程，进一步缩短了整个部署的时间。

快照技术的本意是用来帮助虚拟机进行备份和恢复，但是它同样可以辅助虚拟化服务的部署。快照技术在部署中的典型应用场景是：在部署虚拟器件时，部署工具会检查在部署目标机上是否已经存在被部署虚拟器件的快照，如果存在，就不需要再将虚拟器件镜像文件复制到虚拟化平台，而是通过虚拟化平台的应用接口将快照作为模板，快速复制出新的虚拟器件，并通过定制化配置成为用户可用的状态；如果快照不存在，在虚拟器件镜像被部署后，部署工具会通过虚拟化平台提供的应用接口对虚拟器件做快照，方便以后使用。快照技术的好处在于可以减少二次以至多次部署的时间。

第 5 步，启动虚拟器件。部署工具会通过远程连接的方式，在目标机上执行一组命令，来完成虚拟器件的启动。在启动过程中有一个关键过程，是将第 2 步生成的软件配置参数文件传送到虚拟器件中。目前采用虚拟磁盘的方法进行传送，也就是说将 OVF Environment 文件打包为一个 ISO 镜像文件，在虚拟器件的配置文件中添加一个虚拟磁盘的配置项，将其指向打包的 ISO 镜像文件。这样，当虚拟器件启动后，在虚拟器件内部就可以看到一个磁盘设备，其中存放着 OVF Environment 文件。总体来说，这一步需要执行的操作依次为：将 OVF Environment 文件打包为 ISO 文件，修改虚拟器件配置文件创建虚拟磁盘项，在虚拟机管理平台上注册虚拟器件信息，启动虚拟器件。

5.2.3　激活虚拟器件

虚拟器件部署的最后一个步骤是在虚拟器件内部读取 OVF Environment 文件的信息，根据这些信息对虚拟器件内的软件进行定制，这个过程称为虚拟器件的激活（Activation）。根据激活的自动化程度及功能，激活可以划分为：完全手动的激活、基于脚本的手动激活、单个虚拟器件的自动激活、组成解决方案的多个虚拟器件的协同激活。下面将分别介绍这几种场景。

完全手动的激活适用于所有的虚拟器件，用户在虚拟器件内部读取 OVF Environrnent 文件的内容，判断其中的配置项属于哪个软件，并根据自己的知识对该软件进行配置。显然，这种场景对用户的要求较高，要求用户了解 OVF Environment 文件的格式，能够读懂其中的内容，并具备对各种操作系统、中间件、应用软件进行配置的知识，即使用户具备这些知识，由于配置过程非常复杂，也可能因为误操作或者系统异常终止而导致激活失败。

前面介绍的脚本技术可以简化激活的过程。脚本是由虚拟器件的创建者、发布者编制的，在激活过程中，用户只需要调用配置脚本，并将 OVF Environment 文件中的配置信息作为脚本的输入参数，就可以完成激活，用户不需要了解激活脚本的工作流程，因此也不需要具备对各种软件产品进行配置的知识。不过这种方式对用户仍有一定的要求，一是用户需要读懂 OVF Environment 文件的内容；二是用户需要了解激活脚本暴露的接口格式，并将 OVF Environment 文件对应的内容传给脚本；三是用户需要了解并协调多个脚本的执行过程，因为在激活中，多个软件的激活可能需要遵循一定的顺序。而下面介绍的自动化激活问题，正是为了满足上面的几个要求。

一个典型的自动化激活单个虚拟器件的工具的工作原理如下：在虚拟器件启动过程中，激活工具从虚拟磁盘中获取 OVF Environment 文件，根据激活的先后顺序读取 OVF Environment 文件中的参数，执行激活脚本，配置虚拟器件中的软件，在不需要用户干预的情况下，得到定制化的可用的虚拟器件。这样的部署方式改进了传统的软件安装和部署方式,免去了那些费时并且容易出错的部署步骤，如编译、兼容性和优化配置，并且这种方式在虚拟资源池智能管理的支持下能够做到完全自动化，非常适合在虚拟化环境中对软件和服务进行快速部署。

上面提到多个虚拟器件会组合成一个解决方案，而在激活过程中，这些虚拟器件可能有配置参数的依赖关系和激活顺序关系。通过在虚拟器件内部植入具备网络通信功能的激活工具，可以统筹整个解决方案的激活过程，协作地完成解决方案的激活。当然，这需要借助现有的 OVF 文件中定义的参数依赖关系及激活顺序。

5.3　管理虚拟化解决方案

数据中心的管理需要资源的自动化调度和与业务相关的智能。一个数据中心好比一个交响乐队，每一个业务和它所占有的资源就好比一个乐手和他的乐器，乐手必须熟练运用好乐器才能演奏出美妙动人的独奏。乐队里面有弦乐、管乐和打击乐三大声部，包括数十乃至上百件乐器，如果不能很好地协调在一起，即使每个乐手都是世界一流的，整个乐队演奏出来的也是毫无组织，杂乱无章的。因此，乐队需要一个指挥家，作为整个乐队的灵魂，将乐队的各个部分组织起来，对各个声部进行有序地调度，形成一个整体呈现给听众。同样，现代数据中心既需要单个业务能够自治管理，也需要一个负责全局控制和协调的中心节点（Orchestrator）对数据中心的业务和资源进行统一监控、管理和调度。在传统的服务管理模式中，管理员需要登录若干个软件的控制台来获取信息、执行操作，这种分别针对软件、硬件和系统的方式缺乏面向服务的统一视图。而采用虚拟器件后，管理员可以通过虚拟化平台提供的管理功能来完成对虚拟机的管理工作，例如，开关虚拟机、调整虚拟机资源、执行实时迁移等，也可以通过虚拟器件内部嵌入的管理模块来管理解决方案，如服务监控、服务开停控制、服务自动性能调优等。这两类管理操作都可以被统一到集中式的管理平台中。

在虚拟化环境里面，不仅仅需要实时监测宿主机的电源和性能的变化，还需要了解虚拟机。CPU 和内存的利用率，甚至是业务的访问量，这些信息对于资源管理和调度是至关重要的。采集到这些信息以后，中心节点会根据应用特征选择最合适的调度算法，将这些信息抽象成该算法的输入，计算出最优化的调度结果，之后按照调度结果对虚拟机进行调度。除此之外，数据中心管理程序还需要考虑各种常规的管理操作，例如，开关、配置等，通过对流程的自动化来简化数据中心管理员的工作。

5.3.1 集中监控

虚拟化技术为数据中心带来先进的功能已是不争的事实。但是，由于引入了虚拟化，对数据中心资源的管理和监控任务也随之增多。传统的数据中心大致分为硬件、操作系统、中间件和应用四层。引入虚拟化以后，一台物理服务器上会运行多个虚拟机，这使得硬件和操作系统之间又多了一个层次，数据中心需要管理维护的对象的数量和复杂度也增加了。数据中心的管理平台中需要能够对虚拟化环境进行集中监控的技术，以便更好地监控虚拟化环境中的资源及运行在虚拟器件上的解决方案。数据中心的管理平台在监控方面必须做到以下两点：第一，能够集中监控数据中心的所有资源；第二，能够集中监控所有虚拟器件上运行的解决方案的状态和流程。

对所有资源集中监控，就是通过对采集到的数据进行分析、优化和分组，以图表等形式，让管理员在单一界面对虚拟化环境中的计算资源、存储资源和网络资源的总量、使用情况、性能和健康状况等信息有明确、量化的了解。例如，对于每个物理服务器，管理员要能看到它的 CPU 和内存的使用情况、它上面运行的虚拟机数量，以及每个虚拟机的负载情况、所占用的 IP 资源、带宽资源等。其次，管理员还要能够监控各个物理机上的虚拟机的拓扑结构图，以及虚拟机和物理服务器的位置关系等。另外，通过资源集中监控，还能帮助管理员发现负载不均衡的情况，以及排除故障。

对虚拟器件上运行的解决方案的状态及流程进行集中监控，首先要能够让用户实时跟踪这些解决方案在部署及运行期间的状态和流程的实时情况。虚拟化服务从被部署开始，要经历多个状态，包括部署、激活、管理，直到最后生命周期结束而被销毁。虽然部署与激活的流程可以根据用户的配置自动完成，但是仍要求有一个集中的可视化监控环境为用户提供他们所关心的信息。如部署所采用的虚拟器件包、预留的物理资源、部署（虚拟器件文件传输）的进度等。在激活过程中，这些信息包括解决方案的配置及激活操作的结果等。同样，当解决方案经过激活运行起来以后，管理员所关心的主要有解决方案的性能信息，包括它所提供的服务的响应时间、吞吐量等，以及每个虚拟器件的运行状态，如虚拟 CPU、处理器和磁盘的使用率等。将这些信息以可视化的方式展现给管理员，他们便可以有的放矢地对在数据中心中托管的虚拟器件及解决方案进行管理和调优。最后，当虚拟器件完成了其任务并准备被销毁时，其销毁的过程及销毁后的状态也需要进行监控，来帮助管理员完成对虚拟器件整个生命周期的管理，并保证所有的资源被有效地回收。

5.3.2　快捷管理

在数据中心中，管理员或者管理程序下达的管理指令主要针对三种类型的实体：第一类是基础设施，常规操作有开关物理机、配置网络等；第二类是虚拟机，常规操作有开关虚拟机、调整虚拟机资源、迁移虚拟机、进行快照操作等；第三类是虚拟器件内的应用、软件、解决方案，常规操作有开关软件、配置软件等。如何将这三类实体涉及的多种管理操作简化、流程化、自动化，就是简化管理要解决的问题。具体来说，简化管理可以分为物理机和虚拟机的简化管理，以及虚拟器件内部应用的简化管理两个问题。

对于虚拟器件内部的应用和解决方案，简化管理需要借助虚拟器件内部的管理模块，这些管理模块既可以在创建虚拟器件时安装，也可以在虚拟器件部署以后由部署工具植入进去。这些模块与数据中心管理程序中的简化管理模块协同工作，来完成大部分简化管理的操作。举例来说，一个典型的管理操作是启动一个虚拟化方案，传统的数据中心管理员需要顺序执行以下操作：分别启动三个虚拟器件所在的物理机，分别启动三个虚拟器件，启动 DB2 应用，启动 WAS 应用，启动 IHS 应用。这样需要 9 步操作，同样，对于一个应用的关闭也要按相反的顺序执行 9 步操作。在采用了简化管理技术之后，这个启动或关闭流程都通过元数据的方式描述并存储在管理程序中，管理程序会解析元数据中的信息，并自动按顺序执行开关命令，管理员只需要发出开启或关闭应用的一个指令。

对于物理机、虚拟机的简化管理，需要考虑的主要是能够与各种物理机、虚拟机平台进行通信，发出指令。对于物理机的简化操作可以使用很多的现有技术，因而虚拟机简化操作成为这部分的重点研究方向。目前，为了支持在虚拟化平台上进行二次开发及第三方的管理，主流的虚拟化供应商都适时推出了软件开发包（SDK）和开放编程接口（API）以满足用户自身定制的需要。如果虚拟环境里面有多种虚拟化平台，每个虚拟化平台都有自己的软件开发包，就会给统一管理带来很大的麻烦。因此，对于虚拟化平台的操作也应该标准化，如开关虚拟机、查看虚拟机状态和资源使用情况、调整虚拟机资源、对虚拟机进行实时迁移等，如果这些操作在不同的虚拟化产品上有不同的实现和格式，用户使用将有很大的不便。目前，业界正在开发一套支持多种虚拟化平台的通用 API 集合，功能包括：得到虚拟机平台所在物理机的资源状况、开关虚拟机、监控虚拟机状态和资源使用情况、调整虚拟机资源、进行虚拟机实时迁移等。用户通过访问这组 API，可以进行与虚拟机、虚拟化平台相关的大多数操作，而无须关心下层虚拟化平台的特殊性。

5.3.3 动态优化

自虚拟化诞生以来，采用虚拟化技术的服务质量便一直是用户和相关研究人员关心的重要问题。因为相对物理机，虚拟机的性能有少量的下降，尤其是 I/O 密集型应用的性能下降会稍大一些。不过，经过大量的实践测试，只要在虚拟化环境中采用动态优化技术，并且配合虚拟化带来的灵活性、资源抽象等优势，不仅可以完全弥补采用虚拟化带来的性能下降，而且能为客户带来更多的好处。

动态资源优化技术研究的问题是：在虚拟化环境中，如何根据应用、服务负载的变化为其所在的虚拟机及时、有效地分配虚拟化环境中的资源，保证既不会因为资源缺乏而影响业务系统运行，也不会造成严重的资源浪费。为了使虚拟机的资源达到供求平衡，动态资源优化技术需要了解和掌握各个应用、服务可能的负载量，根据一定的方法或规则推算出其需要的物理资源类型及数量：在应用、服务运行中实时监测其性能数据，预测业务变化的趋势，做出资源再分配的决策，然后进行相应的调整。

动态优化技术需要两只“眼睛”、一个“大脑”和两只“手”来协同工作。通过先看后想再动手的方式完成每一个优化周期，通过定期优化来获得用户期望的性能和资源、供求的动态平衡。具体来说，一只“眼睛”从虚拟化平台的角度进行资源监测，了解虚拟环境下有多少台服务器及它们的资源状态，包括 CPU、内存、存储和网络等资源的总数量与剩余数量；另一只“眼睛”从应用、服务的角度进行监测，了解在当前虚拟化环境中运行的所有应用、服务的负载状况，以及相应的资源使用情况。这两只“眼睛”分别从供给面和需求面对资源进行监测。一只“手”做宏观调整，即通过打开或者关闭服务器，或利用实时迁移技术移动虚拟机等，调整虚拟化环境中服务器的计算资源；另一只“手”做微观调整，负责调整某个服务、应用所在的部分或全部虚拟机的计算资源，如调整虚拟机的 CPU 数量和内存使用量等。所谓一个“大脑”就是具备性能分析预测、进行资源动态规划和输出调度结果的算法，并调整两只“眼睛”和两只“手”。在优化过程中，首先，它通过两只“眼睛”得到虚拟化平台的计算资源使用情况、应用负载情况；然后，根据当前情况并结合历史信息预测应用未来的负载状况，根据预先定义的规则做出资源分配的决策，进而输出资源调度指令；最后，通过两只“手”来完成调度，资源分配变化不剧烈的时候只需要第二只“手”做微观调整即可，而变化剧烈时需要用上第一只“手”。“大脑”是整个动态优化技术的核心，大脑的智能程度决定了虚拟环境是否能有效地保证每时每刻都能向应用、服务提供充足的计算资源。

动态优化的“大脑”可以采取多种成熟的调度算法，但本质上讲它们都是一种在决策空间中的搜索算法。搜索算法可采用贪心算法、分而治之算法或启发式算法等。需要指出的是，“大脑”需要考虑的主要因素包括：了解虚拟化方案负载的变化规律，实现预动性的调整；了解虚拟化解决方案的服务级别协定（Service Level Agreement，SLA），尽可能满足 SLA 的需求；合理设定资源池，使得虚拟机只在限定的范围内移动，简化优化复杂度；尽可能将资源消耗互补的虚拟机放在同一台物理机上，使得物理机的资源能够得到更充分的利用；尽可能将构成集群系统的若干台虚拟机放在不同的物理机上，使得物理机发生故障时集群系统不会完全瘫痪；准备适量的后备资源，当出现突发事件时可以立即启用后备资源，保证服务的正常运作。

5.3.4　高效备份

在传统的数据中心中，数据备份技术已经相当成熟。如果需要对数据进行短期备份，可以利用磁盘；如果是长期备份，则需要用到磁带库。现有的备份机制和相关软件已经发展到可以支持存储区域网络、光纤和系统升级的功能。各个厂商也都推出了自己的存储管理解决方案，并各具优点。

在越来越多的企业开始采用虚拟化技术的情况下，如何对虚拟化数据中心的数据进行备份成为一个重大挑战。由于以下几个原因，传统的数据备份技术已经不能满足虚拟化平台下的需求。第一，大量具备高度相似内容的虚拟机镜像并存。在传统的情况下，文件系统和服务器之间的关系是一对一的，但是引入虚拟化以后，一台服务器上面可能运行多个虚拟机，而每个虚拟机都有独立的文件系统作为支撑。第二，有些虚拟化平台为了构建存储集群，采用了私有的文件系统格式。这要求数据备份软件能够识别私有的文件系统，并且有访问权限，这就增加了数据备份的复杂性。第三，如果企业的数据中心采用了多种虚拟化平台，那么数据备份时还需要处理虚拟平台的异构性和多样性。第四，多个虚拟器件才能承载一个解决方案。在企业的数据中心里面，由单一服务器承载单一解决方案的情况越来越少，人们看到更多的是由多个虚拟器件组成一个解决方案交付给终端用户。这样，解决方案和虚拟器件的对应关系是一对多的，而多个虚拟器件可能分布在多个虚拟化平台上。在这种情况下，传统的备份策略和方法很难奏效。第五，虚拟机可以实时迁移，从文件系统的数据备份角度来讲，很难跟踪到底虚拟机运行在哪台物理服务器上。这些挑战都对数据备份一致性提出了更高的要求。

针对虚拟化对数据备份提出的挑战，人们对备份策略和技术做出了相应调整，主流的备份机制有如下两种。

第一种是虚拟机上备份。这种方法沿袭了传统的备份方法，认为虚拟机是一个普通的服务器，只需要在它上面安装和物理服务器上一样的备份代理软件，与传统的备份服务器通信，并执行由备份服务器发出的备份策略和指令。这个方案的优点在于它的实施过程和传统的物理服务器备份一样，最大限度地兼容了传统的备份机制，减少了为升级备份而投入的初期成本。很多企业出于这方面的考虑，也乐于采用这种备份方案。其缺点在于备份冗余度过高，增加了后期存储备份数据设备的开销。造成这种情况的原因是，在虚拟机管理器上进行的备份中，它上面虚拟机的文件系统作为普通二进制文件做了一次备份，而虚拟机作为普通服务器，又对自己的文件系统做了一次备份。时间一长，后期存储所需的开销将会增加，而且由于进行了重复备份，备份时间也相对较长。不过，有些数据备份厂商已经意识到了这个问题，具有识别并删除重复数据功能的备份软件已经问世，它能够大量地减少备份量，从而节省备份时间。

第二种是虚拟机外备份。与第一种方案不同，这个方案是在虚拟机外部实现对虚拟机的数据备份，它充分利用了虚拟机管理器提供的备份应用接口，从而简化数据备份和数据恢复的工作，并且减少了备份过程中对其他虚拟机的影响，大大提高了备份效率。其实，这里提到的备份应用接口就是指虚拟机快照技术。虚拟机快照技术不仅能够针对虚拟机文件系统进行快速备份，还能将备份粒度降低到文件系统中的某个具体文件。有了虚拟机管理器提供的备份接口，虚拟机外备份方案只需要关心上层的备份策略，而不用和虚拟化平台特定的文件系统打交道。它的主要备份策略是设置虚拟机的还原点，通过逻辑单元号（Logic Unit Number，LUN）或者磁盘驱动器中指定的位置来存储所需的备份。另外，系统管理员还可以通过快速查询逻辑单元号对应的虚拟机，提高恢复虚拟机的响应速度。对于删除重复数据这一项功能，虽然在虚拟机上备份解决方案中不常应用，但是在虚拟机外备份解决方案中却属于常见功能。备份软件能够先将多次出现的相同数据识别出来，并将冗余数据删除，仅存档一份数据。

在实际的生产环境中，很多数据中心所使用的备份解决方案并没有我们上面阐述得那么明确，而是在这两种解决方案中各取所长，可按照用户的实际需要选择恰当的技术。例如，持续数据保护技术就是利用了前面提到的两种解决方案，采用了增量备份的策略对虚拟化数据中心进行持续、增量的数据备份，从而缩短备份所需时间，并减少存储所需的空间。具体来说，在初始化的时候，该系统对数据中心所有的物理服务器和虚拟机服务器进行一次扫描，然后进行一次初始化备份，这一次备份的时间较长。之后，数据保护系统按照备份策略对服务器进行再次扫描，如果发现服务器的文件发生了变化，该系统会对它进行增量备份，并且记录好时间戳。这样，一旦出现任何问题，持续数据保护系统都可以将状态平滑地回滚到出问题以前某一个进行过数据备份的时刻。增量备份只需要很少的系统开销，几乎不会影响到服务器上运行的应用和服务。

第 6 章　桌面虚拟化

桌面虚拟化是一种将用户桌面与实际终端设备相分离的应用模式。它将原本运行在用户终端（如台式机、笔记本等）上的桌面和应用程序托管到服务器端运行，用户通过网络方式远程使用位于服务器的个人桌面，桌面以图像方式通过桌面传输协议压缩并传递到终端显示，终端的键盘、鼠标等操作输入经压缩传送给服务器的应用程序，终端本身仅需要实现输入输出与界面显示功能。

云桌面是提供云桌面服务的云计算系统的总称，包括云桌面终端、云桌面平台和云桌面相关 IT 系统三大部分。

云桌面的接入终端通常为瘦终端，瘦终端一般采用精简版的操作系统，如 WinXPE，Linux 等，用以处理远程桌面协议、输入输出、外围设备驱动等，并具备将客户端连接设备映射到服务器会话的能力，以便于用户保存、打印、输出。台式机、笔记本、智能手机、平板电脑等终端也可作为接入终端使用，通过专门的软件（处理桌面协议的插件或程序）实现对远程桌面的访问。

6.1　桌面虚拟化概述

桌面虚拟化将用户的桌面环境与其使用的终端设备分离。服务器上存放的是每个用户的完整桌面环境。用户可以使用不同的具有足够处理和显示功能的终端设备，如个人计算机或智能手机等，通过网络访问该桌面环境，如图 6.1 所示。桌面虚拟化的最大好处就是能够使用软件从集中位置来配置 PC 及其他客户端设备。系统维护部门可以在数据中心，而不是在每个用户的桌面管理众多的企业客户机，这就减少了现场支持工作，并且加强了对应用软件和补丁管理的控制。

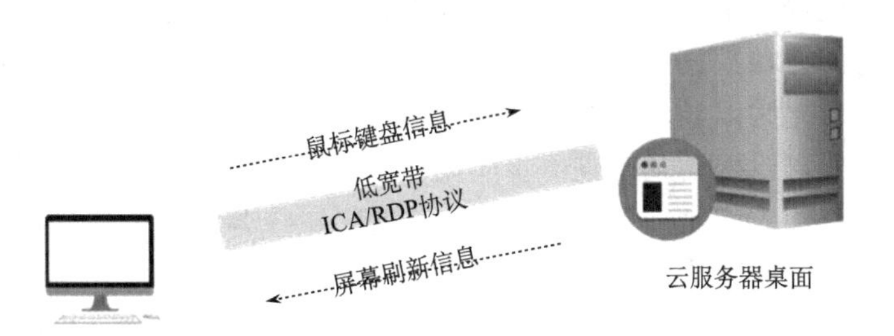

图 6.1　通过瘦终端访问云桌面示意图

桌面虚拟化将众多终端的资源集合到后台数据中心，以便管理者对企业数百上千个终端进行统一认证、统一管理和更为灵活地调配资源，如图 6.2 所示。终端用户在实际使用中也不会改变任何使用习惯，通过提供特殊身份认证的智能授权装置，登录任意终端即可获取自身相关数据，继续原有业务，这意味着灵活性也将大大提高。

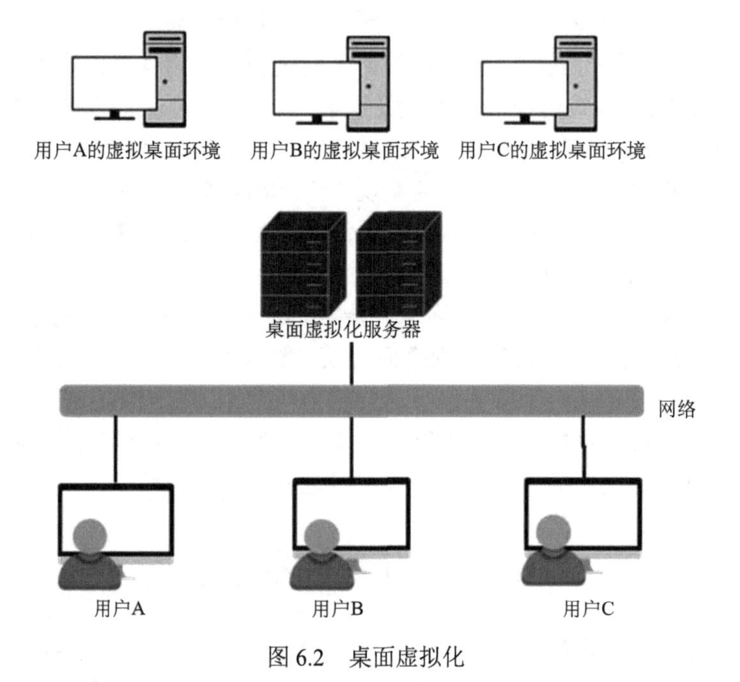

图 6.2　桌面虚拟化

不论是桌面虚拟化还是服务器虚拟化，安全是一个不可忽视的问题。在企业内部信息安全中，最危险的元素就是桌面设备，很多企业甚至为此专门推出了桌面终端安全管理软件，以防终端的隐患影响局域网内部其他设备的安全运行和后台重要数据被窃取。而通过桌面虚拟化，所有数据、认证都能做到策略一致、统一管理，有效地提高了企业的信息安全级别。进一步说，通过实施桌面虚拟化，用户可将原有的终端数据资源，甚至操作系统都转移到后台数据中心的服务器中，而前台终端则转化为以显示为主、计算为辅的轻量级客户端。

桌面虚拟化可以协助企业进一步简化轻量级客户端架构。与现有的传统分布式 PC 桌面系统部署相比，采用桌面虚拟化的轻量级客户端架构部署服务可为企业减少硬件与软件的采购开销，并进一步降低企业的内部管理成本与风险。随着硬件的快速更新换代、应用软件的增加和分布、工作环境的分散，管理和维护终端设备的工作变得越来越困难。桌面虚拟化可以为企业降低电费、管理、PC 购买、运行和维护等成本。

桌面虚拟化的另一个好处是，由于用户的桌面环境被保存成一个个虚拟机，通过对虚拟机进行快照、备份，就可以对用户的桌面环境进行快照、备份。当用户的桌面环境被攻击，或者出现重大操作错误时，用户可以恢复保存的备份，这样大大降低了用户和系统管理员的维护负担。

6.1.1　桌面虚拟化的发展史

移动化及云计算技术对提高企业生产效率及核心竞争力有重要的作用，以至于许多企业已经将移动化及云计算上升到企业战略的高度。正是在这种大背景下，桌面虚拟化技术得到了广泛的应用和发展，并成为当今企业最受关注的 IT 技术之一。

但是，桌面虚拟化技术的发展也不是一蹴而就的，而是经历了几个阶段的过程演变，在此期间，微软发布了 Windows NT Server 4_0 TSE 操作系统产品终端服务版本（Terminal Server Edition），一个特别版本的服务器操作系统。并提出了多用户（Multi-User）的概念，首次将图形化终端服务技术集成到服务器版本的 Windows 操作系统之中。

自 20 世纪 90 年代开始，特别是随着 Windows 桌面操作系统和以太网网络通信的流行， PC 开始变得普及，越来越多的企业开始选用 PC 作为企业的终端用户设备，并使用客户端 / 服务器模式（C/S 模式）的 IT 架构来搭建企业的应用系统，如图 6.3 所示。

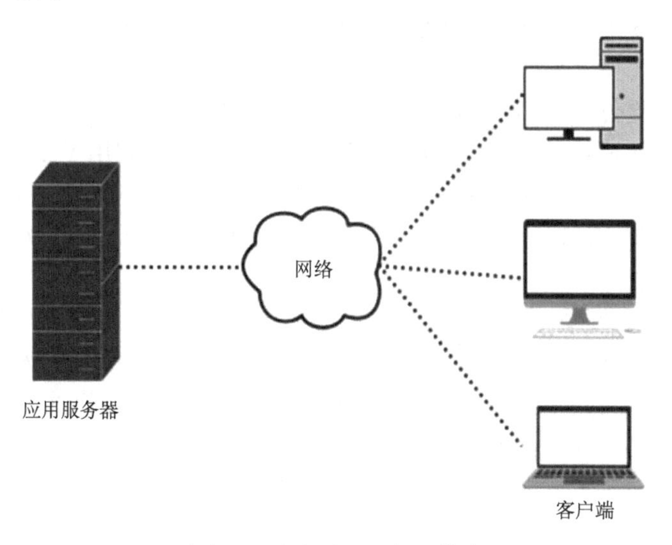

图 6.3　客户端 / 服务器模式

2000 年，随着微软 Windows 2000 操作系统的推出，其内置的终端服务技术得到了很多企业 IT 技术人员的关注。微软公司在之后发布的所有服务器及桌面操作系统中均内置了终端服务技术。在 Windows 桌面操作系统中，此功能被称为远程桌面，在 Windows 2008 及之后的服务器操作系统中，微软将终端服务组件改名为远程桌面服务组件（Remote Desktop Service，RDS），这也奠定了今天盛行的桌面虚拟化技术的基础，如图 6.4 所示。

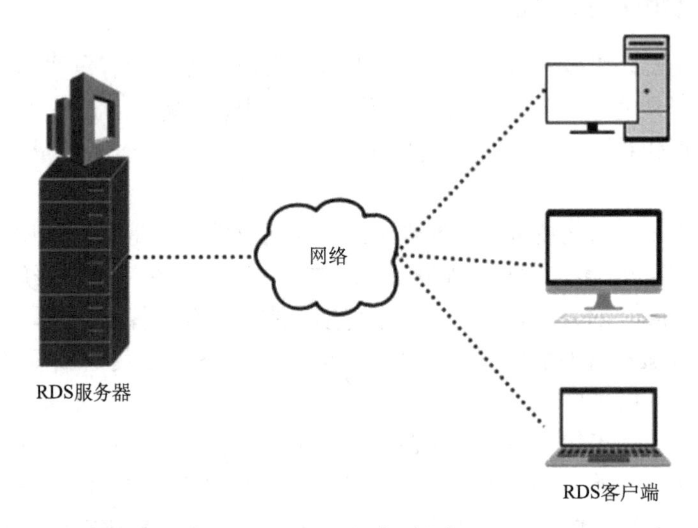

图 6.4　远程桌面服务

随着服务器虚拟化技术的成熟，一些前沿的企业自发地开始探索是否可能结合服务器虚拟化技术来部署企业桌面并将其投入生产实际。有记录可以追溯的是，英国某知名保险公司在 2000 年就开始尝试在其数据中心的 VMWare ESX 虚拟化服务器群集上部署数千个 Windows XP 的桌面虚拟机，并利用 Windows 系统内置的远程桌面服务来接受海外的离岸呼叫；中心坐席人员及软件开发用户，为他们提供客户服务和软件远程开发的桌面服务。这个案例也被认为是最早使用桌面虚拟化技术的代表。

在如今的 IT 领域，个人平板计算机、智能手机和上网本越来越多地被使用，如何安全地使用这些新的设备，推动了虚拟桌面基础架构（Virtual Desktop Infrastructure，VDI）的发展。除此之外，还有另外几个因素也促进着 VDI 的发展。

（1）数据安全性和合规性。

（2）管理现有传统桌面环境的复杂性和成本。

（3）不断增加的移动办公需求。

（4）BYOD（Bring Your Own Device）的兴起。

（5）快速的恢复能力。

2006 年，虚拟化软件公司 VMWare 首次提出了 VDI 的概念，并发布了虚拟桌面联盟计划（VDI Alliance Program）。这个计划一经发布，就立即吸引了超过 50 余家 IT 公司的加入，桌面虚拟化这个新生市场也由此正式拉开了序幕。

近几年，桌面虚拟化、云桌面技术呈现爆发式增长态势，全球已经有数十万家企业部署应用了桌面虚拟化技术。另外，大量的云服务商也开始利用桌面虚拟化技术提供基于公有云的桌面服务，也称 DaaS（Desktop-as-a-Service）服务。

桌面虚拟化技术在经历了多年的快速发展之后，已经成为一种主流的企业桌面计算模式。越来越多的实用型客户都在采用桌面虚拟化技术。这也表示桌面虚拟化已经不再只是技术狂热者和尝鲜者的选择，普通大众型客户也同样会考虑使用桌面虚拟化技术来实现业务需求。

VDI 是基于桌面集中的方式来给网络用户提供桌面环境，这些用户使用设备上的远程显示协议安全地访问他们的桌面。这些桌面资源被集中起来，允许用户在不同的地点访问而不受影响。例如，在办公室打开一个 Word 应用，如果有事情临时出去了，在外地用平板计算机连接上虚拟桌面，则可以看到这个 Word 应用程序依然在桌面上，和离开办公室时的状态一致。这样可以使得系统管理员更好地控制和管理个人桌面，提高安全性。

集中化架构的想法早在大型机和终端客户机的年代就已经有了。在 20 世纪 90 年代，这种集中化架构被应用到 C/S 模式来满足用户的灵活性。这样的转变，促使将计算处理集中到后台，而让用户可以将程序和文件保存在本地硬盘上。真正的桌面虚拟化技术，是在服务器虚拟化技术成熟之后才出现的。

第一代桌面虚拟化技术，真正意义上将远程桌面的远程访问能力与虚拟操作系统结合起来，使得桌面虚拟化的企业应用也成为可能。

首先，服务器虚拟化技术的成熟，以及服务器计算能力的增强，使得服务器可以提供多个桌面操作系统的计算能力。以当前 8 核双 CPU 的至强处理器 64GB 内存服务器为例，如果用户的 Windows 7 系统分配 1GB 内存，在平均水平下，一台服务器可以支撑 50～60 个桌面运行，则可以看到，如果将桌面集中使用虚拟桌面提供，那么 50～60 个桌面的采购成本将高于服务器的成本，而管理成本、安全因素还未被计算在内。服务器虚拟化技术的出现，使得企业大规模应用桌面虚拟化技术成为可能。

如果只是把台式机上运行的操作系统转变为服务器上运行的虚拟机，而用户无法访问，当然是不会被任何人接受的。所以虚拟桌面的核心与关键，不是后台服务器虚拟化技术将桌面虚拟，而是让用户通过各种手段，在任何时间、任何地点，通过任何可联网设备都能够访问到自己的桌面，即远程网络访问的能力。而这又转回到和应用虚拟化的共同点，即远程访问协议的高效性上。

提供桌面虚拟化解决方案的主要厂商包括微软、VMware、Citrix，而使用的远程访问协议主要有三种：第一种是早期由 Citrix 开发的，后来被微软购买并集成在 Windows 中的 RDP 协议，这种协议被微软桌面虚拟化产品使用，而基于 VMware 的 Sun Ray 等硬件产品，也都是使用 RDP 协议；第二种是 Citrix 自己开发的独有的 ICA 协议，Citrix 将这种协议使用到其应用虚拟化产品与桌面虚拟化产品中；第三种是加拿大的 Teradici 公司开发的 PCoIP 协议，使用到 VMware 的桌面虚拟化产品中，用于提供高质量的虚拟桌面用户体验。

协议效率决定了使用虚拟桌面的用户体验，而用户体验是决定桌面产品生命力的关键。从官方的文档与实际测试来看，在通常情况下，ICA 协议要优于 RDP 和 PCoIP 协议，需要 30～40Kbit/s 的带宽，而 RDP 则需要 60Kbit/s，这些都不包括看视频、玩游戏以及 3D 制图状态下的带宽占用率。正是由于这个原因，虚拟桌面的用户体验有比较大的差别。一般情况下，在 LAN 环境下，一般的应用 RDP 和 ICA 都能正常运行，只不过是 RDP 协议造成网络占用较多，但对于性能还不至于产生很大的影响；在广域网甚至互联网上，RDP 协议基本不可用；而在视频观看、Flash 播放、3D 设计等应用上，即使局域网，RDP 的性能也会受到较大影响，ICA 的用户体验会很流畅。而且根据 Citrix 官方刚刚推出的 HDX 介绍，这方面的新技术会得到更快的推进。而微软和 VMware 也意识到了这一差别，微软转而加大 RDP 协议的研发与优化，VMware 也和加拿大的 Teradici 公司合作使用其开发的 PCoIP 协议，用于提供高质量的虚拟桌面用户体验。最新的 VMware View 5.0 产品提高了 PCoIP 协议的性能，并将带宽占用率降低了 75%，成为虚拟桌面的领跑协议。特别需要强调的是这三家厂商后台的服务器虚拟化技术，微软采用的是 Hyper-V，VMware 使用的是自己的 vSphere，Citrix 可以使用 XenSever、Hyper-V 和 vSphere。

第一代技术实现了远程操作和虚拟技术的结合，降低的成本使得虚拟桌面技术的普及成为可能，但是影响普及的并不仅仅是采购成本，管理成本和效率在这个过程中也是非常重要的一环。

纵观 IT 技术应用的历史，架构的变化和历史名言一样：分久必合，合久必分。从最早的主机-终端集中模式，到 PC 分布模式，再到今天的虚拟桌面模式，其实是计算使用权与管理权的博弈发展。开始主机模式，集中管理，但是应用困难，必须到机房去使用；PC 时代来临，所有计算都在 PC 上发生，但是 IT 的管理也变成分布式的，这也是 IT 部门的桌面管理员压力最大的原因，需要分布式管理所有用户的 PC，管理成本也大幅度上升；桌面虚拟化将用户操作环境与系统实际运行环境拆分，不必同时在一个位置，这样既满足了用户的灵活使用，同时也帮助 IT 部门实现了集中控制，从而解决了这一问题。但是如果只是将 1000 个员工的 PC 变成 1000 个虚拟机，那么 IT 管理员的管理压力可能并没有降低，反而上升了，只不过是不用四处乱跑了而已。

第二代桌面虚拟化技术进一步将桌面系统的运行环境与安装环境拆分、应用桌面拆分、配置文件拆分，从而大大降低了管理复杂度与成本，提高了管理效率。

我们简单来计算一下：如果一个企业有 200 个用户，如果不进行拆分，那么 IT 管理员需要管理 200 个镜像（包含其中安装的应用与配置文件）。而如果进行操作系统安装与应用以及配置文件的拆分，假设有 20 个应用，则使用应用虚拟化技术，不用在桌面安装应用，动态地将应用组装到桌面上，则管理员只需要管理 20 个应用。配置文件也可以使用 Windows 内置的功能，与文件数据共同保存在文件服务器上。这些信息不需要管理员管理，管理员只需要管理一台文件服务器就行；而应用和配置文件的拆分，使得 200 个人用的操作系统都是没有差别的 Windows 7，则管理员只需要管理一个镜像（用这个镜像生成 200 个运行的虚拟操作系统，简单来讲，可以理解成类似于无盘工作站的模式）。所以，总的来说，IT 管理员只需要管理 20 个应用、1 台文件服务器和 1 个镜像，管理复杂性大大下降。

这种拆分也大大降低了对存储的需求量（少了 199 个 Windows 7 系统的存储），降低了采购和维护成本。更重要的是，从管理效率上，管理员只需要对一个镜像或者一个应用进行打补丁，或者升级，所有的用户都会获得最新更新后的结果，从而提高了系统的安全性和稳定性，工作量也大大下降。

无论是 Hyper-V 还是 vShpere，它们都是封闭的软件，不对用户开放源代码，很难知道这些 Hypervisor 到底在做什么，如果要深入定制，形成用户自己的一套方案，则只能受制于厂商，乖乖地交不菲的授权费。随着开源市场的兴起，采用 KVM 作为服务器端的虚拟桌面方案的厂商也不断涌现，其中的代表有 Redhat 和 Virtual Bridges。虽然和非开源软件相比，基于开源的虚拟桌面方案在功能上还有一定的差距，例如，RHEV 和 vShpere 相比，可以实现其 90%多的功能，但是价格却低得多。基于社区的开源软件开发模式，可以快速推出新的功能，同时有实力的厂商介入，会对开源软件的发展起到推动作用。

在现代的商业环境里，企业的业务发展越来越依赖 IT 技术。IT 技术如何帮助企业快速响应市场的动态需求，如何提高企业及员工的生产效率，如何在满足员工移动化、办公需求的同时，保护好企业的核心数据及知识产权，已经成为企业高层最为关注的问题。摩尔定律和极速发展的 IT 软件技术，不仅改变了企业 IT 员工头脑中的知识体系，也改变了企业 IT 向业务部门提供的服务种类和交付模式，甚至改变了企业各部门终端用户的工作方式和使用习惯。近年来，随着虚拟化和云计算被广泛引入企业的数据中心，与企业业务息息相关的上层应用已经逐渐脱离底层硬件的约束，能够更加灵活、高效、动态地使用底层被抽象、池化的物理资源。同时，这些包括计算、存储、网络在内的基础资源也可以自动化地被管理，并以服务的形式交付给不同的业务部门。

企业引入桌面虚拟化技术之后，桌面和应用样可以以服务的形式被交付，利用软件定制数据中心的各种优势功能，可以实现桌面的集中管理、控制，以满足终端用户个性化、移动化办公的需求，软件定制的企业可以帮助 IT 管理员迅速响应业务需求，促进企业的业务发展。这种发展模式已经成为一种不可逆转的趋势。企业如果不能紧跟这些技术发展的步伐，就有可能被竞争对手超越。

6.1.2　桌面虚拟化原理

桌面虚拟化不同于传统的 PC 工作方式：在 PC 上，数据和应用都存放在本地，而桌面虚拟化将操作系统的计算、存储均放在数据中心端。它将用户桌面环境放置在远程服务器端，终端用户使用远程会话协议通过网络接入桌面，再通过连接代理服务把用户和分配给他们的桌面关联起来。

对于用户而言，这意味着用户可以在任何地点接入他们的桌面环境，不必被物理的客户端所绑定。由于资源是集中的，用户在不同工作地点移动时，仍然可以接入相同的桌面环境，访问应用和浏览数据。对管理员来说，这意味着一个更加集中化、高效的客户端环境，可以快速高效地管理和响应用户与业务的需求变化。

桌面虚拟化是一个综合型的 IT 技术，它集成了服务器虚拟化技术、虚拟桌面架构、应用虚拟化、打包应用、离线桌面、远程会话协议等。而我们日常说的“虚拟桌面”其实只是桌面虚拟化的一个子集，桌面虚拟化涵盖了虚拟桌面、虚拟应用等子集。

1）服务器虚拟化技术

它是通过在标准的 x86 物理服务器上安装虚拟化层（Hypervisor）软件，来对物理服务器的资源进行虚拟化划分，实现同一台（或多台组成的集群）物理服务器上的硬件资源的共享，以同时运行多个 VM（虚拟机）实例的技术。这类产品主要有 VMware vSphere、微软 Hyper-V 等。

2）虚拟桌面架构

它是通过安装在用户客户端上的虚拟桌面客户端，使用远程会话协议连接到数据中心端虚拟化服务器上运行的虚拟桌面。VDI 的特点是一个虚拟机同时只能接受一个用户的连接，如图 6.5 所示。虚拟机内运行 Windows XP 与 Windows 7 这类桌面操作系统（也有例外，运营商提供的公有云桌面为了减少 Windows 许可成本，也可以运行 Windows 2008/2012 这样的服务器操作系统），这类产品主要有 VMware Horizon View、Citrix XenDesktop。

3）应用虚拟化

一些厂商也称这种技术为应用发布、服务器的计算模式、远程桌面服务等，如图 6.6 所示。它通过桌面虚拟化客户端使用远程会话协议连接到数据中心运行的服务器操作系统虚拟机（当然也可以支持物理机）上的应用程序、桌面。应用虚拟化与 VDI 最大的区别在于其可以在同一操作系统上同时接受多个用户的并发连接。这类技术的主要代表有 VMware Horizon View、微软远程桌面服务（也就是之前的终端服务技术）、Citrix XenApp 等。

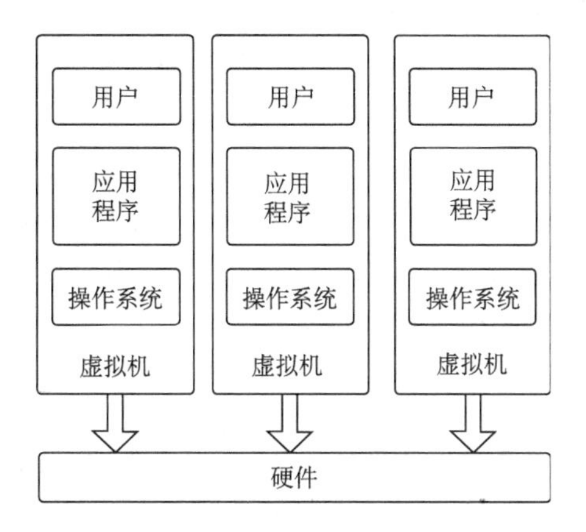

图 6.5　VDI 架构图

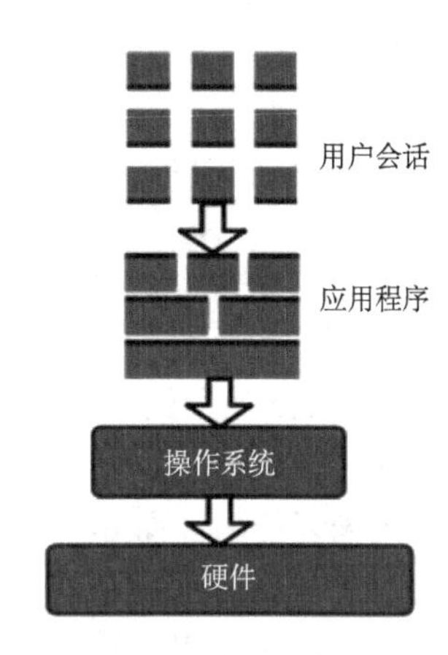

图 6.6　应用虚拟化

4）打包应用

它是通过在操作系统上利用 Sandbox（沙盒）技术来运行应用程序，以保证在同一个操作系统之上可以同时运行多个原本并不相互兼容的应用程序的技术，如图 6.7 所示。如在 Windows 7 操作系统之上同时运行 IE 8 和 IE 6，实现对于遗留应用程序的兼容性。应用虚拟化与打包应用技术最大的区别在于，打包应用技术的应用占用的是其所运行设备上的计算资源，而应用虚拟化的计算都是在远程数据中心端来完成的。打包应用类的产品主要有 VMware ThinApp、微软 APP-V。

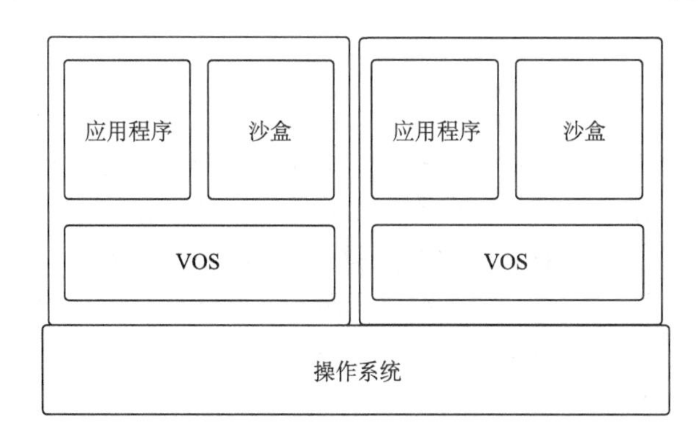

图 6.7　打包应用

5）离线桌面

在桌面虚拟化范畴里提到的离线桌面是指通过运行在用户端的 PC 或笔记本

电脑上的虚拟化层，将数据中心管理员提供的虚拟机模板下载到前端 PC 来运行的桌面技术。管理员可以集中管理这些运行在用户设备上的虚拟机，如设定安全，策略等，而用户可以使用最新式的终端设备来完成日常工作。这类技术的特点是所有的操作系统计算均在用户端设备上完成，数据中心端只提供系统镜像、策略管理、软件更新等服务。目前这类客户端虚拟化技术主要包括 VMware Horizon Flex、Citrix Xen Client 等。

6）远程会话协议

它是通过虚拟化客户端与数据中心虚拟桌面或应用进行操作、输入输出、用户界面交互的远程连接传输协议。目前市场上主流的远程协议包括微软使用的 RDP、VMware 使用的 PcoIP、Citrix 使用的 HDX 协议等。

PCoIP 是一种以用户数据报协议（UDP）为基础的实时协议。UDP 无法在网络层提供恢复能力，而 PCoIP 则能在应用层提供恢复能力。该协议的实时性意味着 PCoIP 可决定哪些数据较为重要以及哪些数据可以丢弃。因此，该协议的响应能力极佳，但为了实现最佳性能，必须消除所有可能导致数据包丢失或增加延迟的因素。

PCoIP 可在网络拥塞时自动降低图像或音频质量，并在拥塞程度减轻时恢复其最佳质量。同时，PCoIP 具备自适应能力，并可检测可用网络带宽和网络状况，如延迟或乱序数据包传输。如果这些状况达到特定阈值，PCoIP 将通过限制它所使用的带宽量或者通过增大压缩深度来进行补偿。PCoIP 会自动根据网络条件来调节显示质量等参数。因此，为了保证用户的使用体验和虚拟桌面的性能，建议对网络进行优化，以保证网络一直以稳定且较小的延迟来工作。

6.1.3 VDI 架构

根据服务器端远程桌面的实现方式不同，云桌面主要有 VDI、SBC 等应用模式。

VDI 技术为用户提供的是独享的操作系统，用户可拥有独立、完全的桌面使用和控制权限。一般情况下，用户的操作系统运行在虚拟机上（1 台物理机虚拟化为多台虚拟机），并可根据需要选择不同的操作系统。该方式的优点是计算能力强、用户间隔离度好、操作系统可独立升级、不同的软件，适用于个性化要求较多的办公、运维等场景。VDI 方式能够很好地利用服务器资源，根据经验 1 台普通的 2×4 核 CPU/48GB 内存的 PC 服务器可以虚拟成 20～30 个用户虚拟计算机，具有较高的整合比。

目前市面上的 VDI 方案，其基本架构如下。

（1）用户访问层（User Access Layer）。用户访问层是用户进入 VDI 的入口。用户通过支持 VDI 访问协议的各种设备，如计算机、瘦客户端、上网本和手持移动设备等来访问。

（2）虚拟架构服务层（Virtual Infrastructure Service Layer）。虚拟架构服务层为用户提供安全、规范和高可用的桌面环境。用户访问层通过特定的显示协议和该层通信，如 VMware 使用的是 RDP 和 PCoIP，Citrix 使用 HDX，Redhat 使用 SPICE 等。

（3）存储服务层（Storage Service Layer）。存储服务层存储用户的个人数据、属性、母镜像和实际的虚拟桌面镜像。虚拟架构服务调用存储协议来访问数据。VDI 里面常用到的存储协议有 NFS（Network File System）、CIFS（Commoninternet File System）、iSCSI 和 Fibre Channel 等。

虚拟架构服务层有如下主要组件和功能。

（1）Hypervisor。Hypervisor 为虚拟桌面的虚拟机提供虚拟化运行环境。这些虚拟机就称作用户虚拟桌面。

（2）用户虚拟桌面（Hosted Virtual Desktop）。虚拟机里面运行的桌面操作系统和应用就是一个用户虚拟桌面。

（3）连接管理器（Connection Broker）。用户的访问设备通过连接管理器来请求虚拟桌面。它管理访问授权，确保只有合法的用户能够访问。一旦用户被授权，连接管理器就将把用户请求定向到分配的虚拟桌面。如果虚拟桌面不可用，那么连接管理器将从管理和提供服务（Management And Provisioning Service）中申请一个可用的虚拟桌面。

（4）管理和提供服务（Management And Provisioning Service）。管理和提供服务集中化管理虚拟架构，它提供单一的控制界面来管理多项任务。它提供镜像管理、生命周期管理和监控虚拟桌面。

（5）高可用性服务（High Availability Service）。高可用性（HA）服务保证虚拟机在关键的软件或者硬件出现故障时能够正常运行。HA 可以是连接管理器功能的一个部分，为无状态 HVD 提供服务，也可以为全状态 HVD 提供单独的故障转移服务。

有两种类型的 HVD 虚拟机分配模式：永久和非永久。

一个永久（也可称为全状态或者独占）HVD 被分配给特定的用户（类似于传统 PC 的形式）。用户每次登录时，连接的都是同一个虚拟机，用户在这个虚拟机上安装或者修改的应用和数据将保存下来，用户注销后也不会丢失。这种独占模式非常适合于需要自己安装更多的应用程序，将数据保存在本地，保留当前状态，以便下次登录后可以继续工作的情况。

一个非永久（也可称为无状态或者池）HVD 是临时分配给用户的。当用户注销后，所有对镜像的变化都被丢弃。接着这个桌面进入到池中，可以被另外一个用户连接使用。用户的个性化桌面数据和数据将通过属性管理、目录重定向等保留下来。特定的应用程序将通过应用程序虚拟化技术提供给非永久 HVD。

所有这些组件和功能都需要底层硬件的支撑来达到最终的效果，对于硬件需要做到：足够的电力支持随时可能增加的工作负载；灵活的扩展性；能够支持业务 7×24 小时运行；高速、低延迟的网络，用来满足更好的用户体验；性价比高的存储来存放大量的虚拟机和用户数据；集中化的硬件和虚拟化管理，用以简化自动部署、维护和支持工作。

6.1.4　SBC 架构

SBC（Server-Based Computing）技术支持多用户共享 1 套操作系统。通过不同的会话区分和隔离用户，允许多个用户同时远程连接到同一个操作系统，可为每个用户提供不同的桌面。该方式特点是部署成本低、集中管理性好，用户隔离度相对 VDI 方式低，共享操作系统方式可能发生软件兼容性冲突，适用于应用比较单一的场景，如规模比较小的营业厅。相比 VDI 模式， SBC 方式有更高的整合比，根据经验 1 台普通的 2×4 核 CPU/48GB 内存的 PC 服务器可以虚拟成 50～80 个用户使用。

总体上，VDI 模式相对 SBC 模式而言，用户的隔离性更好、性能更有保障，兼容性也更好，但需要更多的计算资源、成本高，相比 SBC 模式而言需要维护更多的设备，工作量大。因此近年来 SBC 在市场上逐步成为小众选择。

6.2　物理 PC 与桌面虚拟化模式的区别

从运算模式方面来说，PC 采用的是本地计算模式（即运行的操作系统及应用消耗的都是本地计算机的硬件资源），而桌面虚拟化的运算是由数据中心端来完成的，用户终端只是一个负责输入输出的简易设备。

但是从管理角度来说，两种模式存在着较大的区别，考虑到一些读者可能在这之前没有接触过桌面虚拟化，因此我们先从这两种常见的企业计算模式在管理方面上的一些区别来对比。

（1）驱动程序管理。

①PC 模式：不同品牌及型号的 PC 设备使用的驱动程序不一样，驱动程序管理很难通过标准化方式进行管理。

②桌面虚拟化：服务器虚拟化平台生成的虚拟机使用统一的虚拟硬件封装技术，即使是在异构的服务器上安装标准的服务器虚拟化软件，生成的虚拟机都使用统一的虚拟硬件驱动，管理员不再需要维护庞大多样的驱动程序库。

（2）操作系统部署。

① PC 模式：使用人工或 Ghost 类工具进行桌面的克隆，需要人工或使用脚

本方式才能完成 IP、机器名的修改及加域工作，每台 PC 都需要单独进行部署，花费周期长。

②桌面虚拟化：使用虚拟机模板技术进行虚拟桌面的快速克隆，并可以利用增量磁盘技术节省磁盘空间，缩短虚拟桌面的部署时间。系统可按照管理员设定的规则自动完成机器名、IP、域等信息的设置，并可以实现批量部署，大幅度减少部署的时间。

（3）操作系统更新。

①PC 模式：需要使用 Ghost 类的镜像工具进行重新部署，用户的数据及个性化配置需要额外进行设置才可以保留并使用。

②桌面虚拟化：只需要更新虚拟桌面模板，通过集中的控制台为虚拟桌面指定新的虚拟机版本即可批量完成虚拟桌面操作系统的更新。

（4）权限管理。

①PC 模式：PC 管理大多使用工作组的模式进行管理。因此，最终用户往往拥有管理员权限，导致管理权限泛滥，IT 管理人员对 PC 缺乏有效的权限管理。

②桌面虚拟化：对于用户的权限管理，虚拟桌面与传统 PC 一样，都通过 Windows 的权限管理来实现。不过在桌面进行虚拟化之后，所有的桌面都在数据中心内部署，同时所有的桌面都通过标准化的镜像产生。因此，桌面的管理变得更加可控，管理员可以更便捷地进行系统权限的更新。对于用户在桌面权限的控制，管理员可以在活动目录（Active Directory，AD）中通过用户组和权限设定来实现。

（5）应用软件、控件使用管理。

①PC 模式：一般使用人工安装、手工更新的模式进行。也可以使用第三方的系统管理软件对应用程序、控件进行管理。在设备较多、分布较广时，人工方式工作量过大，而自动化系统管理软件的成功率不高。

②桌面虚拟化：桌面虚拟化的基础镜像类似以往的物理机 Ghost 镜像，管理员可以在基础镜像中安装大众所需的应用程序，当需要对应用程序进行更新时，只需要更新系统模板，用户即可以得到一个全新的桌面。对于一些非大众化的应用程序或控件，管理员可以通过软件打包技术进行打包，并统一进行虚拟打包应用的分发。用户登录虚拟桌面后，即可像使用直接安装的应用一样正常使用应用程序。当虚拟应用程序出现故障或损坏时，管理员或用户可自助完成应用程序的复位操作。

（6）系统补丁管理。

①PC 模式：用户自助给系统打补丁，或通过类似 WSUS 这样的补丁管理软件统一分发补丁。

②桌面虚拟化：桌面虚拟化的基础镜像让系统补丁管理变得更容易，在企业环境中，可以通过现有的补丁分发服务器智能地给模板机打补丁，管理员可以定

时对系统进行快照，并分发至所有的用户桌面，用户重新登录桌面时，即可以得到一个全新、安全的桌面环境。

（7）用户管理。

①PC 模式：可通过 Windows 域的方式来进行用户管理。对于分散在各地的 PC 设备，设备入域存在困难。

②桌面虚拟化：桌面虚拟化平台可以与 AD 集成，所有的 AD 对象信息，如用户、计算机、组织单位、用户组都可以被桌面虚拟化平台使用。当管理员需要对桌面池进行授权时，只需要在桌面虚拟化控制台上对所需的用户或用户组进行授权即可。

（8）故障处理及远程协助。

①PC 模式：人工方式进行管理效率低，响应时间长。通过软件方式进行管理成本高且因为 PC 系统环境各异，远程协助的成功率不高。

②桌面虚拟化：用户的操作系统都集中在数据中心，而且操作系统的模式是统一定制的，因此也减少了因为系统环境差异可能导致的问题。

（9）防病毒及安全管理。

①PC 模式：需要在 PC 设备上安装防病毒及相关安全防护软件进行安全防护。如果缺乏用户权限管理，安全软件可能被突破，达不到保障安全的要求。

②桌面虚拟化：一些厂商推出了基于虚拟化的防病毒技术，如 VMware 的 vShieldEndpoint 可以简化管理员对防病毒软件的管理，并且不需要在每个虚拟桌面上安装防病毒软件。另外从性能上比较，基于虚拟化方式的防病毒软件与直接在虚拟桌面安装的防病毒软件相比，可提高处理速度，占用更少的资源。

（10）数据防泄露。

①PC 模式：一般通过物理手段隔离网络及输入输出方式，但容易影响用户体验。通过软件方式进行防泄露，成本高，用户体验差，而且不能从根本上防止数据的泄露。

②桌面虚拟化：通过桌面虚拟化自带的策略，可以很容易地实现数据的防泄露。同时，因为数据驻留在数据中心，用户终端上并没有任何的数据驻留。集中化对于数据保护更有效率。

（11）资产管理。

①PC 模式：需要第三方的资产管理软件进行相关数据的收集、输出。

②桌面虚拟化：可以使用第三方资产管理类软件来收集虚拟机的软件硬件、用户信息。如果只是单纯的虚拟桌面硬件配置信息，可以直接通过虚拟化服务器管理控制台直接输出。

（12）数据备份与还原。

①PC 模式：需要安装第三方桌面备份软件进行系统或数据的备份，不但成本

高而且对网络环境有较高要求。

②桌面虚拟化：通过基于虚拟化的备份技术，可以直接对虚拟桌面的模板、数据进行备份，并且可以支持用户自助还原。

6.3　桌面虚拟化的收益

企业应用任何一种新的 IT 技术，都是为了帮助企业的业务发展，并令其从中受益。桌面虚拟化项目的收益与否及收益的程度跟具体的行业及场景有着密切关系。

（1）数据安全。得益于桌面虚拟化的中心计算和存储的技术特性，用户的所有操作都在数据中心内部完成，这种中心计算模式天然地形成了数据“不落地”的优势。IT 和管理层甚至不用担心在移动及互联网环境下会造成数据失窃以及违规操作的风险。

（2）简化管理。桌面虚拟化平台可以对所有员工的桌面、数据、应用进行集中化的管理。IT 员工也可以借助可视化的监控平台，实时了解整个企业 IT 环境的运行状况，及时处理和解决日常运维和突发事件，提高财业务部门的 SLA（服务级别协议）。

（3）移动化及工作模式创新。移动化及 BYOD（自带设备办公）已经成为一种潮流，通过桌面虚拟化可以让员工在任何时间、任何地点、任何设备上进行灵活的业务操作，从而提高业务处理的敏捷性与及时性，让企业在快速变化的市场环境中持续保持竞争力。

（4）降低总体拥有成本。桌面虚拟化对于很多企业在成本降低方面也有明显的作用。数据中心承担着用户需要的所有的应用及系统的负载，而用户前端设备只承担一些基本的用户输入输出的低负荷操作，因此在性能不能满足用户需求的情况下，只需要升级数据中心端的资源即可，有效地保证了用户前端设备的资金投入。另外，在运维管理水平及安全性方面的提升可以在运营层面降低桌面端的人力投入。同时通过用瘦客户机替换 PC 设备，可以大幅降低 PC 电力消耗所带来的成本支出。

（5）桌面可靠性。以数据中心的服务器虚拟化平台为基础构建的桌面虚拟化环境，通过高可用（HA）、动态资源调度（DRS）等服务器虚拟化可用性特性，可以保证虚拟化的业务应用及桌面在对可用性要求非常严苛的生产环境中不停顿地使用。

（6）提高员工工作效率并保持 IT 安全管控能力。IT 消费化趋势已不可阻挡，IT 人员允许员工的各类消费类设备（如手机、平板电脑）连接到企业 IT 环境中，员工甚至可以在其自有的设备上进行办公或处理业务。同时，IT 仍然保持着对企业应用、桌面、知识产权的管控与审计的能力。

云桌面技术实现了分散操作、集中计算和存储，终端仅处理基本的显示和输入输出，终端复杂度和维护难度大大降低；终端不处理和存储业务数据，终端信息安全管理能力显著提高；按需配置硬件资源并可动态调度，硬件利用效率提高、能耗显著降低，更加节能环保；瘦终端占用空间小，散热、辐射、噪声大幅降低，工作环境舒适度明显提高。虚拟桌面的提供和故障恢复速度快，运营维护效率明显提升。

（7）终端更加稳定可靠，使用更加方便。开机即可办公，个人维护终端的难度降低，发生病毒感染等无法办公的概率降低，更加省心。对内部办公用户，在安全许可的情况下，可实现随时移动办公，而无须开机关机，并可通过各类平板电脑、手机等实现远程接入办公，数据永久在线、存储更加安全。

（8）绿色节能环保，有益员工身心健康。采用云桌面方案，终端处理能力要求降低，相应终端复杂度及功耗降低，更加绿色节能环保：瘦终端功耗总体只有50～70W/台（包含服务器侧分摊部分）， 相比普通终端200W/台大幅降低，其自身功耗只有 7～15W，辐射小、散热量小，节能的同时更有利于员工健康。瘦终端没有风扇，噪声可从60dB降到30dB以下，工作环境噪声更低。瘦终端体积小、安装灵活，可使办公空间更加宽敞。

（9）集中终端维护，维护效率提高。云桌面下，原来安装传统终端的应用程序、应用插件等软件，可统一在服务器端维护升级，而不需分散维护，大大降低终端的部署与维护难度；桌面及应用的管理和配置可在服务器端统一批量及自动进行，无须在终端侧进行逐一安装部署，显著提高维护效率。以云桌面发放为例，一般只需10分钟时间，相比传统终端数小时安装时间，大幅缩短了时间，且虚拟机瘫痪时只需在后台重新发放一台新的虚拟机，大幅提高故障恢复效率。

同时，瘦终端自身复杂度降低，运行也更加稳定可靠，现场维护工作量降低。

（10）资源效率提高，硬件成本降低。VDI 方式下可以根据不同场景的实际需要分别制定硬件规格（CPU、内存、 存储等），按需发放资源，避免资源浪费。需要更高配置时，只需按照新的规格重新配置虚拟机资源即可，而无须重新购买终端。根据业务访问时间特点，可以进行自动的关机、开机，并可借助云管理平台在空闲时段将资源调配给其他应用使用，实现错峰平谷，提高计算资源利用效率。

（11）数据更加可靠，信息泄露风险降低。云桌面方案下，数据全部在服务器端处理，终端仅负责屏幕图像的展现，同时可通过云桌面管理系统的策略限制USB等外接设备的拷出数据，通过终端造成数据泄露的风险降低。

云桌面数据存储在磁盘阵列上，数据可靠性相对传统终端高，数据丢失的风险更低。

6.4 桌面虚拟化的应用

6.4.1 应用场景列举

桌面虚拟化可适用于多种使用场景，在这里我们列出一些比较常见的应用场景供大家参考。

（1）设计与研发中心。很多企业希望通过桌面虚拟化来保护核心文件、代码、图纸等知识产权资产不离开企业范围内，以防止数据泄露导致的企业经济及形象损失。最典型的是，很多中国的金融机构及设计单位就已经在利用虚拟桌面化来保证核心应用程序代码及数据资料的安全性。软件开发中心也可以使用桌面虚拟化来保护核心代码的开发，快速地应用程序测试，实现敏捷应用开发。而结合 GPU 虚拟化技术甚至可以实现图形工作站的虚拟化，在保证图纸安全的情况下，还可以提供一流的用户使用体验。

（2）营业厅及分支机构。对于很多组织与企业，往往存在着大量的分支机构及营业厅，而且可能分布在不同的城市，如银行、保险公司、税务、电信公司等都存在着这样的问题。在没有桌面虚拟化的情况下，集中化的桌面管理存在着较大的难度如在有限的网络带宽的情况下，推送应用程序更新和安全补丁可能需要经历数月才可能完成。因此以往的做法往往是在分支单位中派驻技术人员，为当地的桌面提供安装和技术支持服务。而通过桌面虚拟化，可以实现桌面的中心部署，在应用程序需要更新、部署时，可以在最短的时间内，通过最少的人工完成。

（3）办公桌面。使用桌面虚拟化模式替换传统的办公 PC，将以往原本需要在 PC 上完成的所有运算工作移到数据中心的虚拟化服务器上来完成。通过这种方式管理员可以集中进行管理运维，而数据又不会散落在用户的 PC 端。最终用户可以通过 PC 或瘦客户机等终端设备来远程连接到企业数据中心的虚拟桌面环境。

（4）移动办公。与办公桌面方式类似，用户可以采用 WiFi、4G 无线等接入方式通过各类终端方式连接到数据中心内部进行远程办公。用户端可以使用手机、平板设备、浏览器等方式进行远程连接。用户可以在任何地点、任何网络，使用任何设备进行办公。国内已经有比较多的企业在使用桌面虚拟化的方式进行移动办公。企业管理层人员在外地出差时也可以使用手机、平板设备进行流程办理和公文审批。

（5）呼叫中心。很多行业的客户服务中心都需要提供 7×24 小时的无间断用户服务，因此，呼叫中心坐席人员往往使用轮流换班的方式进行办公。通过桌面虚拟化的方式对呼叫中心坐席人员的应用或桌面进行虚拟化，既可以保证坐席人员工作环境的可用性，又可以保证对敏感用户信息的保护。国内已经有比较多的银行、电信公司的呼叫中心已经应用桌面虚拟化技术来替换传统的 PC 模式。对于大规模的呼叫中心，也不再需要庞大的 IT 技术支持团队来维护 PC 了。

（6）培训中心。在学校的电子教室、企业的培训中心都存在着大量的计算机设备，在没有使用桌面虚拟化的情况下，PC 设备需要耗费大量的电力。同时，因为教学要求往往需要管理员快速地更新、部署操作系统、应用程序，而使用手工的管理方式已经不能满足灵活教学的要求。通过采用桌面虚拟化及瘦客户机技术，可以降低电力的总体成本，同时将 IT 人员可以从复杂重复的设备运维中解放出来，将精力应用于其他更具有价值的工作中。

（7）外包场景。人力及业务流程外包（BPO）模式已经在国内金融、IT 企业中大量采用。如何保证外包人员的自有设备符合企业的 IT 合规策略，同时又可以杜绝外包工作人员带走企业的核心数据已经成为很多企业高层关心的问题。通过桌面虚拟化的方式既可以满足外包工作人员的工作需要，同时又可以符合企业 IT 的安全及合规要求。

6.4.2 部署桌面虚拟化的时机

桌面虚拟化作为一种 IT 基础服务，从应用角度来说并不区分具体的行业及用户使用场景。但是在部署桌面虚拟化的最佳时机方面，如果选择了一个适宜的时间点来部署桌面虚拟化，那么往往能够事半功倍。一个成功的 IT 项目除了需要选用好的、适合的产品，一个恰当的推广时机也是必不可少的。

例如，在企业组织结构、办公地点发生变化的情况下，推广桌面虚拟化可能就是一个不错的时机。以下一些推广时机供大家参考。

（1）PC 汰旧换新和软件更新、上线：可以更加集中、高效的管理，需占用大量成本和人力的更新。

（2）安全性和合规性：逐个桌面进行合规性管理不但成本高昂，而且容易出现因为人员疏忽导致的安全漏洞。很多企业高层在公司出现数据泄露等安全事故后，对桌面虚拟化项目的支持力度会比之前更高。

（3）效率要求：要求 IT 部门减少桌面维护人力并达到事半功倍的效果。

（4）为远程用户提供支持：远程工作的用户需要以灵活安全的方式访问应用程序和数据。

（5）支持移动化：允许员工通过各类移动设备安全地接入公司系统，随时随地进行办公，提高生产力。

（6）开设分支机构和办公室、办公楼：众多公司都希望在不增加 IT 管理成本的情况下将自己的业务拓展到更多地点。

（7）合并与收购：大规模整合新的桌面和应用程序通常需要耗费太多的时间与成本。

案例实施分析篇

第 7 章　通信公司云桌面应用

7.1　云桌面的系统架构

虽然不同应用场景具有不同特点和要求，但是云桌面的整体架构是统一的，只是在适用不同场景时的要求有所差异。通信公司云桌面的典型架构如图 7.1 所示，可分为终端接入层、云桌面平台层和 IT 系统三个层次，各层之间使用防火墙隔离，只开放访问必需的端口。云桌面方式下，用户所有的个人桌面、应用和文档被集中控制在虚拟桌面层，并控制对后台核心应用的访问。

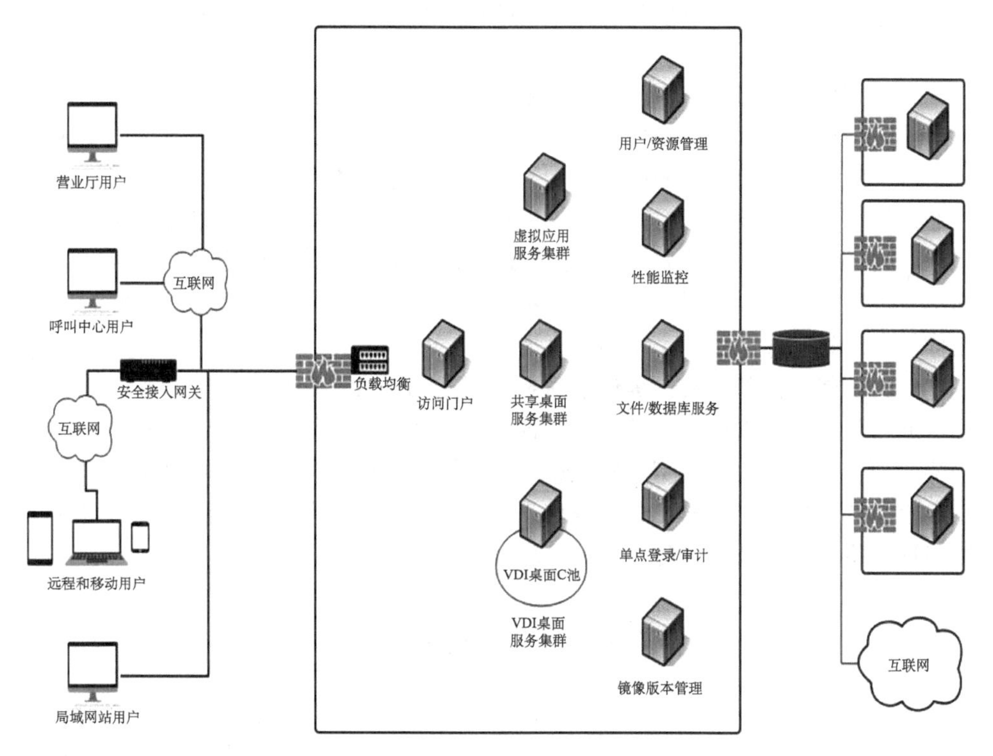

图 7.1　通信公司云桌面架构示意图

访问流程：用户通过各种终端设备连接访问门户服务器，经由统一用户管理验证身份，认证通过后请求被重新定向到相应的云桌面（如用户云桌面未启动，则进行启动），用户登录云桌面后，即可访问各类 IT 应用。

在云桌面平台层中，通常包括如下功能域。

（1）安全接入网关和负载均衡：外网用户通过安全接入网关访问虚拟桌面，安全接入网关负责终端设备到后台服务器通信的安全加密封装；负载均衡设备负责为访问门户服务器提供负载均衡支持以提供组件的高可用性。

（2）访问门户：提供基于 Web 或 C/S 的平台接入，当用户顺利通过身份验证后可以看到自己可用的云平台资源（虚拟应用、共享桌面或 VDI 桌面）列表。

（3）基础架构服务器集群：许可证服务器（License）负责云桌面平台的许可证管理和查询。活动目录（AD）服务器提供标准的 LDAP 目录服务，负责用户的身份验证和所有桌面虚拟化组件之间的信任互访。数据库服务器（DB）负责存放云桌面平台的所有配置信息，同时也可以保存这些服务器的历史性能数据。DHCP 服务器负责为用户虚拟机动态分配 IP 地址。

（4）云桌面资源池服务群集：基于用户的资源定义实现用户接入后资源的分配、调度和访问的负载均衡管理，访问的资源包括虚拟桌面、共享桌面和 VDI 桌面等。

（5）文件服务器：提供统一的云桌面平台用户的个性化数据的集中存储。

（6）镜像版本管理：镜像版本管理模块在虚拟化基础架构上为云桌面资源提供了统一的操作系统镜像和版本管理。当每个虚拟桌面启动时，标准的操作系统会通过流技术交付给虚拟桌面。通过镜像版本管理服务器来集中管理和交付桌面镜像，使 OS 的镜像管理大大简化，通过 1 个或者数个镜像的部署和升级，就能简单实现成百上千的虚拟桌面的部署和升级维护，大大简化了镜像管理的流程和工作量，节省了存储资源，从而使桌面更加稳定和安全。

（7）性能监控和报表：提供了对整个云桌面平台端到端的性能监控和报表管理，通常包括对云桌面平台资源的监控，包括终端、网络、服务器、应用、云平台资源池和底层协议等关键指标；提供实时和历史的性能分析，可以实现快速故障定位和了解性能趋势与瓶颈服务水平管理，改善和提升用户体验；提供端到端性能评测手段故障报警管理。

7.2　云桌面的方案

虚拟桌面技术历过多年发展，已经形成了 VDI 和 SBC 两大解决方案类型，基于 VDI 的虚拟桌面解决方案，其原理是在服务器侧为每个用户准备专用的虚拟机并在其中部署用户所需的操作系统和各种应用，然后通过桌面显示协议将完整的虚拟机桌面交付给远程用户使用。因此，这类解决方案的基础是服务器虚拟化。服务器虚拟化主要有完全虚拟化和部分虚拟化两种方法：完全虚拟化能够为虚拟机中的操作系统提供一个与物理硬件完全相同的虚拟硬件环境；部分虚拟化则需要在修改操作系统后再将其部署到虚拟机中。两种方法相比较，部分虚拟化通常具有更高的性能，但是它对虚拟机中操作系统的修改增加了开发难度并影响了操作系统兼容性，特别是 Windows 系列操作系统是当前用户使用最为普遍的桌面操作系统，而其非开源特性导致它很难部署在基于部分虚拟化技术的虚拟机中。因此，基于 VDI 的虚拟桌面解决方案通常采用完全虚拟化技术构建用户专属的虚拟机，并在其上部署桌面版 Windows 用于提供服务（但也有部分方案对 Linux 桌面提供支持）。基于 SBC 的虚拟桌面解决方案，其原理是将应用软件统一安装在远程服务器上，用户通过和服务器建立的会话对服务器桌面及相关应用进行访问与操作，不同用户的会话是彼此隔离的。这类解决方案的基础是在服务器上部署支持多用户多会话的操作系统，它允许多个用户共享操作系统桌面。同时，用户会话产生的输入/输出数据被封装为桌面交付协议格式在服务器和客户端之间传输。其实，这种方式在早期的服务器版 Windows 操作系统中已有支持。但是在早期的应用中，用户环境被固定在特定服务器上，导致服务器不能根据负载情况调整资源配给。另外，早期的虚拟桌面场景主要是会话型业务，其应用具有局限性，例如，不支持双向语音、对视频传输支持较差等，而且服务器和用户端之间的通信安全性不高。因此，新型的基于 SBC 的虚拟桌面解决方案主要是在服务器版 Windows 操作系统提供的终端服务能力的基础上对虚拟桌面的功能、性能、用户体验等方面进行改进。

基于 VDI 和基于 SBC 的虚拟桌面解决方案的比较如表 7.1 所示。

表 7.1　基于 VDI 和基于 SBC 的虚拟桌面解决方案的比较

项目	VDI	SBC
服务器能力要求	高，需要支持服务器虚拟化软件的运行	低，可以以传统方式安装和部署应用软件，无须额外支持
用户支持扩展性	低，与服务器上能够同时承载的虚拟机个数相关	高，与服务器上能够同时支持的应用软件执行实例个数相关
方案实施复杂度	高，需要在部署和管理服务器虚拟化软件的前提下提供服务	低，只需要以传统方式安装和部署应用软件即可提供服务
桌面交付兼容性	高，支持 Windows 和 Linux 桌面及相关应用	低，只支持 Windows 应用
桌面安全隔离性	高，依赖于虚拟机之间的安全隔离性	低，依赖于 Windows 操作系统进程之间的安全隔离性
桌面性能隔离性	高，依赖于虚拟机之间的性能隔离性	低，依赖于 Windows 操作系统进程之间的性能隔离性

从表 7.1 的比较中可以看出，采用基于 VDI 的解决方案，用户能够获得一个完整的桌面操作系统环境，与传统的本地计算机的使用体验十分接近。而且在这类解决方案中，用户虚拟桌面能够实现性能隔离和安全隔离，并拥有服务器虚拟

化技术带来的其他优势，服务质量可以得到保障。但是，这类解决方案需要在服务器侧部署服务器虚拟化及其管理软件，对计算资源和存储资源要求较高，需要较高的成本。因此，基于 VDI 的虚拟桌面比较适合对计算机桌面功能要求完善的用户使用。采用基于 SBC 的解决方案，应用软件可以像在传统方式中一样安装和部署到服务器上，并同时提供给多个用户使用，具有较低的资源需求，但是在性能隔离和安全隔离方面只能够依赖底层的 Windows 操作系统，同时要求应用软件必须支持多个实例并行以供用户共享。另外，因为这类解决方案在服务器上安装的是服务器版 Windows 操作系统，其界面与用户惯用的桌面版操作系统有一定差异，所以为了减少用户在使用时的困扰，当前的解决方案往往只为用户提供应用软件的操作界面，而非完整的操作系统桌面。因此，基于 SBC 的虚拟桌面更适合于对软件需求单一的内部用户使用。

云桌面技术将计算转移到服务器端执行，而将相关的屏幕信息、鼠标键盘操作信息等通过协议传输到客户端的方式，同时需要借助终端实现外设到服务器端的映射，以实现输入输出。因此传统终端向云桌面的迁移应从外围设备、多媒体应用需求、移动性要求、安全性要求、网络带宽消耗、用户数据等方面综合考虑。对高质量多媒体需求、复杂图形计算、高移动性及网络质量不能保障的应用场景，受当前技术限制，不太适合应用云桌面技术。通信公司内部的营业厅（含社会代办点等）、服务热线、内部运维、内部办公等场景，云桌面技术基本能满足需要，根据性能、隔离要求以及各场景特点，对方案（VDI 方案泛指用户独享虚拟机上的操作系统的方式；SBC 方案泛指多用户共享同一个操作系统的方式）选择如下。

（1）营业厅采用 VDI 方式，业务简单的采用 SBC 方式。营业厅场景的人员以固定办公为主，办公软件标准统一，主要以 IE 访问 CRM 等系统处理业务为主，部分坐席有 Office 办公软件要求；业务操作相对简单，对终端的性能要求不高；有较高的打印需求（账单、订单、发票等），数据安全性要求高（客户资料、订单等），员工个人数据存储需求低。外围设备多，典型外围设备有打印机、扫描仪外，二代身份证读卡器、SIM 卡读写器、密码小键盘、评价器、键盘鼠标、摄像头、手写板等、耳机、磁卡刷卡器等。

本场景云桌面采用 VDI 方式，采用标准映像方式，每个用户单独使用一套操作系统，更好地兼容各种复杂的外围设备，避免发生不同设备的兼容性冲突，并保障打印处理的性能。对社会代办点、业务简单的营业厅也可以考虑 SBC 方案。

（2）服务热线采用 VDI 方式，并单独处理语音部分。呼叫中心人员高度集中，以固定办公为主，办公软件统一，主要是操作型岗位，大部分时间使用呼叫中心应用进行话务处理，有简单的数据存储、交换需求，后台负责质量检查、监控、知识采编的岗位有较多的数据存储和交换需求，还有 Office 办公软件、多媒体播放有一定需求。业务操作相对标准、但实时性要求很高，语音质量要求很高；外围设备简单，一般只有键盘、鼠标、打印机等标准外围设备。

为保证坐席人员高效工作，采用 VDI 方式，保证业务性能。同时，对语音部分单独处理，不采用云桌面协议处理。

（3）普通维护采用 SBC 方式，开发性维护适合 VDI 方式。对各 IT 系统具有开发性质的维护团队，不同系统的开发环境差异较多、性能需求高，个性化要求高，适合采用 VDI 方式。对只用于普通维护性工作的终端，维护人员需要移动方式接入，系统性能要求不高，且接触的是敏感数据，同时对核心系统的操作需要进行记录审计，采用堡垒主机的 SBC 方式，提高操作的安全控制。

（4）固定办公采用 VDI+瘦终端，移动办公采用 VDI+软终端。内部办公用户多为知识型岗位，主要有固定位置和移动两种。存在大量 OA 应用、Office 办公软件、多媒体播放等需求，应用复杂，计算性能要求高，有较多的信息存储需要。OA 类用户接触的信息多为企业敏感信息，数据安全和可靠性要求高。多数用户外围设备要求简单，一般只需有打印机接口，部分岗位如文员需要较多的外围设备。对固定办公用户，采用 VDI 方式，采用瘦终端访问。对经常出差的移动用户，采用 VDI+软终端方式，以笔记本作为接入终端。

7.3　通信公司云桌面实施部署

云桌面作为替代台式机等传统终端的一种新型应用方式，要通过精心的需求调研，如用户使用终端配置及利用率、常用软件版本等，为桌面规格的分析制定提供切实参考，特别注意系统性能和使用流程的优化，保障良好的用户体验。先通过小规模使用和体验，解决好相关问题后再进行规模应用。同时，对特殊的应用场景进行专门的测试，确保方案可行性。

云桌面的实施主要包括以下几个阶段：需求调研分析、POC 测试阶段（当调研需求存在特殊性的时候）、方案设计阶段、工程实施阶段、联调测试阶段、业务试发放阶段、交付和验收阶段、数据迁移阶段、业务发放和运维管理阶段，每个阶段工作都与具体场景、环境、人员、规模等密切相关，各阶段主要进行的任务如表 7.2 所示。

表 7.2　云桌面实施阶段

实施阶段	工作内容和步骤
需求调研分析	需求调研及分析
	用户现状调研
	资源调研
	总体需求方案与用户交流
	售前网规/配置报价

续表

实施阶段	工作内容和步骤
POC 测试	POC 方案设计及实施
方案设计	设备软件选型及集成设计
	服务器架构和存储规划设计
	现网系统对接设计
	网络规划设计
	AD 域名规划设计
	镜像文件规划设计
	数据规划设计
	工程设计
工程施施	硬件安装及调测（服务器、存储、网络）
	云平台软件安装与调测
	现网系统对接实施
	镜像文件制作
	云桌面管理系统安装与调测
联调测试	业务开通联调测试
	业务应用联调测试
业务试发放	客户试用（5 用户）
	业务试发放（200VM）
	外设安装培训及小范围推广
	少量用户虚拟桌面批量创建
	TC 安装、业务部署
交付和验收	PAT 测试方案设计、用例筛选以及自测
	制定验收测试计划
	验收测试
数据迁移	数据迁移条件审视与确认
	制定及评审数据迁移方案
	简单且常用的数据迁移方式（可选）
	系统健康检查
	数据迁移许可申请
	数据预迁移实施
	数据迁移总结
	系统监控和优化
业务发放和运维管理	工程移交与转维

7.3.1　各场景需求调研

云桌面各场景的业务需求与特点差异较大，云桌面方案只有具备替代现有终端的条件下才能进行顺利实施，必须进行充分的调研分析和仔细的方案设计。应选择合适的瘦终端、配置满足需求的虚拟机，快速替代现有终端，满足业务需要并保持良好用户感知；应通过合理的规划降低硬件配置而不是简单替代，提高资源利用效率并充分利用现有设备。同时，还应对网络质量、话音需求、安全域的划分等进行专门的考虑，保证方案的可行性及安全性。因此，对拟替换的终端配置、实际使用情况以及网络等配套的详细调研至关重要。

调研的主要目标是为瘦终端选择、后台云桌面规划及整体方案设计提供依据，调研主要内容包括终端和外设，操作系统和应用软件，用户自有数据，网络和接入权限等方面。通过上述方面的调研，为后续选择合适的瘦终端，合理配置虚拟机模板规格（CPU、存储空间等）及不同场景虚拟机映像模板，确定合适的使用方式（如固定用户还是资源池），划分用户组及隔离策略提供决策支持。同时，通过调研还能够及时发现特殊需求和问题，提前进行应对和解决，确保云桌面方案及时满足实际需要并安全稳定运行。

1. 终端选择相关调研

不同场景对终端要求差异很大，如呼叫中心只需支持鼠标、键盘、耳机等简单外设，营业厅还需支持打印机、扫描仪、读卡器、评价器等复杂外设；同时，不同的场景还有摆放位置、设备走线等特殊环境需求，需要从外设和环境要求方面进行调研。

外设调研：外设调研主要为选择合适的瘦终端、确保接口数量能够满足运行需要，满足相应的环境要求，发现特殊驱动、接口或配置的外围设备，提前进行驱动开发或验证，确保实施要求。外设调研应能了解各典型岗位，同时使用的外接设备数量，设备的名称（如综合台席、缴费等），当前岗位终端的数量等。对各外围设备应记录设备类型、生成厂商、设备型号、接口类型、驱动程序及版本等基本信息。常见外围设备有：鼠标、键盘、耳机、打印机、扫描仪、摄像头等通用性外设，以及 SIM 卡读写器、POS 磁卡刷卡器、密码小键盘、评价器、U-KEY、二代身份证读卡器、城市一卡通等特定外设。

环境调研：环境要求也是影响终端选型的因素之一，如环境的整体协调性要求（终端颜色和大小要求）、摆放位置（立式/卧式）、设备走线、安装方式、散热性、噪声敏感程度、远程管理有无要求及有何要求，便于选择外观及安装方式合适的终端。

其他要求：是否需要具备远程维护诊断、远程升级等维护功能；营业厅场景还应考虑是否需要异步双屏支持；办公终端要考虑是否需要视频支持。服务热线场景需要考虑语音支持，需要考虑音频和数据的路由分离。

2. 云桌面配置相关调研

为用户配置的云桌面应和现有环境基本一致，包括计算能力、存储空间、操作系统、用户权限等。不同应用场景下对桌面主机规格、操作系统、接入宽带等要求不同，如呼叫中心需要标准化而内部办公的系统需要定制化，这些都会影响到云桌面系统的服务器容量设计和虚拟机设计。需要从硬件配置和利用率、操作系统、应用程序、用户数据、用户权限和网络接入等方面进行调研，以设计最合理的部署方案。

终端硬件配置及利用率：调研主要是了解各用户群组（岗位）现有终端的当前配置（CPU 数量及主频、内存大小、硬盘大小），以及实际的使用情况（平均 CPU 利用率、平均内存利用率等），用于确定相应岗位实际所需要的计算能力，为合理规划虚拟机性能配置提供依据。

操作系统版本及序列号：操作系统与应用程序关系密切，一些特殊软件对操作系统有一定的要求。主要是了解各岗位用户的操作系统型号、版本号/内核位数，以配置相应的云桌面虚拟机操作系统，保障应用兼容性，尽量不影响用户使用感知，记录现有操作系统序列号，利用旧设备使用降低投资。

安装及运行的应用：调研各岗位用户实际使用的应用软件清单，为制定云桌面镜像文件规格，简化维护复杂度及不用用户映像文件占用空间提供依据。调研应针对不同岗位分别进行，如呼叫中心场景中有 CSR、班组长、业务员等角色，营业厅有商客、公客、账务、代理商等不同角色；调研应包含常用应用系统、办公软件、常用工具软件、操作维护软件等，并确认相应应用软件的使用要求、使用方式、安装方式和存储方式等特性。对运行的 BS 架构程序，还应对浏览器的版本，安装的特殊插件等进行详细调研；对包含有特殊要求的软件（如涉及特殊操作系统、硬件认证、浏览器版本要求等），应对设计方案的软件兼容性做 POC 测试，验证系统的兼容性。

用户自有数据：调查用户自有数据的种类、需要的存储空间大小、存储格式、安全和隔离要求等情况，为规划用户云桌面存储需求、制定虚拟机映像文件提供依据。同时对常用的配置数据，如用户收藏夹等信息，应予以记录并考虑准备迁移；对一般没有自有数据的如呼叫中心、营业厅场景等场景，用户在工作期间只会创建临时文本辅助工作，但不会作为自有数据进行保留，在规划云桌面用户数据盘时可以无须划分额外存储。对自有数据较多的办公与维护场景，则需额外规划用户数据盘，并在必要时考虑用户数据的备份方案和策略。

机房承载能力调研：调查每一个准备用于云平台部署的机房的承重能力、机房电源的总容量、空调制冷限制（如单机架最大功率密度）等情况，作为硬件选型时的衡量指标，并在平台容量估算后，根据单个机房的承载能力确定无力设备的摆放。

3. 管理配置相关

用户组之间存在安全隔离需要，同时一些用户会因角色不同需要使用不同的终端，需要考虑云桌面的用户组规划。另外，不同岗位的终端的工作运行时间不同，可以在闲置时间通过关机或将计算资源调配给其他应用使用，节能减排和提高资源利用效率。

用户角色和权限：调研各用户组（岗位）的管理层级、不同用途终端需求、操作权限、安全隔离需求等进行调研，根据业务隔离需要规划安全域的用户组和访问权限，通过不同用户给予不同的桌面访问权限，不同桌面决定了可以使用的应用系统和可访问的网络的方式，在云桌面统一域用户管理和资源池环境下，实现桌面用户之间的访问控制，达到传统 PC 个人主机之间相互隔离的效果。应用系统的权限仍由应用系统加以控制。

终端使用时间：调研各工作组终端使用的专有性及工作时间要求，用以虚拟机分配策略(如固定方式还是资源池方式)，以及设定云桌面的定时开关策略。虚拟机关机后可节省出大量的空闲资源，节省出来的空闲资源给其他业务使用，可提高资源利用率和节能减排。如有些维护人员经常会在维护终端上设置定时进程且某些批处理时间较长，就需要采用固定分配策略，并不适用虚拟机维护时常用的闲置关机、定时重启等策略。

4. 网络质量调研

接入网络调研：确认各终端接入点（如营业厅、服务热线等）的接入网络带宽和质量能够满足相应数量云桌面用户需要。调研应记录接入地点、终端数量、接入网出口带宽等基本信息，各接入点内部网络拓扑图，为网络扩容调整提供参考。应有条件的情况下，应对网络带宽、丢包率、时延和抖动等关键指标进行模拟测试。

机房网络调研：应对云桌面服务器端机房和网络进行调研，确保出口带宽满足瘦终端接入、IT 系统集中访问两部分数据流的需要。

5. 调研重点总结

各场景的特点不同，调研内容也应各有侧重，如表 7.3 所示。

表 7.3　调研总结

调研项目	调研内容	营业厅	呼叫中心	内部办公/运维
终端和外设	外设种类	重点	重点	重点
	接口种类和数量	重点	重点	重点
	音视频要求		重点	
	终端分布			
	环境要求	重点	重点	重点
云桌面配置调研	主机规格	重点	重点	重点
	主机资源使用率	重点	重点	重点
	操作系统及序列号			重点
	岗位设置	重点	重点	
	应用软件清单	重点	重点	重点
	用户数据			重点
	机房承载	重点	重点	重点
管理配置调研	终端使用时效性			重点
	管理层级			
	用户权限			
	隔离要求	重点	重点	重点
	工作开关机时间			
网络调研	接入网络	重点	重点	重点
	机房网络	重点	重点	重点

7.3.2　需求分析及方案设计

在需求调研结束后，根据调研结果，应根据终端配置情况、网络质量等综合确定云桌面应用的规模，其次进行方案设计，方案设计从终端、网络、软件架构和管理平台、虚拟机规格及镜像、硬件环境、机房环境等几个方面进行，同时还要考虑用户体验和系统的安全性，如图 7.2 所示。

其中，终端选择和硬件配置计算是核心内容，总体是根据调研数据，选择合适的瘦终端，确定虚机配置规格，根据用户安全和应用需求进行用户分组划分，并设计映像文件模板，计算硬件配置规模，同时选择合适的云桌面协议。

云桌面系统设计流程示意图如图 7.3 所示。

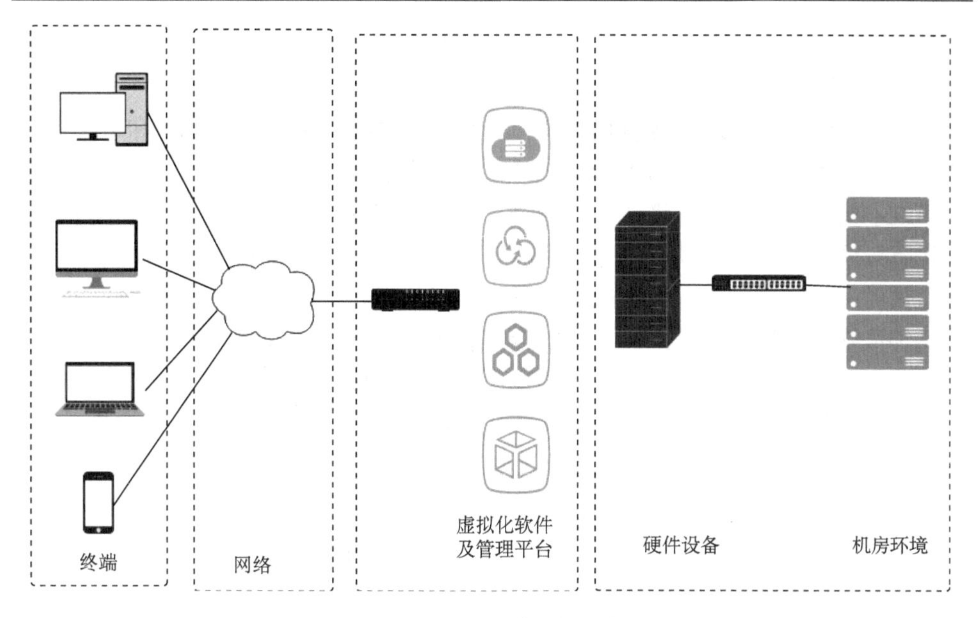

图 7.2　云桌面整体技术架

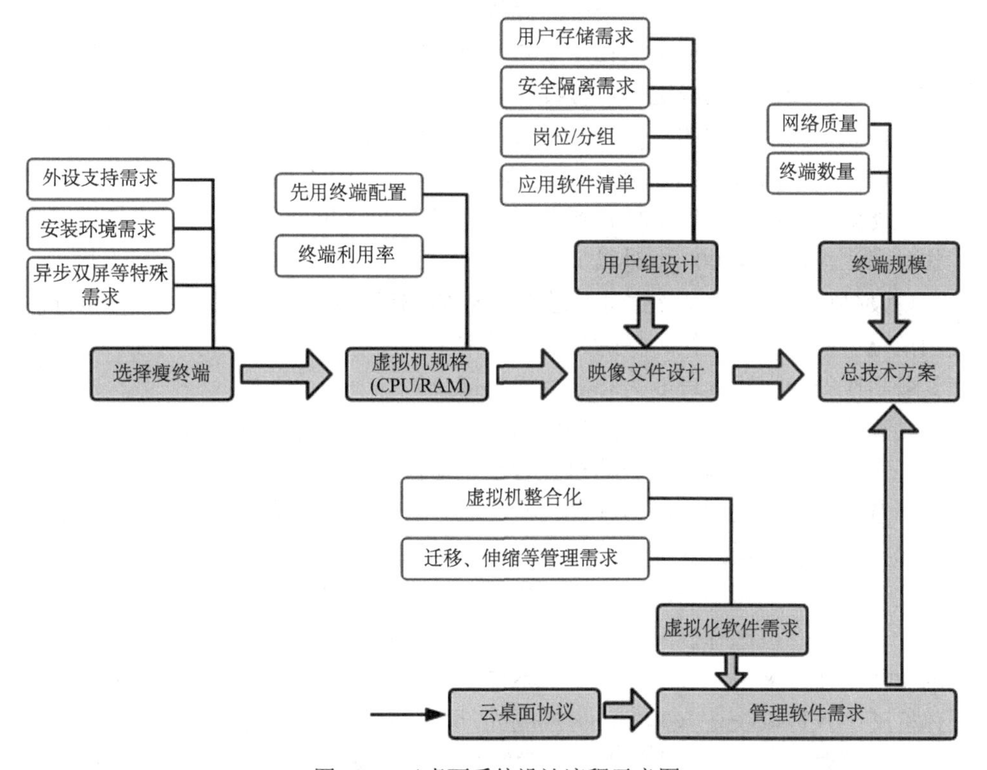

图 7.3　云桌面系统设计流程示意图

1. 终端选择及配置

云桌面的接入终端主要包括三类：瘦终端、传统终端（普通 PC 和笔记本）、移动终端（智能手机/平板电脑等）。采用何种终端可综合考虑使用场景、管理要求和成本要求。其中传统终端方式通过在现有系统安装软终端（考虑 5 年内设备的利用），采用 IE 方式使用云桌面，智能手机通过安装专门的云桌面软件，如 Ctrix 终端软件访问云桌面，两种情况都不需要专门的考虑。瘦终端是一种替代固定办公场景传统终端的新型方式，不同的应用有不同的功能需求，瘦终端规格型号和价格差异较大，因此瘦终端选型是云桌面应用的重要方面之一。

瘦终端总体要求是低功耗、无风扇、体积小巧；支持常见的嵌入式操作系统、支持各种云桌面协议；为了使部署和维护更方便，需具备较好的可管理性、稳定性、兼容性等。本部分重点介绍瘦终端的技术选型，结合第一阶段终端调研需求，从硬件和软件两方面给出选型要点，给出相应的终端选择。

1）瘦终端硬件要求

瘦终端硬件选择的要点是运行稳定、低噪声、低功耗、接口丰富稳定、安装部署方便。可满足营业厅、呼叫中心等各类场景需要。

体系结构：瘦终端应采用稳定性高、兼容性强的体系结构，如 x86 架构，保障软件兼容性和接口的稳定性。瘦终端设计需基于工业化标准，应采用集成度高的主板，以保障瘦终端的稳定性，不选择两三块主板拼凑而成的瘦终端设备，不采用在瘦终端内部或外部采用 USB 转串口、并口等方式。

性能要求：瘦终端启动时间到桌面时间应该低于 30 秒，MTBF（平均无故障工作时间）应达到 40000 小时以上。

外设接口：接口类型及数量满足应用要求，对常用的 USB 接口特别注意同时使用情况下的供电稳定性，保障外设的正常工作。对于有音视频要求的，求终端应具备相应的音视频处理能力和高清视频接口。

功耗要求：功耗应该控制在 15W 以内，有视频播放要求的内部办公应用场景下功耗可控制在 20W 以内，一体机包含显示器在内功耗控制应控制在 65W 以内。

静音要求：应采用无风扇静音设计，CPU 和芯片组没有任何转动类散热器，采用鳍状铝制散热器或热导管散热器等方式，保障低噪声。

安装支持：体积小巧、支持背挂式安装（即瘦终端支持悬挂到显示器背面），营业厅场景下，可选择显示器和终端合一的一体机，减少桌面排线，确保办公桌面的整洁。通常来说，分体机尺寸（不带支架）小于 70mm×230mm×300mm，一体机尺寸小于 460mm×380mm×200mm，同时屏幕尺寸应能达到 19 英寸或以上。

音视频要求：如果终端要求音视频需求，需要瘦终端具备多媒体处理能力。云桌面视频播放实际使用中可能将视频重定向到瘦终端本地来处理，因此需要瘦终端具备一定的视频解码能力。

网络接口要求：使用 10/100M 自适应网卡。如果是有移动办公需求的场景下使用的便携式瘦终端（如内部运维/办公场景下的出差/会议），瘦终端需要支持 WiFi 功能，符合 IEEE 802.11b/802.11g 协议及 WAPI 协议，并且通过 WiFi 联盟互操作性认证。

其他要求：考虑到使用场所周边环境的影响，要求瘦终端应具备一定的抗电磁性和抗雷击能力，符合相关规范（包括《GB/T 17626.2-2006 电磁兼容试验和测量技术静电放电抗扰度试验》《GB/T 17626.5-2008 电磁兼容试验和测量技术浪涌冲击抗扰度试验》《GB/T 9254-2008 信息技术设备的无线电骚扰限值和测量方法》《GB/T 3482-2008 电子设备雷击试验方法》）的要求。

2）瘦终端软件要求

操作系统：瘦终端的高安全性、高稳定性要求高，同时考虑节省成本，应选择具有防写入功能的嵌入式操作系统，如 XPE/WES、WinCE、Linux 等。瘦终端需要支持现有各类外设终端，同时需要将外设终端映射到后端云桌面系统，外设的兼容性至关重要，对外围设备复杂的场景如营业厅，可优先选择设备兼容性较好的 WinXPE。

桌面协议：应支持常见的云桌面协议，如 RDP、ICA、PCoIP、SPICE 等，以保证瘦终端和主流云桌面方案的兼容性。

管控支持：瘦终端本身应支持远程告警、管理、升级和网络连通测试，同时支持管控件实现终端的统一管理、维护、升级，如嵌入系统升级、云桌面客户端升级、终端外设支持补丁、云桌面连接设置修改、USB 接口的禁止与允许、瘦终端本身系统设置等功能，以及采用语音和数据分离方式时，呼叫中心语音软件的安装和升级等。同时应具备被远程监控的能力，能够配合终端管理子系统，实现瘦终端的远程监控和故障诊断。管控软件还应支持补丁定期自动下载、分发、安装应用软件和补丁，保障瘦终端的系统安全，避免重复性的杀毒操作。

瘦终端选择还需要考虑：支持的虚拟化软件是否与云桌面服务平台的虚拟化软件一致；支持的桌面协议是否与欲采用的云管理软件采用的桌面协议一致；系统和网络设置是否满足用户体验和网络设计的各种需要，如支持自动登录、支持多种 IP 地址获取方式等，能够手动设置和保存各种配置数据及云桌面登录信息；对于有音视频需求的场景，瘦终端采用的虚拟桌面协议需要支持视频重定向功能和双向语音功能；应用场景特殊要求，如营业厅场景下需考虑异步双屏功能支持。

3）各场景终端规格设计

瘦终端规格要求如表 7.4 所示。

表 7.4　瘦终端规格要求

指标	办公/运维	营业厅	呼叫中心
处理器	主频≥1.6GHz	主频≥1GHz	主频≥1GHz
内存	≥1G	≥512M	≥512M
存储	≥2G	≥2G	≥2G
USB 口	4 个	5 个	3 个
串口	不要求	4 个串口	1 个串口
VGA	1 个	1～2 个	1 个
网口	千兆网卡	千兆网卡	千兆网卡
显示器	支持	支持	支持
	平均：9～12W	平均：10～14 W	平均：5～7W
音视频	支持	支持	支持
高清视频	720P 满足 ，1080P 稍卡	不支持	不支持
外设支持	鼠标/键盘/U 盘	鼠标/键盘/打印机/扫描仪/SIM 卡读写器、磁卡刷卡器/密码小键盘/评价器/摄像头/U-KEY/二代身份证读卡器/城市一卡通等	鼠标/键盘/耳机
特殊要求	本地视频处理能力		双向语音和无噪声，支持语音、桌面分离，大存储 容量

尽管大部分计算需求转移到服务器端，瘦终端仍然需要处理云桌面协议、处理输入输出等，需要具备一定的计算能力，各场景的瘦终端选择如表 7.4 所示。

对于特殊种类的外设需要单独考虑，需要为特殊外设开发特定的瘦终端驱动，必要时也可以先使用传统 PC 作为云桌面终端达到利用和快速业务部署的目的， 待 PC 淘汰后改用瘦终端。

呼叫中心瘦终端需确保双向语音质量，尽量采用语音和桌面数据分离的形式，确保语音的质量，以及需要有足够的存储，以安装语音软件等。对于未分离的情况下，需要选择支持双向语音的瘦终端。

2. 硬件容量配置

采用云桌面后，原传统终端的计算和数据存储转移到服务器端集中执行，用户云桌面的配置设计就特别重要，一方面要保持性能满足要求、安全满足要求，同时要通过合理的规划提高服务器端硬件利用效率，减少资源浪费。总体的设计思路是计算单用户的虚拟机规格及存储空间需求，其次根据应用软件需求设计虚拟机映像文件模板，再次根据虚拟机规格、映像文件等计算硬件总体需求，最后给出云桌面系统的服务器和存储的配置计算方法，以及相应的硬件技术要求。

1）虚拟机规格设计

虚拟机规格可以理解为一个“主机电脑”的配置，不同应用场景下，对“虚拟规格”的要求不同。例如，营业厅、呼叫中心的坐席虚拟机要求较低而且统一，而内部办公环境下对虚拟机规格的要求较高，并且有一定的差异（例如，开发部门比职能部门要求更高）。因此，需要针对各应用场景，制定 VM 规格，对虚拟机进行硬件配置的划分，同时也为制作系统及软件镜像做准备。通过分析需求调研结果，可以基本估算出各个场景中各类虚拟机的规格。确定虚拟机规格之后，根据各场景的软件调研结果，可以设计出相应的软件镜像。

虚拟机规格主要是指对虚拟机的虚拟 CPU 数量、内存大小、磁盘空间进行设计，主机规格直接关系到云桌面系统硬件规模。根据试点经验，不同场景虚拟机规格如表 7.5 所示。（只给出一个典型的配置方案，实施时可根据具体情况综合考虑应用系统复杂度和成本等因素上下浮动）。

表 7.5 应用场景虚拟机规格示例

VM 规格	呼叫中心坐席	营业厅坐席	内部运维和办公
CPU 和内存	1VCPU	2VCPU	2VCPU
	1G RAM	2G RAM	2G RAM
WindowsXP	20GB C 盘	20GB C 盘	30GB C 盘
Windows 7	40GB C 盘	40GB C 盘	40GB C 盘
D 盘为用户盘，可根据用户数据大小进行分配			

虚拟 CPU 分配：如呼叫坐席、营业厅前台对于系统性能有一定要求，一般配置 1 个 VCPU；办公终端和维护终端根据使用方式与目的不同，差异较大，为满足不同的个性化需求可配 2 个 VCPU，但应用系统简单、无特殊音视频要求的终端也可配 1 个 VCPU。需要注意的是，并不是 CPU 数量越多、性能越好，而是与应用系统的设计有关。应用未考虑多 CPU 支持的情况下，不能充分利用分配的多 CPU，甚至可能会因为线程间等待造成性能下降。

内存分配：可根据调研内存实际使用量加上 20%的裕量进行 VM 内存的划分。如果内存需求情况复杂，可以通过试运行来确定企业中不同类型员工所需的适当内存设置，开始时最好分配 1024MB（Windows XP 桌面）或 2000MB（Windows 7 桌面）的内存。内存 RAM 不足可导致过于频繁的内存和磁盘交换导致 I/O 性能严重降低并增加存储 I/O 负载，同时，内存分配过大会限制服务器端单台服务器可承载的虚拟机数量。内存分配有独享和最高使用量两种分配方式，独享方式下系统性能上有保障、稳定性较高；在虚拟化软件内存管理机制支持的情况下，最高使用量方式可节省内存，管理平台可通过透明内存共享、内存压缩、内存回收等精密的内存资源管理算法，能极大地降低为了支持给定的客户机 RAM 分配量所需的物理 RAM。应注意宿主物理服务器上为 RAM 预留设置指定为非零值，预留一部分 RAM 可确保空闲但处于使用状态的桌面不会被完全交换到磁盘。但是，较高的预留设置将影响您在宿主物理服务器上过量分配内存的能力，还可能影响云桌面在线迁移维护操作。

存储分配：虚拟机所挂磁盘可分为系统盘容量和用户数据盘容量两部分。其中，系统盘容量应能够容纳操作系统、应用程序以及将来的应用程序和软件更新，可根据之前调研的安装软件及所使用的操作系统版本加上 20%的裕量进行估算。有用户数据盘容量需求的用户可根据之前调研的磁盘实际使用量进行设计。本地用户数据和用户安装的应用程序位于虚拟桌面（而不是文件共享）中，系统文件还必须增加用户数据盘容纳这些数据和应用程序，反之则不必考虑。本地用户数据通过文件共享方式实现。在确定虚拟机所需存储空间时，还应考虑为每个虚拟桌面考虑大小与内存容量相同的虚拟机暂存文件；内存大小 1.5 倍的 Windows 页面文件，以及适当的日志文件。对没有自有数据的呼叫中心、营业厅场景，用户在工作期间会创建临时文本辅助工作，而不会作为自有数据进行保留。在规划云桌面用户数据盘时也可以不需要划分额外存储。自有数据只限于与办公相关的数据文件，个人娱乐用的数据禁止存放于平台侧。（此类数据通常数量庞大、增长迅速，严重占用系统资源）。

虚拟机分配原则：虚拟机分配最稳妥的是一比一配给，即按原终端数量对应分配虚拟机，这是对原场景再现的方案。对营业厅、服务热线等用户系统基本一致，没有个性配置的虚拟机可按资源池方式分配，用户登录后取用一个可用虚拟机，此方式可一定程度降低硬件配置。但对部分维护终端，维护人员经常会在维护终端上设置定时进程且某些批处理时间较长，故在桌面系统策略上需采用一对一模式。

2）软件镜像设计

虚拟机规格设定后，应设计虚拟机的映像文件，映像文件是生成单台虚拟机的模板文件，不仅对应 VM 的规格，还要包括每台 VM 所使用的操作系统和应用软件。可以通过映像文件启动 1 个或多个虚拟机实例。映像文件越标准，对存储空间的节省可能就越大；反之，映像文件越个性化，对需要越多的存储空间（极端是每个虚拟机对应一个映像文件）。通过应用和数据的调研，为不同应用场景设计不同的应用和数据方案，并根据操作系统和应用软件设计虚拟镜像文件和数据存储方案，减少系统实施过程中的工作量，并加快应用速度。

根据应用调研得到的操作系统、软件清单设计每个虚拟镜像文件设计预装软件，由于操作系统和应用软件类型、版本可能千差万别，不可能一对一地映射成镜像，需要对调研的结果进行整理归并。应用软件分为标准规格软件和附件软件两类，标准规格软件是相应场景中大致相同的软件需求，如操作系统、办公套件等；附件软件是在标准规格软件基础上，因岗位差异而要求使用的不同的特殊专用软件，如操作维护软件。

标准规格的软件可设计为通用镜像文件的软件内容，附加软件逐一审核，验证兼容性之后可以单独建立专用镜像。对包含有特殊要求的软件（如设计到特殊操作系统、硬件认证、浏览器版本要求等），应对设计方案的软件兼容性做 POC 测试，验证系统的兼容。同时，从规范办公环境等管理要求上考虑，专用虚拟机模板的个数不要太多。

桌面系统和软件由于使用用户数量多，在建设成本中占有相当的比重。可采用下列办法降低投入成本：对于软件序列号与软件厂家协商，采用低成本的购买方式；对于应用简单的桌面，考虑基于开源软件的 Linux 系统。

3）云桌面性能和容量计算

服务器计算需求：确定了每台虚拟机规格后，就要考虑资源池的总容量。资源池主要包括服务器和存储量部分。服务器容量要分别估算 CPU、内存和磁盘的容量，具体方法如下。

CPU 估算：根据主机规格调研得到的各类企业员工平均 CPU 及 CPU 利用率的数据，增加 10%～25%的处理能力，用以满足虚拟化开销和峰值期间的使用需要。

内存估算：虚拟机的内存容量之和再加上业务扩展需要 50%的冗余即相当于整个系统的内存容量。服务器内存成本高于 PC 内存成本，同时内存成本在整个服务器硬件成本中占据了很大比例，因此设计的内存容量对整个系统的性价比关联很大。部分虚拟化软件支持内存的超额分配（Overcommit），即 128GB 的物理内存可分配给内存总和 200GB 的不同虚拟机使用，但是在营业厅、呼叫中心等使用时间集中的场景的高峰期可能会产生因资源不足部分虚拟桌面无法正常使用的问题。

磁盘估算：由于数据中心磁盘空间每千兆字节的成本通常高于传统 PC 部署中台式机或笔记本电脑的成本，对存储采取优化措施：删除不需要的文件，例如，减少临时 Internet 文件的配额；选择合适的能满足未来增长需要的虚拟磁盘大小；采用集中文件共享或用户数据磁盘存储用户生成的内容和安装的应用程序；采用映像文件链接克隆，减少映像文件占用存储大小。

云桌面存储需求计算：云桌面存储容量设计包括存储磁盘空间大小和磁盘阵列性能的规划，其中磁盘阵列性能又分为 IOPS 和存储带宽两个方面。

磁盘容量规划时需要综合考虑不同虚拟平台产品数据存储卷（自有或 NFS）大小和不同磁盘阵列产品桌面虚拟化划分，按照不同类型的员工分割成多个桌面池，然后将一个桌面池放在同一个数据存储卷中。

存储空间规划采用链接克隆技术降低存储要求，链接克隆通过创建与基础映像共享虚拟磁盘的桌面映像，可创建上百个链接克隆虚拟机的池。采用链接克隆时，克隆（或副本）以及与之链接的克隆将存储在相同的数据存储或 LUN（逻辑单元号）上。每个链接克隆都像一个独立的桌面，具有唯一的主机名和 IP 地址，但存储需求却明显减少。通过链接克隆可以将存储容量需求降低 50%～90%，但是相应的 IOPS 会增加 70%～150%。多个虚拟机桌面共享，共享父映像的桌面数一般控制在 20～40，任务型员工可取较大值，知识型员工取较小值。

计算虚拟桌面所需磁盘空间大小时需要考虑以下几个组成部分。

父映像存储空间；链接克隆的 Delta 数据；用户永久数据盘大小，包括用户数据、用户配置文件、用户个性化软件安装等；虚拟机交换文件数据大小，与内存大小等同，最佳实践将此文件放在本地存储。虚拟机页面文件、虚拟机日志文件、虚拟应用文件、本地离线访问桌面大小、其他临时文件，操作系统和用户数据增长等预留空间。

磁盘 IO 性能和带宽：利用工具可获取所有类型员工应用场景下磁盘 IO 和磁盘数据传输速率的性能数据，然后可以计算桌面池所需 IOPS 和磁盘数据传输速率方面的要求，后续进行磁盘阵列选型、磁盘规格型号选型、磁盘阵列 RAID 规划，以下数据供存储容量规划时参考：每个任务型员工 IOPS 为 15，磁盘数据传输速率为 200Kbit/s；每个知识型员工 IOPS 为 20，磁盘数据传输速率为 250Kbit/s。

4）硬件平台设计

在明确了虚拟机规格、系统和应用软件镜像、虚拟机容量、用户数据规模以及网络出口带宽等要素后，就可以对服务器、存储系统和网络设备等硬件设备进行计算和规划设计。在这个过程中，需要针对不同的应用场景，充分考虑设备的型号、配置、性能、部署方式等。

单台服务器承载桌面，根据试点经验，表 7.6 给出了典型配置下单台服务器可承载的桌面数量：CPU 型号（XEON E5620 为例）。

表 7.6　XEON E5620 服务器承载桌面数量

场景模式	可承载的用户数				
	CORE	8CORE	16CORE	24CORE	32CORE
呼叫中心	3	24	48	72	96
营业厅	4	32	64	96	128
内部运维	3	24	48	72	96
内部办公	5	40	80	120	160

云桌面系统服务器测算包括三部分：运行虚拟桌面 VM 的服务器、云桌面

管理服务器、保障故障时 HA 成功切换的冗余服务器。

物理服务器数量的参考计算方法如下。

（1）根据用户规模计算运行虚拟桌面 VM 的物理服务器数量（记为 A）：

A=Σ场景用户数/对应配置可承载用户数。

（2）按桌面物理服务器数量的 10%进行配置管理服务器（记为 B）。

（3）按桌面和管理服务器的 20%预留冗余（记为 C），保障故障切换。

（4）整个虚拟桌面系统中的服务器数量（记为 D）：

$$D=A+B+C=A\times(1+10\%)\times(1+20\%)$$

服务器选型及配置，服务器选型有如下几个方面。

（1）选择内存/CPU 配备较大的设备：从试点情况看，制约每台物理服务器上运行虚拟桌面数量的主要因素是内存数量的多少，按照 6GB/每物理 CORE 或以上进行配置。

（2）优先选择刀片服务器：服务器类型主要有机架服务器和刀片服务器。刀片服务器具有更高的空间利用率，更低的功耗和采购成本，因此在机房条件满足的情况下，尽量选择刀片服务器。

（3）优选高性价比的二路服务器：核数很大的新型服务器由于价格过于昂贵，同时很难做到良好的内存/CPU 配比。二路服务器（指具有 2 个 CPU 的服务器）具有很好的性价比，同时内存配置上可尽量增大。

（4）同一集群服务器同一厂家和系列：考虑到性能、均衡和漂移需要，同一集群服务器选择统一厂商、同一型号。

（5）硬件配置：预留 15%CPU 资源，保障峰值和迁移需要：给虚拟机分配 CPU 资源时，需预留大于 15%的处理能力，以满足虚拟机故障或均衡迁移、虚拟化开销和峰值期间的使用需要。

（6）网卡要求成对配置，以避免单点故障：在使用 FCSAN 存储时要求不少于 4 个 GE 端口；使用 IP SAN 存储时要求不少于 6 个 GE 端口。网卡要求支持 TOE（TCP/IP 卸载引擎），连接 IP SAN 存储的网卡还要求支持 iSOE（iSCSI 卸载引擎）。

（7）HBA 卡成对配置，端口数不少于两个：为避免单点故障，HBA 卡也要求成对配，总端口数不少于 2 个。

（8）本地硬盘配置要求 2×146GB 即可满足要求，在硬件支持的情况下也可不配置本地硬盘从 SAN 引导主机。

存储设计要求存储的性能直接影响用户体验，选择适当的存储能直接提升用户感知。云桌面对存储访问的主要形式是随机读写，在这种情况下，应主要考虑存储的 IOPS 性能指标。

处理能力计算对应实际应用场景根据使用经验，如表 7.7 中方式进行估算（注：考虑可能使用链接克隆技术，IOPS 要求相应增加）。

表 7.7　处理能力经验表

	呼叫坐席	营业厅	内部运维	内部办公
日常使用 IOPS	35	30	30	20

可由表 7.7 和用户数计算出日常使用所需的 IOPS 要求（记为 A）。

（1）A=Σ场景模式用户数×对应场景的 IOPS。

（2）考虑 20%的开机风暴所需的额外 IOPS（记为 B）：服务热线、营业厅等存在大量虚拟机同时开机需求，每个虚拟机都需将虚拟机镜像从存储读入到物理机内存中，会对存储的 IOPS 和存储持续 IO 流量产生巨大压力，此部分开机风暴带来的 IOPS 要求，按照 20%云桌面同时开机来进行计算: B=A×20%。

（3）预留上述 IOPS 总量的 20%的额外冗余处理能力。

（4）系统总 IOPS（记为 C）：C=（A+B）×（1+20%）。

存储选型及技术要求如下。

（1）存储网络采用 FC SAN/IP SAN 组建方式：FC SAN 方式具有稳定，可靠的优点，IP SAN 具有更大的灵活性和更低的造价。在满足 IOPS 性能指标要求下，两种方式均可选择。

（2）采用 FC 或 SAS 等高性能磁盘：云桌面存储访问类型主要为随机读写；选择 FC 或 SAS 类型的高性能磁盘，不选择 SATA 磁盘。

（3）应考虑数据冗余保护方式：存储 RAID 方式选择不当可能会降低云桌面的性能和增加系统数据丢失的风险；由于云桌面存储访问方式为随机读写，在满足性能需求的情况下，可根据情况灵活选择。

（4）应考虑数据容错和高可用机制：虚拟机的所有用户数据均存放于阵列上，阵列出现故障将造成业务中断和数据丢失，在大规模使用中必须考虑存储的高可用问题。规模部署时将同一场景的不同用户桌面放置于两个以上的不同群集中；其用户数据位于不同的 LUN 上，有条件的地方可将用户数据放置于不同的阵列上，在资金充裕时可采用阵列的远程复制技术进行容灾。

3. 网络部署设计

云桌面方案下桌面操作处理集中到服务器侧，用户侧终端只处理输入输出，与传统桌面相比，带来网络架构的较大变化：一方面，终端侧从处理应用流量变为处理桌面显示流量，终端接入网络流量明显增加，对接入带宽和端到端的网络性能提出较高的要求；另一方面，计算处理、数据存储和应用流量集中到服务器侧，对服务器侧（云桌面数据中心）的网络设计提出了分流、隔离、高速交换等新的要求。同时由于桌面从用户侧集中到网络侧，终端和桌面都需要 IP 地址进行通信，因此也需要对 IP 地址进行重新规划。

本部分首先分析了网络数据流向变化，给出了网络带宽计算方法和端到端质量要求，提出了 IP 地址规划原则及网络隔离要求，最后对云桌面数据中心网络划分，以及相应的配套网络设备给出了相应的组网方案。

1）网络带宽计算

云桌面相对传统终端模式，网络数据流量和流向有所改变，在进行带宽设计时需要充分考虑这些改变。

如图 7.4 所示，使用云桌面后，云桌面数据中心成了流量的汇聚点，云桌面中心到 IT 应用的业务数据流量不变，但不再经过终端接入网，而是通过远程显示协议将桌面图像和输入输出转换成云桌面协议数据流量，流量大小取决于远程桌面图像的复杂度、图像质量、变化频率等应用特点。

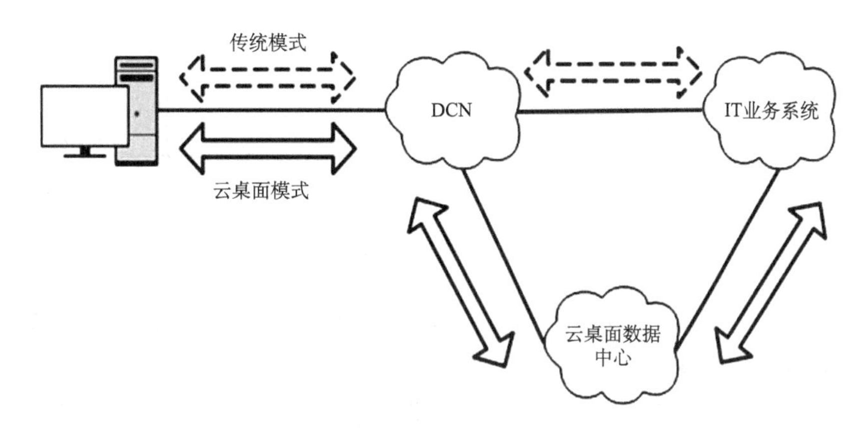

图 7.4　云桌面系统的网络数据流量和流向示意图

云桌面的带宽设计主要考虑 TC 接入带宽、业务带宽、出口带宽、存储带宽和管理带宽。调研得到的每个地点的接入网和网络拓扑要能够满足同等数量 TC 的接入要求，同时所有地点的接入总带宽需求要与云桌面平台的业务出口带宽相一致。根据已经实施的项目经验，有以下几方面情况。

局域网办公用户和运维终端通过局域网接入到云桌面平台；营业厅终端和呼叫中心终端通过城域网或者专线的方式接入云桌面平台；移动 OA 和远程代维用户通过互联网（4G、5G 或宽带等）接入云桌面平台；呼叫中心，需要连续且清晰的音频支持，在云桌面实施过程中将音频与网络的路由分离设计；办公终端，需要进行网上大学的学习对音频有需求，但要求没有呼叫中心高，音频和网络无须路由分离。云桌面系统带宽设计示意图如图 7.5 所示。

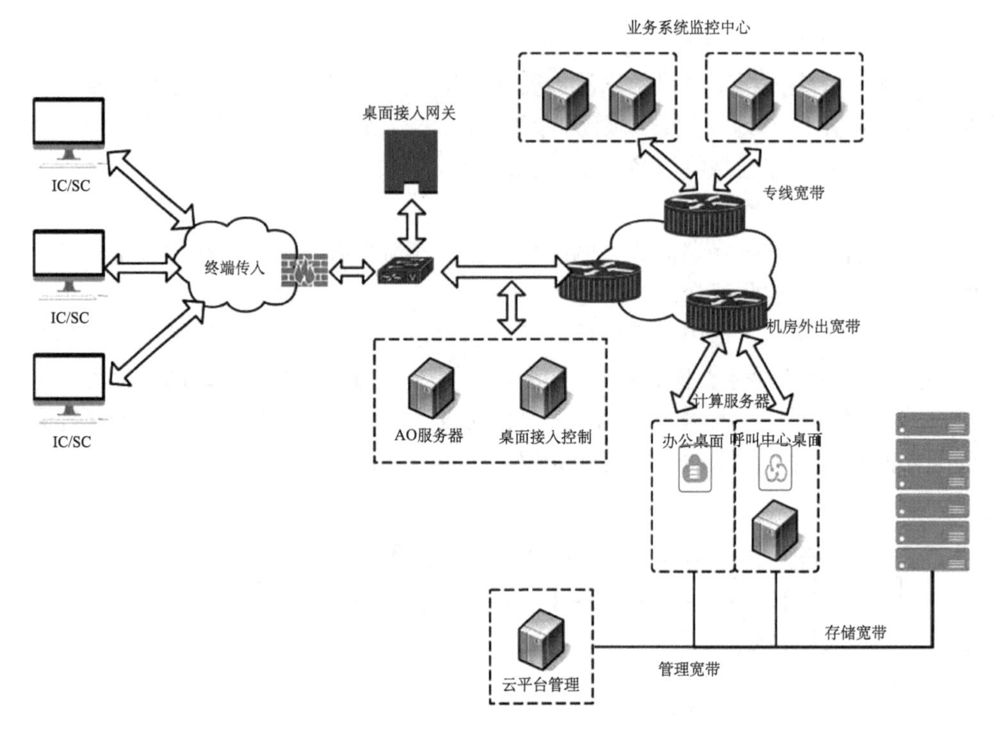

图 7.5　云桌面系统带宽设计示意图

场景不同、用户行为不同，TC 接入带宽要求不一样，下面给出参考算法。

（1）TC 接入带宽测算示例。以内部运维和办公场景举例说明如下：

TC 接入总带宽 Mbps＝（日常办公带宽需求×终端用户数×日常业务并发概率＋视频/音乐/PPT/VoIP/大图片带宽需求×终端用户数×大带宽业务并发概率）/冗余因子（一般预留 50%作为冗余）

根据不同的用户行为，TC 带宽需求也会有所不同，以下是两类典型用户行为的 TC 带宽需求：（以 100 个终端为例），如表 7.8 所示。

表 7.8　典型应用场景带宽需求

参数	带宽需求/(Kbit/s)	并发概率/%	备注
日常办公	100	100	表示 100%的用户都会进行日常办公操作
视频/音乐/PPT/VoIP/大图片	2000	10	表示同时有 10%的用户都会进行视频等大流量 ICA 操作

用户行为分类 1：全员日常办公

建议 TC 接入总带宽＝（100×100×100％）/50％＝20Mbit/s

用户行为分类 2：日常办公外，有 10%员工使用视频/音乐/PPT/VoIP/大图片

建议 TC 接入总带宽＝（100×100×100％＋2000×100×10％）/50％＝60Mbit/s

（2）业务带宽测算示例。参考测算公式如下：

业务数据流带宽＝Σ（每类业务行为用户数×该类业务行为所需带宽）/冗余因子

云桌面业务系统出口总带宽≈业务数据流带宽。

典型应用场景带宽需求及参数如表 7.9 所示。

表 7.9　典型应用场景带宽需求及参数

参数	带宽需求/(Kbit/s)	值	备注
日常办公	100	100%	表示 100％的用户都会进行日常办公操作
视频/音乐/PPT/VoIP/大图片	2000	10%	表示同时有 10％的用户都会进行视频等大流量操作
桌面登录控制流	100	5%	—
冗余因子	—	50%	—

假设有 2 个点，每个点 100 个终端用户，则测算结果如下：

用户行为分类 1：日常办公

系统业务出口总带宽＝业务数据流带宽＝200×100Kbit/s×100%/50%=40Mbit/s

用户行为分类 2：日常办公＋视频/音乐/PPT/VoIP/大图片

系统业务出口总带宽≈业务数据流带宽＝（200×2000Kbit/s×10%+200×100Kbit/s×100%）/50%=120Mbit/s

（3）系统机房出口总带宽。系统机房出口总带宽包括了云桌面平台与终端连接前端业务系统总带宽（已计算冗余量在内），还包括了与应用和辅助系统相连的后端连接带宽。因此，系统机房出口总带宽＝业务系统出口总带宽+管理系统出口带宽/冗余因子。云桌面应用系统带宽/冗余因子+异地容灾备份链路带宽/冗余因子。（注：如上述应用和辅助系统与云桌面系统是共用资源池的，属于机房内部流量，不计入机房出口总带宽中）。

其中管理系统出口带宽根据各个管理系统的带宽要求得出，应用系统带宽根据各个应用系统的带宽使用情况得出，异地容灾备份链路带宽参考灾备设计要求。

（4）存储带宽。服务器存储带宽按每服务器多路径×1Gbps（或以上）连接存储接入交换机。IPSAN 存储带宽按每控制器多路径×1Gbps（或以上）连接存

储汇聚交换机。存储接入交换机按照 2 路径×4Gbit/s（或以上）连接存储汇聚交换机。

（5）管理带宽。云桌面的管理带宽按照 1Gbit/s 上行带宽处理。

2）端到端网络指标

在云桌面方案中，端到端的时延、丢包率、抖动等对用户感知影响明显，表 7.10 给出了参考的质量标准。

表 7.10　端到端网络指标

场景	呼叫坐席（语音走本地）	营业厅	办公/运维
时延/ms	50	50	50
抖动/ms	5	5	5
丢包率	≤0.1%	≤0.1%	≤0.1%

防火墙连接数要求：

一个虚拟桌面的连接会产生多个 TCP/UDP 会话，表 7.11 给出各种场景下每个虚拟桌面连接会话数的参考值。

表 7.11　各场景连接会话参考

参数	营业厅	呼叫坐席	办公/运维
瘦终端到虚拟机开机连接数	30	20	20
瘦终端到虚拟机运行连接数	20	15	15

3）IP 地址设计要求

云桌面方案下，瘦终端需要 IP 地址和远程桌面通信，实际上需要增加 1 倍的 IP 地址消耗，同时新增加的设备需要增加相应的管理地址，以下给出 IP 地址规划。

（1）每台 TC 和 VM 均需要分配一个 IP 地址，每台基础架构服务器（AD, DNS, DHCP）、虚拟桌面管理服务器以及每台物理服务器也需要分配一个管理地址。

（2）瘦终端的 IP 地址可沿用当前终端的地址分配规则。

（3）云桌面虚拟机地址申请单独的 DCN 地址段，并确保可达。

（4）基础架构服务器和云桌面管理服务器也申请单独的 DCN 地址段，确保在整个 DCN 内 IP 可达。

（5）物理服务器管理 IP 可以使用保留 IP，只需在数据中心内与基础架构服务器 IP 可达即可。

（6）所有的管理 IP 全部位于一个网段，云桌面中心的管理服务器、存储设备、网络设备按照厂商设备要求增加相应的 IP 数量。

（7）管理子网应为一个二层网络，没有路由策略。

4）网络隔离方案

为了提高网络安全，避免云计算系统中不同的用途和不同用户群组的子网相互影响（如营业厅和内部办公的隔离），应利用 VLAN 技术对云桌面子网进行二层隔离。同时为降低网络风暴，VLAN 大小一般不超过 128 个 IP，VLAN 划分示如表 7.12 所示，除不同场景外，为不同物理位置的终端布放点（如不同营业点）提供服务的资源池也分开采用不同的 VLAN（VLAN 标识不同）隔离。

表 7.12　VLAN 划分示例

类型	VLAN
网 VLAN	2～199
管理 VLAN	200～399
存储 VLAN	400～699
用户侧业务 VLAN	700～999
预留	1000～4095

需要特别注意的是，原 PC 使用的共享服务器、网络打印机等，需要在路由器上配置云桌面到这些设备所在子网的路由，以便云桌面可以无差别地使用原有的办公资源。

5）云桌面网络架构设计

数据中心网络为提高性能采用扁平化设计，整个网络可分为业务、存储和管理三个平面。图 7.6 为云桌面网络架构。

业务网络：提供云桌面对外提供业务的网络连接需求。

存储网络：提供服务器到存储的连接，该部分与其他 IT 系统存储网络物理隔离，建立单独的存储网络环境。

管理网络：用于云桌面管理系统，该部分可以与业务平面共用网络设备，做好管理平面和业务平面的隔离，确保管理系统的安全。

6）网络设备设计

云桌面流量很大，且网络故障时可能造成业务的完全中断，网络设备应充分考虑高性能和高可靠，选择具有足够处理能力的高档模块化交换机，支持无阻塞交换，关键部件要做到双冗余，并具备足够的扩展能力。

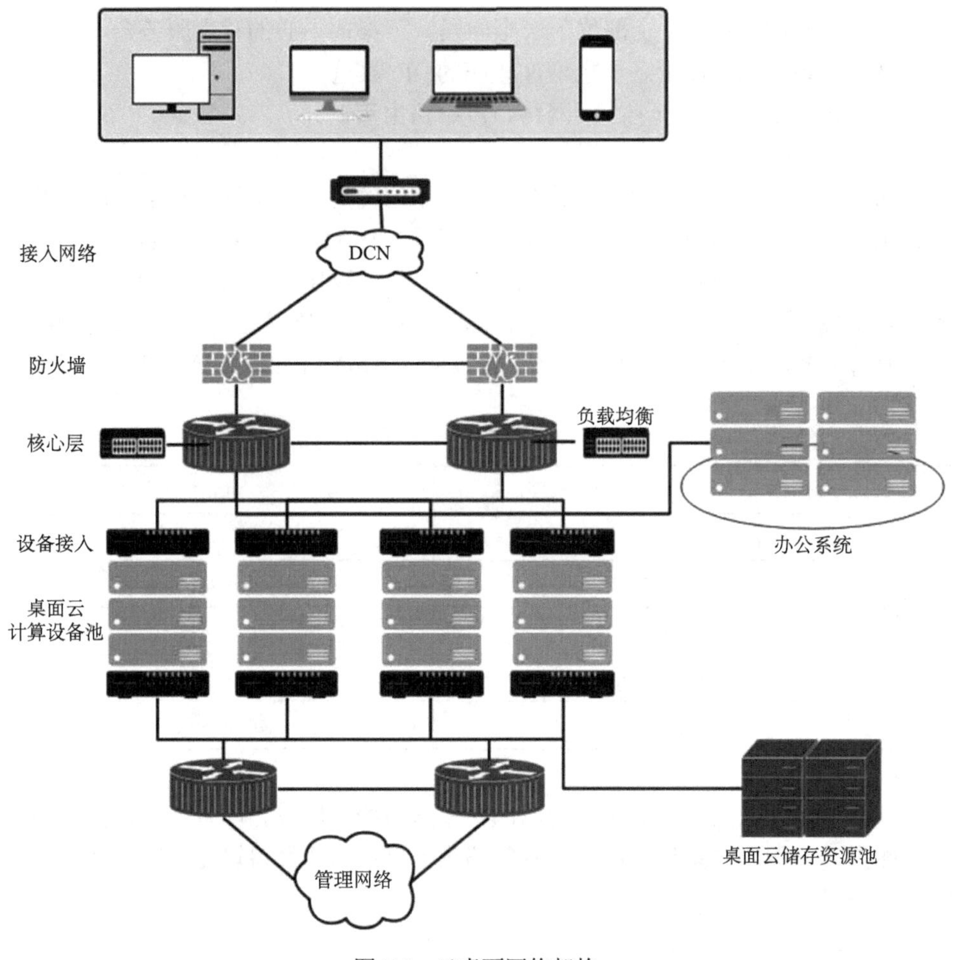

图 7.6　云桌面网络架构

（1）业务平面和管理平面交换机。采用共用网络交换机方式，采用双冗余配置（2 台）；每台交换机连接服务器端口为（物理服务器数）×2，每台交换机配置 2 个级联口，并且考虑 20%冗余。

每台网络交换机端口数≥（(服务器数）×每服务器端口数 2+级联端口数 2）×（1+冗余因子 20%)。

（2）IP SAN 网络交换机（采用 IP SAN 存储时配置)。IP SAN 交换机也采用双冗余配置（2 台）,每台交换机连接服务器端口为（服务器数）×1，考虑每台交换机配置 20%的连接存储端口；并且每台交换机预留 2 个级联口和 20%冗余。

每台 IP SAN 网络交换机端口数≥（(服务器数）×每服务器端口数 1+（服

务器数）×冗余因子 20%+级联端口数 2）×（1+冗余因子 20%）。

（3）SAN 交换机配置（采用 SAN 存储时配置）。

采用 8GB SAN 交换机，采用双冗余配置（2 台）；每台交换机连接服务器端口为（服务器数）×1，考虑每台交换机配置 20%的连接存储端口。

每台 SAN 网络交换机端口数≥（服务器数）×（1+冗余因子 20%）。

（4）防火墙配置。参考部分试点情况，总吞吐量按系统机房出口总带宽（记为 A）的两倍，并且预留 30%处理能力。

总吞吐量需求=A×2×（1+30%）

防火墙会话数：每用户按 30 个会话来进行估算，并且预留 30%余量会话数需求为：C=（用户数×30）×（1+30%）。

7）云桌面网络配套设计

云桌面方案下，需要实现用户安全认证、域名解析、用户账号管理及分组、动态 IP 地址分配等功能，才能实现正常的业务使用，需要增加相应的配套设备和系统。

（1）活动目录（AD）服务器。新增活动目录域管理功能，实现虚拟机账号的集中管理：至少保证用户虚拟机以及云桌面会话管理等服务器能够加入域；为了方便统一管理，每个域中至少建立如下 OU，如表 7.13 所示。

表 7.13　OU 设计基本要求列表

类型	描述	备注
桌面虚拟机 OU	要求每个用户虚拟机加入此 OU，并按照分类建立子 OU	
桌面会话管理 OU	桌面会话控制服务器加入此 OU ，按照分类建立子 OU	可选

注：为云桌面建立单独 OU，委托至云桌面管理，用户账号管理保持目前现状。

如调研阶段得到的组织架构和管理权限有着较大差异，那么 OU 按照企业组织架构进行设计。以营业厅场景为例，如每个班组的操作权限不同，OU 可划分到营业厅/班组一级，以便通过组策略进行用户权限的控制。

（2）DNS 服务器。DNS 服务分为域外 DNS 和域内 DNS 两类。其中域外 DNS 提供的域名服务主要面向瘦终端、软终端访问使用，包括 TC 访问虚拟云桌面入口的 URL 以及瘦终端、软终端访问接入网关时接入网关的 FQDN。域外 DNS 服务器可利用现有环境下的 DNS。要求下列两类域名可以通过瘦终端使用的 DNS 进行解析。域名解析要求如表 7.14 所示。

表 7.14　域名解析要求列表

类型	描述
用户访问虚拟桌面域名	用户在瘦终端/软终端浏览器上输入的访问云桌面入口网站地址，该地址至少可以在瘦终端侧 DNS 进行解析
接入网关域名	瘦终端/软终端连接到 AG 接入网关的域名，该域名需要瘦终端以及桌面管理系统所在 DNS 进行解析

域名使用类似 VDESK.XXTELE.COM.CN 的二级域名（.XXTELE.COM.CN 为省公司一级域名)。云桌面系统使用域内的 DNS 进行云桌面系统的相关域名解析，如会话控制管理节点，因此要求域内的 DNS 能够为这些服务器注册地址，或者手动在 DNS 内增加记录。

（3）DHCP 服务器。对安全有特殊要求的地方如 OA 和运维可采用固定地址方式。固定地址可采用 DHCP 进行绑定或制备虚拟机时指定。

营业厅、服务热线场景采用 DHCP 分配地址。通过 DHCP 分配 IP 地址，可以使多虚拟机共享映像文件，虚拟机启动后动态获取 IP 地址，从而降低映像文件存储需求。DHCP 集中设置，按照 VLAN 分多个区域进行地址指派。

（4）DB 服务器。云桌面数据库存放云桌面管理服务器的配置信息及用户与桌面的对应关系等关键信息，该部分数据量不大。数据服务器部署时应考虑高可用性，高可用性可以由服务器云实现，也可采用传统的 HA 技术（如 MSCS）来实现。考虑对数据库进行在线备份。

（5）安全证书。TC 同接入网关之间采用 SSL 协议传输，需要为接入网关申请安全证书，该证书可以由域证书服务器提供，同时需要提供域根证书。

4. 云桌面管理平台设计

云桌面管理平台主要负责云桌面的接入认证、资源调度分配、云桌面会话管理等。由于大量的终端并发接入云桌面管理平台，要求云桌面具备较强的接入控制、负载均衡以及资源的调度管理能力，同时在建立连接会话后，需要对连接会话进行监控和处理。 本节首先提出云桌面资源管理平台整体功能要求，依次对每个组成部件的功能和接口进行设计。云桌面资源管理平台体系架构示意图如图 7.7 所示。

1）云桌面接入控制

接入控制部分主要负责为用户提供接入 Portal，发起认证，同时防护外部攻击以及提供安全通道和访问代理功能。所有用户在登录桌面时都要登录到安全域内。根据用户权限的划分，在安全域中设置相应的用户组和访问权限，给予不同用户不同的桌面访问权限，不同桌面决定了可以使用的应用系统和可访问的网络。

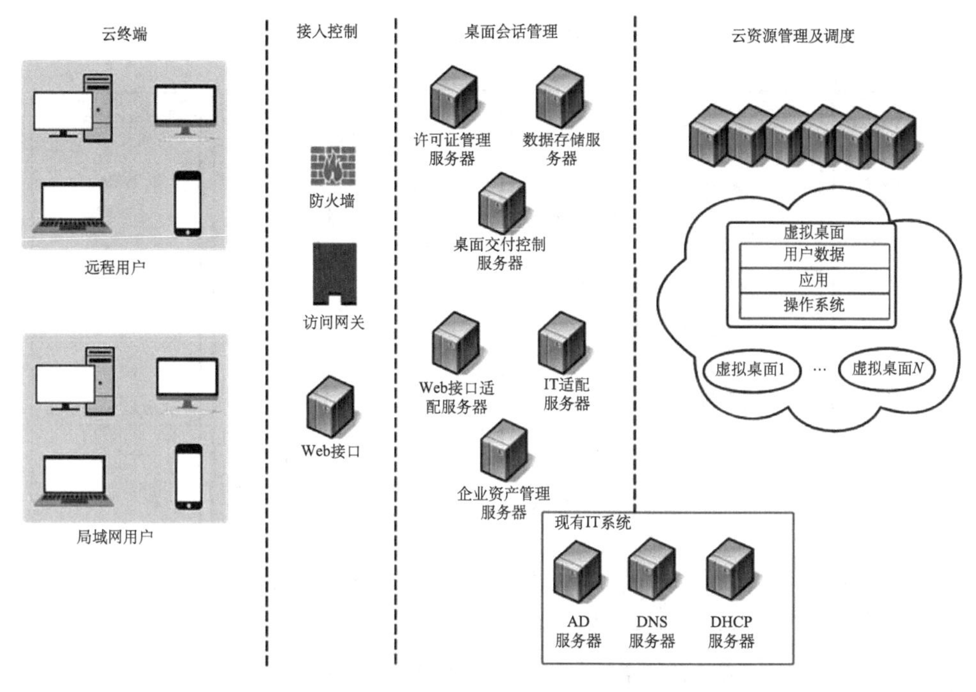

图 7.7　云桌面资源管理平台体系架构示意图

接入控制通过下面的技术措施确保接入客户端的安全性。

（1）接入客户端网络和云桌面网络彻底隔离，客户端对云桌面访问需透过网关进行。

（2）客户端至网关通过 HTTPS 进行连接。

（3）每云桌面只允许一个用户同时登录一次，防止数据窃取和攻击。

（4）内网接入时，可直接连接接入服务器；外网接入时，必须经过 VPN 设备，建立安全连接。

（5）根据需求，可对设备进行扫描，只有授权的终端设备才可以访问。

（6）防火墙只打开云桌面需要的端口，所有业务系统的端口关闭。

（7）可在接入层进行双因子认证设计，保证桌面接入的安全性。

2）云桌面会话/连接管理

桌面会话控制由一组或多组桌面控制组件完成，这些组件包括桌面传输控制部件（Desktop Delivery Controller）、Web 接入辅助部件（Web Interface Adapter）、桌面许可服务器部件（License Server）、IT 系统适配部件（IT Adapter）。这些部件与接入控制部件（Access Gateway）配合，完成桌面的控制管理。

桌面会话控制平台可按 Service Block（服务块）方式进行部署，每个服务块最大可支持 2000 个云桌面。超过 2000 个云桌面时，按每 2000 个云桌面一个

Service Block 的方式进行平滑扩容。桌面控制平台部署架构如图 7.8 所示。

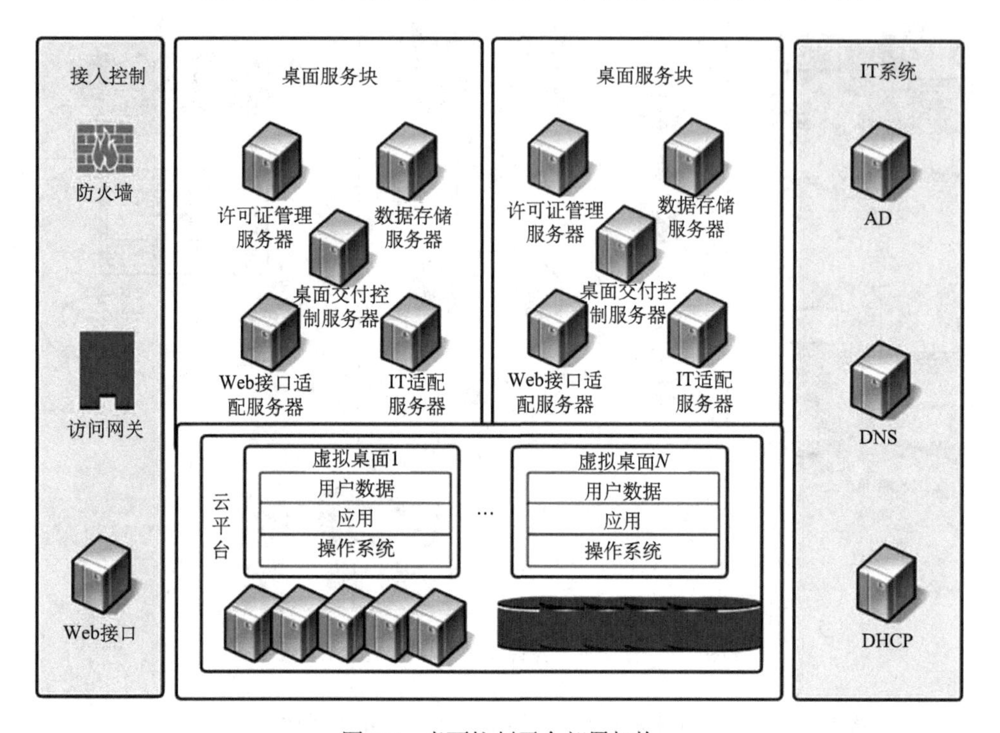

图 7.8　桌面控制平台部署架构

3）资源调度与管理

云资源管理与调度平台由云管理服务器、集群管理服务器、安装服务器、计算节点服务器、镜像服务器、IP SAN 存储系统等构成。平台通过负载均衡和资源均衡的分配策略，根据服务请求与当前资源利用情况进行合理分配，满足最佳匹配资源供给。资源调度模块应该具备如下功能。

（1）调度模块支持失效接管：当云平台的调度模块出现故障时，能够自动将调度模块在其他管理节点上启动，以提供不间断的资源调度管理功能。

（2）支持全局和实例级的资源分配策略：并支持全局性策略和服务实例级策略。全局性策略适用于所有资源的分配，服务实例级策略只对单个服务实例发挥作用。

调度平台应支持的全局性策略包括但不限于以下几种。

填满方式（Packing）：虚拟机被集中部署在尽量少的物理服务器上，每个被使用的物理服务器利用率最大化，从而可以减少资源碎片，并可以根据需求动态启动和关闭服务器，达到节能减排的目标。

分散方式（Striping）：虚拟机被分散部署在尽可能多的物理服务器上，可以降低物理服务器故障带来的影响，提高应用程序的运行效率。

基于负载方式(Load-Aware)：虚拟机总是被部署在负载最轻的物理服务器上，以获得更高的应用程序运行效率。

应支持的全局性策略包括但不限于以下几种。

高可用性方式（HA-Aware)：将关键应用实例虚拟机部署成 HA 方式，提供更高的资源可用性。

节能方式（Energy-Aware)：根据节能指数和数据中心热点情况部署虚拟机，以减少能源消耗。

基于关联方式（Affinity-Aware)：将虚拟机部署到与关键资源关联度最高的物理服务器上，例如，将虚拟机部署到它使用的存储系统直连的服务器上，以保证应用程序运行效率。

基于服务器类型方式（Server Model-Aware)：根据服务器类型部署虚拟机，重要业务的虚拟机使用性能好的、昂贵的物理服务器，达到投资回报最大化。

基于网络拓扑方式（Topology-Aware)：尽量将虚拟机部署在连接到同一个交换机、背板、刀片中心的服务器上，提高应用程序运行效率。 需要注意的是，云平台中各物理服务器集群都是相对独立的。因此，当本地集群资源不够，系统可以通过作业的在线迁移，保证作业的正常运行。当网络发生故障或某些服务器宕机时，通过容错系统保障集群系统的稳定性与可靠性。

4）瘦终端管控软件

与传统 PC 不同的是：一方面，瘦终端功能简单而和云端桌面关联密切，一旦出现故障，应和云端协同诊断，如仍按传统 PC 方式配置现场维护资源，则成本很高；另一方面，瘦终端制式相对统一，具备统一管理、维护和升级的条件。因此，云桌面应具备瘦终端管控的能力：能够满足增加营业厅外设支持补丁、呼叫中心语音软件、云桌面客户端升级补丁、系统升级补丁等的软件升级需求，云桌面连接的设置、禁用 USB 存储的设置、瘦终端本身的系统设置等的维护需求，以及其他瘦终端的管理和维护需求。

能够兼容不同操作系统的瘦终端，支持任务管理（按照任务列表自动执行任务)，支持远程监控和远程操作，支持系统和应用软件的补丁的定期自动下载、分发、安装，支持远程软件安装，具备统计功能。

5）接口要求

除上述功能外，管理平台还应与其他管理工具进行对接，实现后期运维系统的自动化要求。该部分接口即使不提供也不会影响云桌面基本服务的提供。

资源池管理接口：虚拟化资源的管理功能应该提供相应的管理接口集成到通用的管理工具中，能支持第三方管理系统，实现统一的资源池调度管理。(第三方管理系统能够管理基于 x86 标准架构的业界主流虚拟化产品，包括 Hyper-V、

VMware ESX、XEN 和 KVM 等。

操作日志接口：日志包括了相关字符维护操作日志（字符维护操作的命令和反馈、操作员标识、操作时间、源地址、目的地址、操作结果、应用类型等），相关图形化维护操作日志（图形化维护操作的截屏或录像，对截屏或录像的描述信息包含操作员、操作起止时间、源地址、目的地址、应用类型等），相关平台自身日志（操作员、操作时间、操作内容、源地址、运行状态、在线时间等），平台组件操作日志（包括 Portal、堡垒主机、应用平台等）。

日志接口应支持 Syslog 或文本格式，供审计或其他第三方系统使用；支持日志审计系统等其他管理系统主动获取平台日志；支持平台向日志审计系统等其他管理系统主动发送日志；支持与多个系统的日志传递。

告警接口：告警接口是云桌面管理系统与集中告警系统的接口，支持将发现的故障告警、性能告警、流量告警信息上传到集中告警系统。

6）高可靠性要求

云桌面管理平台负责对全系统的业务进行管理，其管理服务器应采用主/备用高可靠性的工作方式。在主/备用管理节点同时故障情况下，虚拟机的创建和删除等相关业务会受影响，但对于已经存在并运行中的虚拟机，应不产生任何影响。即主/备管理节点同时故障，用户继续使用虚拟机上的应用程序，不会有任何感知。

7）负载均衡机制

为了避免由于并发请求数过多导致系统响应过慢以及负载过于集中在某些计算/存储节点导致系统过载的现象发生，云桌面系统应在桌面会话管理层和云平台提供相应的负载均衡功能。当大量员工同时发起 HTTPs /HTTP 请求的时候，会话负载均衡设备或软件能够采用负载均衡算法将请求发送到不同的处理模块进行处理，提高 HTTP 的响应速度和安全性。云桌面负载均衡分布如图 7.9 所示。

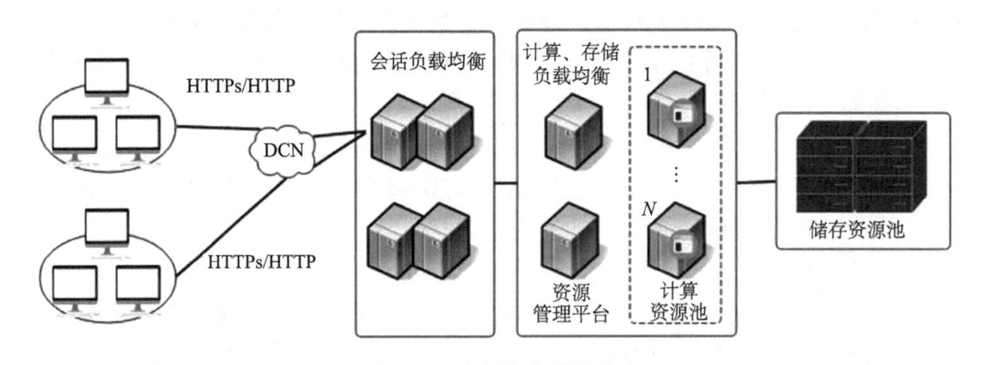

图 7.9　云桌面负载均衡分布

负载均衡可以通过硬件（负载均衡交换机）或软件方式实现，考虑到性能，采用负载均衡交换机方式。同时，云桌面系统创建虚拟机的时候，要将同一场景中的用户分布到不同的 LUN 中，在同一个 LUN 中的 VM 不能超过 10 个。

5. 云桌面软件设计

云桌面系统的核心是利用软件实现桌面系统的远程化、网络化、集中化和虚拟化，软件的选择不仅影响到云桌面的功能、性能，而且也决定了不同的云桌面应用模式。

对于 VDI 模式的云桌面，服务器虚拟化是其实现的基础。不同的服务器虚拟化软件在虚拟机规格支持、管理能力、性价比等方面存在差异，需要根据实际需求进行选择，例如，VMware 最为成熟，但成本最高。

远程桌面显示传输协议是云桌面实现的关键软件，不同显示传输协议在外设支持、音视频支持、压缩比（带宽要求）、高清支持等方面有较大的差异，结合性价比，进行合理的选择。

1）服务器虚拟化软件选择

服务器虚拟化技术的能力和性能影响虚拟机利用资源的粒度与管理能力，其中支持 CPU 超配是云桌面环境的一个关键因素，同时不同厂商的虚拟化软件还存在兼容性问题，需要考虑资源池严重故障情况下，能否迁移到其他资源池的问题。 根据实验室和现场实践得到的结果来看，主流的虚拟化软件能力对比如表 7.15 所示。

表 7.15　主流的虚拟化软件比较表

	vSphere ESXi v5.0	Hyper-v v2.0	XenServer v5.6 SP2	KVM v2.2
生产厂商	VMware	Microsoft	Citrix	Redhat
CPU 虚拟化	每台虚拟机最多 32 个 vCPU	每台虚拟机最多 16 个 vCPU	每台虚拟机最多 8 个 vCPU	每台虚拟机最多 16 个 vCPU
虚拟网卡	每台虚拟机支持 10 块网卡	每台虚拟机支持 12 块网卡	每台虚拟机支持 7 块网卡	每台虚拟机支持 8 块网卡
GuestOS	支持 32/64 位 Windows 和 Linux 操作系统	支持 32/64 位 Windows 和 Linux 操作系统	支持 32/64 位 Windows 和 Linux 操作系统	支持 32/64 位 Windows 和 Linux 操作系统
管理工具	vCenter 5.0 ，具备很好的管理能力	SystemCenter2008，具备较好的管理能力	XenCenter v5.6 SP2，具备一般的管理能力	RHEV-M，具备一般的管理能力
高可用性	好	一般	较好	一般
开放程度	低	低	较低	高

续表

	vSphere ESXi v5.0	Hyper-v v2.0	XenServer v5.6 SP2	KVM v2.2
采购成本	高	中	中	低
用户外设支持	差	好	差	好
传输安全性	高	中	高	高
支持厂商	VMware	Microsoft	RedHat	Citrix

虚拟化软件还需要考虑下列能力：对高虚拟机密度的支持力度，每个 CPU 核（Core）支持超过 15 台 Windows XP/Windows 7 虚拟机的运行；支持内存超额使用技术、高级内存页面共享技术和内存压缩技术，这些技术可提高虚拟机密度，减少物理服务器的数量；支持动态虚拟机负载平衡和多种均衡策略，可按照调研需要选择调度策略；与主流备份软件兼容，能直接使用主流备份软件，降低云桌面备份难度；支持多网卡的绑定和故障切换，避免单点故障。

为了云桌面资源池管理上的方便，虚拟化软件应当支持将使用同一系列、不同型号 CPU 的物理服务器加入同一群集，支持虚拟机资源与设备的热添加/删除，以及虚拟机磁盘扩展技术，可在不改变系统架构和不停机的情况下，动态扩展系统容量和虚拟机存储容量。从云桌面平台自身的管理考虑，虚拟化软件还应该提供自动电源管理和自动关闭物理主机的功能以节省能耗，并且为二次开发或与现有管理系统进行整合提供必要的 API 接口，支持任务计划的自定义帮助实现自动化管理，记录虚拟化平台的任务事件以方便运维人员的监管。

2）远程桌面协议

桌面虚拟化软件的核心部件是桌面显示协议，其性能和兼容性关系到云桌面的用户体验。桌面显示协议是指终端与桌面之间使用的通信协议，用于桌面信息、输入输出设备和其他外部设备的数据传输。目前，Citrix、微软、VMware、RedHat 等厂商有不同的协议标准，性能和能力各有差异。主要的桌面显示协议有 VMware 与 Teradici 共同开发的 PCoIP、微软提出的 Windows 内嵌支持的 RDP（Remote Desktop Protocol）、RedHat 收购 Qumranet 后获得的 SPICE、Citrix 的 ICA（Independent Computing Architecture）。

随着桌面虚拟化技术日渐受到业界关注，各厂商在远程桌面协议领域进行了全面深入的研发和改进，例如，Microsoft 在 RDP 基础上提出了 RemoteFX 协议、Citrix 在 ICA 基础上提出了 HDX 技术等，其目标都是为了进一步改善虚拟桌面的用户体验。

图像数据压缩比和处理设计是关键：不同协议有着不同的图像压缩算法和处

理性能，从而对网络带宽要求不同，会影响远程服务访问流畅性。ICA 采用具有极高的处理性能和数据压缩比的压缩算法，极大地降低了对网络带宽的需求。PCoIP 采用了分层渐进的方式在用户侧显示桌面图像，即首先传送给用户一个完整但是比较模糊的图像，进而在此基础上逐步精化，相比较其他厂商采用的分行扫描等方式，具有更好的视觉体验。

多媒体支持能力对计算能力具有较大的影响：更多的通信业务转移到在线培训、 电视语音会议、新业务拓展和多媒体客户服务等，因此能够支持高质量的多媒体应用将日益重要。多媒体应用需要额外的 CPU 和内存资源以及明显的网络负载，如果不能感知或控制多媒体的使用影响，用户体验的质量将明显下滑至不可用，这一点对于远程窄带连接用户的影响尤其明显。为了避免网络拥塞，ICA 采用了压缩协议缩减数据规模但会造成画面质量损失，而 SPICE 则能够感知用户侧设备的处理能力，自适应地将视频解码工作放在用户侧进行。

双向音频支持需要协议能力：服务热线、内部办公需要能够同时传输上下行的用户音频数据（例如，语音聊天）。当前 PCoIP 对于用户侧语音上传的支持尚存缺陷。

外设支持能力是协议选择的重点：用户外设支持能够考查显示协议是否具备有效支持服务器侧与各类用户侧外设进行交互的能力，RDP 和 ICA 对外设的支持比较齐备（例如，支持串口、并口等设备），而 PCoIP 和 SPICE 测试时只实现了对 USB 设备的支持。

3）开源云桌面系统设计

在对虚拟化软件和桌面协议进行分析比较之后，应当特别提出的是为了有效地降低建设成本，根据通信公司的云桌面引入需求，研发部研发具有自主知识产权的计算机系统，旨在提供一种基于开源软件的访问远程虚拟主机的服务，既可以支持 IT 系统所需的呼叫中心、坐席、日常办公等普通应用，也可以支持高清电影播放等对网络带宽要求较高的应用。在该计算机系统建设时，要充分考虑到成本、安全、用户体验等因素，重点包含以下几个方面的选择。

开源虚拟化软件：采用 KVM 等开源虚拟化软件来实现服务器虚拟化，既降低了成本，又保证了开放性与定制化，可以方便地根据业务需求进行定制开发，并随日后需求的变化进行更新。

增强型的 RDP 协议：采用增强型的 RDP 协议作为远程桌面接入协议，具有成本低廉、开放性高的特点。对音频视频文件传输具有较好的效果，对外设支持效果好，保证了良好的用户体验效果。

自主设计的网关：用户通过自主设计的网关连接云桌面，而无须访问公网 IP 地址，既可以避免因云桌面暴露在公网环境中而带来的安全问题，又可以减少公网地址的使用以降低虚拟桌面连接的授权费用。

设立子账号功能：通过设立多个隶属于同一个父账号的子账号，可以便于桌面的集中化管理，方便企业内部维护，例如，通过对父账号的软硬件资源属性进行修改实现对其所有子账号的相应数据的统一更新。

多样化接入终端：通过多种多样的终端接入方式，例如，PC 软终端、瘦客户机硬终端、手机软终端等，实现虚拟桌面的按需接入，同时可以在终端的制造和维护成本上进行权衡。

6. 不同交付模式下的体系架构设计的关键问题

以上进行整体架构设计时，云桌面系统还应充分考虑到今后的扩展性，当有新用户连接需求时，应可做到只增加相应的设备即可，不需要更改整个方案架构。除了上面的阐述，在不同交付模式下设计还需要关注不同的关键问题。这些关键问题主要分为 VDI 和 SBC 两类，虚拟应用模式与 SBC 模式相同。

1）VDI 方案

云桌面将传统桌面从以“设备为中心”转变成“以用户为中心”，需要将用户的桌面操作系统、应用和用户数据无缝组合在一起提供给用户使用，云桌面提供层提供的是传统的 PC 终端上承载的虚拟桌面，承载整个云桌面平台的虚拟桌面、数据和应用。

（1）VDI 云桌面交付模式。VDI 模式云桌面至少可以支付共享池模式和独享模式。共享池模式是当虚拟机重启后，用户所做的操作全部消失，独享模式是指用户虚拟机重启后用户所做的任何操作全部保留。采用共享池模式，一起使用着 DHCP、Roaming Profile、 共享文件服务器等组件的使用。

（2）多媒体重定向。有多媒体视频需求时，将多媒体的解码重定向到瘦终端，客户机和桌面虚拟化管理软件一起来完成高清视频需求。传统方式的多媒体播放为本地解码，但是如果采用传统的桌面交互方式，在云桌面上将编码后的视频解码后输出到云终端，将对云终端和云桌面之间的接入带宽造成严重的带宽要求和成本负担。云桌面建设需要为此类用户提供很好的用户体验，需要将视频的解码工作“重定向”到瘦终端上进行，从而大大地节省网络带宽和服务器资源。

（3）虚拟机行为控制。应充分考虑各场景的计算机行为，如营业厅场景的虚拟机不能进行音频、视频的使用，以减少带宽的需求，内部办公场景可控制是否允许使用 USB 进行复制。

2）SBC 方案

SBC 方案采用的是基于 Session 会话技术。在 SBC 方案设计中，应着重考虑集群、用户配置等内容。

（1）集群设计。SBC 模式的特点是多个用户共同使用一个服务器操作系统，如果这个操作系统宕机，则所有用户连接服务不可用，所以需要在多台共享桌面或应用虚拟化服务器间建立集群，集群间自动具备高可用性和负载均衡功能，这样当一台服务器发生故障时，该服务器上的用户可重新连接到其他的服务器上，以此来保证用户服务的连续性。

（2）集群控制器。当用户的规模较大时，如超过 500 并发用户，共享桌面或应用虚拟化服务器间的负载均衡便有一定的压力，为了更快速地处理用户的请求连接，集群中单独设立一台集群控制器，该控制器不对外提供服务，定时计算集群中所有服务器的性能，将新的用户请求连接转发到最小负载的服务器上。

（3）用户配置文件管理。用户配置文件（Profile）是加载用户个性化设置、用户自有桌面等信息的文件，任何用户都会有一个用户配置文件。用户配置文件分为本地配置文件、漫游配置文件和强制配置文件，前两者最常用。本地配置文件是指在操作系统本地建立配置文件，只有登录本地操作才加载该配置文件，登录其他操作系统则需单独建立配置文件。漫游配置文件是将配置文件建立在一个共享服务器上，用户登录任何服务器时均加载该用户配置文件，桌面系统永远保持一致。

由于共享桌面或云虚拟化服务器封装为一个集群，用户可能登录到任意一台服务器，如使用本地用户配置文件，则每台服务器本地产生相同的用户配置文件，而且各用户配置文件不通用。使用漫游配置文件，则全局只需要保存一份所有用户的配置文件，登录任何一台服务器均可使用该配置文件，保持用户使用的连贯性。

所以，SBC 方案中，采用漫游配置文件非常必要。漫游配置文件的设计可以使用微软 AD 的设计，也可以采用不同厂家的 Profile 管理软件。

（4）文件服务。因为用户登录的服务器不确定，如果在服务器本地存放数据，则很难实现用户数据使用的连续性，如用户连接到 A 服务器，将数据存放在 A 服务器，再次连接时连接到 B 服务器，再次访问存放 A 服务器上的数据会发生一定的阻碍。所以， 建立一个全局的文件共享服务器非常必要。

各用户只能看到自己的文件夹和共享的文件夹，不能看到其他用户的文件，不能看到共享服务器的 C 盘、D 盘等内容。技术上，可以依靠微软操作系统的一些策略来实现，也可使用共享桌面或应用服务器的一些特性来设置。

7. 机房配套设计要求

通过硬件处理能力的计算，已经能确定硬件的规模；还需要对机房等相关配套环境进行准备，以满足设备所需安装运行条件。如果采用了刀片设备作为云桌面服务器，特别注意机房环境按照高负荷、高密度机房进行设计要求，例如，机架承重、电源功率等要求。

机房机架计算，根据所需服务器数量进行计算，机架式服务器按照 10～15

台/机架；刀片服务器按照每机架 3 框，30～48 片进行计算。如承重和电源不能满足要求，则刀片服务器每机框按 2 框计算。

机房荷重需求，机架式服务器方案荷重不小于 $10kN/m^2$，刀片方案不小于 $15kN/m^2$。

机房电源容量，刀片服务器按照 350VA/片进行估算，机架式服务器按照 450VA/片进行估算。

机房制冷功率密度需求，在使用刀片时要求至少满足 15kW/机架的功率密度要求，在使用机架式服务器时至少满足 6kW/机架制冷要求。

8. 安全设计要求

由传统的桌面终端迁移至云桌面，用户的接入方式、应用访问模型都会发生较大的改变。虽然两者同样面临用户身份、终端管理和访问控制的问题，同样面临桌面安全的问题，同样面临数据保护和防泄露的问题。但用户的身份管理和访问控制由终端延伸至客户端、云桌面。用户数据由分散（终端）到集中（云桌面平台），带来了集中数据的安全保护问题，而云桌面的集中可控，又使得对客户端的外设管理、恶意代码防护、补丁管理和桌面行为审计等得到大大的简化。

1）桌面安全

按照使用特点和需要，云桌面可分为永久型和随机型两类。其中，随机型云桌面不保存客户数据，注销或重启后即恢复初始配置，可分配给任意用户使用，适用于呼叫中心或营业厅等通用性强而个性化要求不高的场景。而永久型云桌面与用户身份绑定，只能分配给该用户使用，用户可在该云桌面上按照自己的使用习惯安装软件、调整设置等，云桌面的数据会被永久改变和保存，适用于日常办公、开发和运维管理等通用性低而个性化要求高的场景。

这两类云桌面，也分别适用不同的接入控制措施：随机型云桌面无须额外配置，永久型云桌面需要预配置 Windows 域账户和域策略，管理用户权限。同时在云桌面系统与应用间可使用接入网关进行隔离，控制对应用的访问。

2）终端接入安全

用户通过终端接入安全是云桌面使用的第一个环节，用户的认证，接入的加密以及外网的接入问题等必须重点考虑。云桌面方案下，传统的终端安全控制手段在云桌面中同样适用，例如，利用 802.1x 或接入网关实现的桌面终端接入认证和控制，微软 RMS 桌面权限管理服务系统等。如图 7.10 所示，原有的 802.1x 终端接入控制＋桌面安全管理系统不用改变其基本架构，可移植至云桌面中。同时，其覆盖范围也应扩展至传统的 PC/Laptop 接入客户端区域，而 TC 端因没有操作系统和本地存储，可直接接入，通过云桌面网关进行控制。

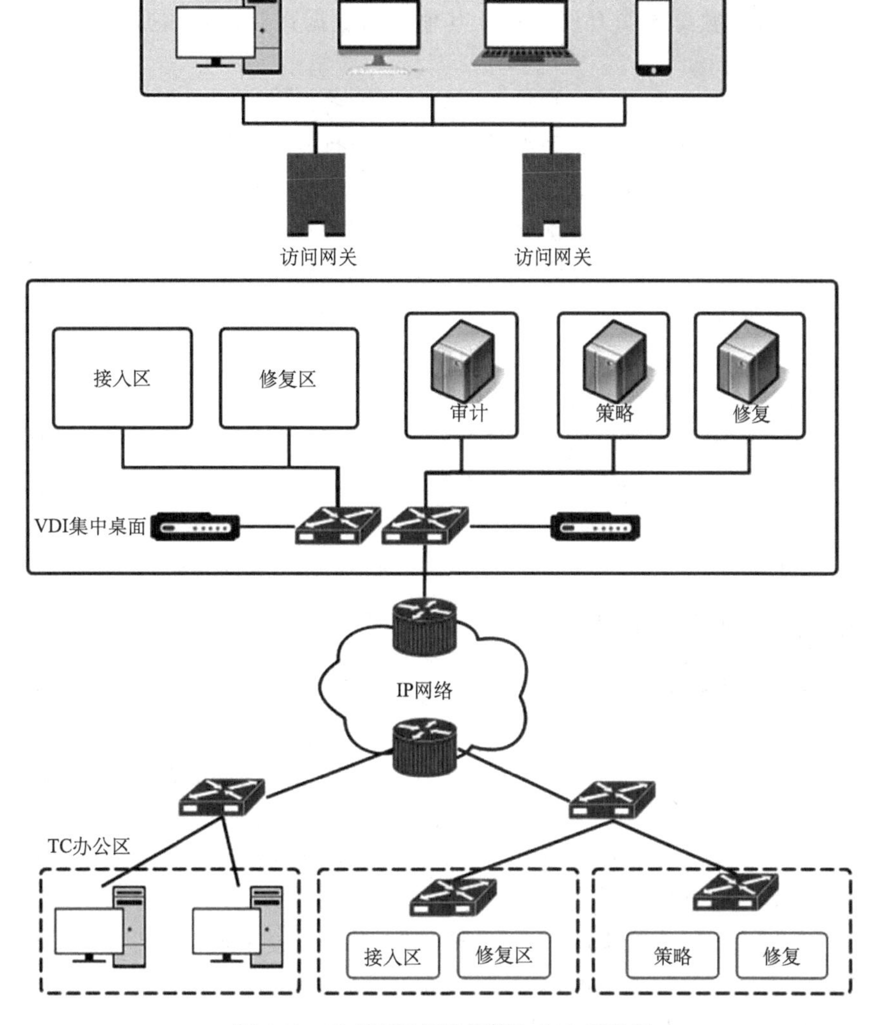

图 7.10　云桌面系统终端接入安全示意图

终端与云桌面平台之间进行双向的加密，对桌面登录密码的复杂度和有效期加以控制，定义至少包括维护用户、普通用户和超级管理员在内的管理角色， 同时考虑移动办公终端的 VPN 接入。

3）云桌面平台安全防护

从网络安全性上考虑，不仅在接入侧要根据用户接入类型区分不同的接入区域（之间可采用 VLAN 进行二层隔离），云桌面平台本身也要考虑安全问题。例如，数据中心侧防火墙的访问策略可以进行以下设置。

只允许来自云桌面网关的数据访问数据中心侧的 AD 域服务器和云桌面 Web

控制台；只允许来自接入侧的客户端办公区的数据访问云桌面网关；不同网络安全等级区域的数据不得互访；禁止其他任何数据直接访问数据中心的云桌面和应用。

从设备安全性上考虑，承载云桌面的物理服务器，必须来自由多台服务器组成的集群，这样可以保障云桌面承载的服务器一旦发生硬件故障后，云桌面可以自动部署到其他健康服务器上，对关键业务的关键桌面提供 7×24 小时的高可靠性保障，并保障硬件资源的最优化使用，从而保障整个云桌面的服务高可靠和高稳定。在大规模应用时，需要同一类型、同一场景的用户部署到不同的集群中，数据分散到不同的磁盘上。

对于病毒防护上要专门考虑。集中环境下病毒的暴发，会对大量的用户产生影响。云桌面环境下必须部署补丁和防病毒服务器，实现对大量集中的云桌面更新安全补丁、防病毒库的更新。同时对单个桌面或单台虚拟机的病毒防护要考虑指定策略或采用专用云桌面环境下的防病毒软件，防止大量机器同时杀毒扫描对储存的冲击。

4）资源池安全防护

资源池从网络架设计上要做到业务、存储、管理三网隔离，保障数据安全，与之配合的服务器的网络布线如图 7.11 所示。

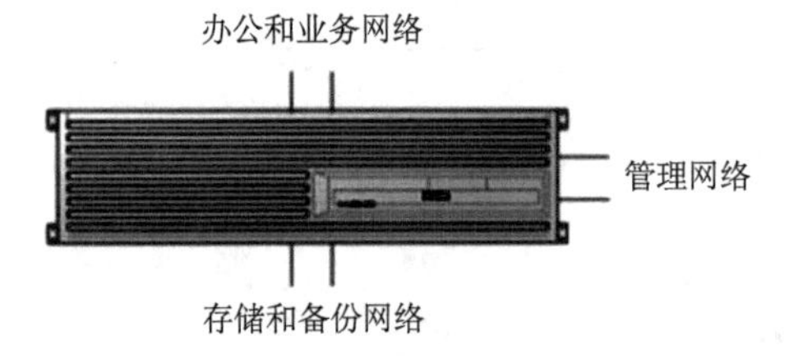

图 7.11　服务器网络布线示意图

在资源池内部，根据处理信息的敏感程度和业务差异还要对资源池划分业务域，业务域之间的云桌面进行隔离，在同一个业务域内执行一致的安全策略，域间的信息传输进行控制。

在业务域之内，虚拟桌面过多的情况下，对虚拟桌面池划分安全子域的方式来控制和安全子域之间的桌面数据通信，通过防火墙的方式对安全子域进行隔离，对安全子域之间的数据访问进行控制。

5）虚拟机安全

虚拟机的安全保障，按照其特性可分为服务器虚拟化软件自身提供的安全特性和外部虚拟化安全应用提供的安全特性两大类。自身提供的安全特性包括 VM（虚拟机）的隔离、Hypervisor 安全和恶意虚拟机的防护等，由服务器虚拟化软件本身提供，要求服务器虚拟化软件支持 VM 的 CPU、内存、网络、IO 隔离，VM 与 Hypervisor 的隔离，支持系统完整性校验，支持防地址欺骗（限制虚拟机只能发送本机地址的报文），支持对 VM 端口扫描、嗅探等行为的检测和阻断。

在安全性要求一致的营业厅或呼叫中心场景下，这些应用可安装一个实例在物理服务器上，通过服务器虚拟化软件提供的安全 API 接口对该物理服务器上的所有云桌面进行防护。这样不仅可对在线云桌面进行防护，也可对离线的云桌面存储文件进行扫描和防护，而对于个性化要求较多的内部运维和办公场景，应给每个云桌面安装防护软件。

6）数据安全防护

采用云桌面架构，将分散的数据从传统终端集中到了数据中心的云桌面侧。一方面，这给安全管理带来了极大的方便，使得类似补丁管理、恶意代码防护等工作得到了极大的强化；另一方面，集中的数据也对防泄漏、备份提出了新的要求。

云桌面环境在数据防泄漏这一点上与传统的桌面终端环境区别不大，仅是其覆盖范围从终端＋数据源扩展至接入客户端＋云桌面＋数据源上。同时由于云桌面到接入客户端传输的数据只包含用户操作屏幕的变化，而不包括具体的应用数据或资料，因此对终端的防护要求降低，只要对接入客户端的外设如 USB 存储、打印机等的使用权限加以控制即可。

云桌面环境的数据备份分为应用数据备份和个人主机数据备份两个部分。其中，应用数据备份可以沿用传统的数据备份方式，而个人主机数据备份则与传统模式下的用户在本地自主备份不同，因为所有的用户数据都保存在云桌面服务的附加存储上，所以可以采用在数据中心侧统一备份的方式，即数据中心定时对虚拟机镜像文件和用户数据文件分别进行备份并分目录存放，以便于数据的恢复操作，同时还有效地改善了数据保存的安全性和可靠性。备份的方式除了传统的基于备份介质的物理备份与恢复和基于数据镜像技术的实时数据备份，还可以利用云桌面虚拟化软件自身的快照进行桌面和业务逻辑的备份。

7）安全维护服务

由于服务器虚拟化软件、云桌面管理平台是云桌面解决方案的核心，系统自身漏洞、不安全的账号/口令、不当的配置和操作等都将成为恶意代码、木马、黑客攻击等的目标，会给系统带来极大的安全危害。

因此，为了减少以上因素带来的威胁，需要持续地对自身的安全性进行增强，因此云桌面管理系统需要提供补丁测试、自动补丁安装、回退等安全机制。

8）行为审计

采用集中的云桌面系统后，所有的应用数据流都会经过数据中心，通过在业务出口点增加行为审计和控制，可以对全部用户行为进行审计。但是综合考虑到设备负荷和采用标准化镜像的桌面可以通过镜像设计控制桌面提供的软件，因此只对两种情况下的用户行为进行审计。一是对于运维和接触敏感数据的人员使用虚拟应用模式，根据需要开启虚拟应用软件本身提供的屏幕审计功能进行用户行为审计；二是对于使用个性化镜像又需要进行特别管控的人员，在其专用镜像中增加审计软件的代理/客户端，辅助进行审计。

7.4　实施的其他关键问题

在系统设计前和施工完成后，根据应用场景的不同，有可能需要进行 POC 测试、数据迁移和试运行等辅助工作，确保云桌面的顺利实施。尤其是在推广初期，设备适用性未得到充分验证、项目实施经验不足的情况下，更需要做好相关辅助工作。

7.4.1　POC 测试

根据对调研情况的分析，如果在终端、软件上有特殊需求或者在一些特殊的使用场合（如传统 PC 和云桌面混合使用），那么在系统设计前，针对这些特殊需求，先进行外设支持、软件兼容性、终端兼容性、安全认证等方面的 POC 测试。

POC 测试的目的是检验备选设备和备选方案是否能够满足调研需求和虚拟化软件支持，帮助进行设计时的设备和方案选择。因此 POC 测试的根据是用户需求，测试的对象是备选终端、备选方案（VDI、虚拟应用、SBC）、备选软件（不同公司的虚拟化软件），测试的内容是功能、兼容性、稳定性和用户体验。测试的结果作为设计的输入要明确。如果出现结果都不满足调研需求的情况，意味着该特殊需求以云桌面本身的技术难以满足，需要与使用方协商放弃该需求，或者通过云桌面之外的技术方案配合解决但是会增加云桌面方案的复杂性和实施难度，在推广初期此类特殊需求单独考虑，不列入云桌面的整体方案中。

7.4.2　试运行

云桌面这种新的应用模式对 IT 系统是一次大的变革，即使经过了 POC 测试，对于物理桌面向虚拟桌面的转变有了充分的技术准备，在施工完成后仍然先进行小规模的试运行检验工程效果，及时发现问题，采取相应的补救措施。试运行有两个目的，一方面是检查系统运行是否正常，是否与需求相一致；另一方面通过试运行调整云桌面系统参数设置，对系统进行优化，包括以下几个方面。

在试运行阶段，根据用户体验对终端和桌面进行网络配置和登录方式的调整（自动获取 IP、自动登录、自动连接等），尽量贴近终端用户的原有使用习惯；在试运行阶段，根据用户使用反馈调整镜像文件的应用软件和版本，使之适应绝大部分用户需求；在试运行阶段，通过性能监测工具（如 Perfmon）来了解资源使用的平均及峰值利用率（例如，CPU 占用率、磁盘空间占用情况），根据结果调整镜像文件的 VM 规格和运行参数；在试运行阶段，通过管理系统监视虚拟桌面运行状态，调整资源服务器的负载均衡策略和自动开关机策略，降低能耗。

7.4.3　数据迁移

在小规模的试运行通过之后，就完成了部署的系统可正常运行的验证工作，但在正式上线之前，如果是现有主机和系统向云桌面迁移（目前阶段基本都需要迁移），必然涉及原有数据的迁移问题。对原终端用户主机保存的数据，需要集中迁移到云桌面平台上存储，实行集中管理。原有数据如果是属于应用系统内部的数据，则属于应用系统迁移的范畴，在云桌面系统之外单独考虑。

云桌面系统安装时，会为每个云桌面的用户分配用户数据区用于保存用户自己的数据。数据迁移工作简单来说就是要将原来保存在个人 PC 上的数据文件、配置信息（如浏览器收藏夹），迁移到云桌面系统的个人数据区内。根据实施经验来看，数据迁移可分为三种情况分别进行。

第一种：对于存储位置与应用无关的数据和文件（通用软件的存档文件如 Word、PowerPoint 等都属于此类），可集中在一个时间段内，开放虚拟桌面的外部存储介质（如 U 盘等）映射功能，由终端用户将原数据文件复制到外部存储介质中，连接到云桌面终端，并映射为一个驱动器或文件夹，终端用户登录云桌面将该文件夹内的数据文件复制到常驻存储区的文件夹内，完成数据迁移。

第二种：如果数据文件不适宜通过外部存储介质转移（通常是安全性方面考虑），也可以将个人存储区（与原 PC 通过网络连通）映射为 PC 的网络或本地驱动器/文件夹，供终端用户通过原 PC 进行文件复制，完成数据迁移。

第三种：对于数据与应用程序相关的（如 Office 的宏）或者是使用本地数据库的数据，还要增加从原 PC 的应用程序/数据库内导出和向新桌面应用程序/数据库内导入的过程。

7.4.4　正式上线

云桌面使用涉及用户行为习惯的改变，上线初期可能有一定的负面用户意见，需要有心理准备，并争取领导层的充分重视。通过正式发文形式的明确上线，可以帮助用户尽快改变行为习惯、快速适应，尽快发挥云桌面的优势。

总体拥有成本（TCO）包括前期软硬件投资（Capex），以及使用过程中产生的运行支出、软硬件维护支出等（Opex）两部分。云桌面系有较高的一次性投入，但后续维护费用较低，其总成本相对传统的方式较低。云桌面方案下，原传统终端的成本分成瘦终端+服务器两大部分，其中资本性支出部分相对传统方案有较多增加，其中以服务器端软件部分增加为主，包括云桌面传输协议、虚拟化软件、管理平台、操作系统等软件费用。相应软硬件维护成本也同比例增加。云桌面主要在节省能耗费用，并在信息安全水平提升、维护效率提升等方面有收益，但该部分收益目前尚难以量化评估。

资本性支出成本（Capex）组成主要包含以下几部分。

终端侧：TC（含操作系统等软件）、显示器以及常用外设。

平台侧：主要包括软件和硬件两部分，硬件包括服务器、存储、网络、机架等；软件包括云桌面管理软件、虚拟化软件、远程桌面协议许可、桌面操作系统、服务器操作系统、防病毒软件；此外机房及配套设施如机房、配套电源、配套空调等。

安装集成：安装实施和定制化功能二次开发的费用。

运行维护成本（Opex）包括以下几个方面。维护费用：云桌面系统软硬件维保（终端侧、平台侧），云桌面系统维护费等；运行费用：包括硬件耗电费用、制冷费用、机房空间；其他费用：包括系统故障或者系统升级等造成的软硬件宕机损失等。

云桌面成本模型与传统终端模型有一定的区别，具体对比项见表 7.16。

表 7.16　云桌面成本模型与传统终端模型对比表

对比项	传统终端	云桌面	成本对比
终端侧	以 PC 和笔记本电脑为主，对终端设备配置要求高	以瘦客户端为主，支持手机和 PDA 等移动设备，对终端设备配置要求低	降低
平台侧	机房	服务器端需占用机房，包括相应的空调、电源及网络的配套改造	新增
	硬件：云桌面服务器、存储设备、局域网络设备、 接入网络设备，终端管理服务器、认证服务器，集中的文档服务器等	硬件：增加了接入网络设备带宽需求、桌面虚拟化资源池及管理平台的服务器增加以及数据中心的集中存储	新增
	软件：本地终端管理软件	软件：增加云桌面管理软件、虚拟化软件、远程桌面协议、桌面操作系统、服务器操作系统等	新增
安装集成	安装部署简单	有一定安装部署和二次开发的工作量	增加
维护费用	分散的软硬件管理	统一软硬件管理	降低
能耗	前端终端设备的电力、制冷等，能效（PUE）较低	虽然增加后端服务器的能耗，但前端终端设备能耗较低，且数据中心能效（PUE）较高	降低
其他费用	故障率较高	故障率低且重新部署快	降低

此外，云桌面系统还有一些“综合收益”需要考虑。

资源复用收益，营业厅、办公等桌面系统在夜间或节假日等时间段内利用率很低，其计算资源可以复用到其他内外部系统，例如数据挖掘。数据安全收益，云桌面系统与传统的 PC 方式相比安全性更高，因数据丢失造成的风险影响将减少。移动办公收益，传统 PC 方式的资源位置固定，并且仅限于本地接入使用；可以使用多种方式，随时接入桌面，实现移动办公，提高工作效率；管理效率提升。通过集中化管理、快速业务交付、快速故障恢复等，提高管理效率，减少终端维护故障时间，使维护人员从事更有价值的工作。

7.5　云桌面运维管理要求

基于云桌面的运维模式有别于传统 PC，在形成能力投入实际生产后，对原来的维护方法与模式将产生较大改变。云桌面系统作为一个横跨多个业务部门与平台之上的统一业务操作平台，具有系统用户群庞大，应用场景复杂，涉及部门多等特点。与传统办公模式相比，云桌面系统通过虚拟化、集中化将通信公司各部门不同的生产、办公、操作需求集中至云平台上，一旦出现故障，影响范围巨大。因此，云桌面应被视作核心业务系统，进行严格地运维管理。并在维护成本方面预留相应费用作为整个平台软硬件的维保费用。

在虚拟桌面应用大批量上线之前，必须按核心系统维护级别建立维护体系，并提前就位。在组织方面，业务和维护部门设立相应的专职维护岗位，满足云桌面的运行和维护需求；在流程方面，明确业务部门和维护部门的分工界面，建立相应的维护流程和制度；并将资源申请、故障处理等流程，以及维护作业计划纳入现有 IT 服务管理体系，实现工单流程和流转，提高协作效率；在技术手段方面，加强集中监控能力建设，实现与现有 IT 服务管理系统的有效集成。面向远期，还应考虑云桌面的自动管理工具的进一步完善。

7.5.1　职责分工

云桌面的运维管理涉及业务部门（包括地市公司等）和维护部门（IT 部），分工界面如下。

1）业务部门职责

提出内部云桌面业务需求，根据需要发起资源申请流程；云桌面的业务测试，包括虚拟桌面进行业务测试，并提供测试功能和性能分析，以及桌面虚拟化的适用性和可行性评估；及时上报涉及虚拟桌面平台和底层云计算平台的故障问题；瘦终端设备硬件的维护和管理，定期清理设备污物、检查供电状况及环境温度等，因人为因素引起的硬件损坏也应由业务部门负责。

2）运维部门职责

云桌面系统服务器端维护：服务器、存储、网络及相关硬件的维护，计算、存储、网络资源调配；虚拟桌面、应用服务器，对应的管理控制服务器，安全审计、性能监测服务器，活动目录、数据库、用户配置、文件服务器等应用和数据维护；云桌面系统运行监控，以及使用过程中的业务相关故障和问题的解决。

云桌面资源生命周期管理：从需求、构建、测试、交付、使用、维护、优化、退出的全生命周期管理。

云桌面使用、维护流程和制度制定：资源申请流程规范制定，平台维护规范制定，故障处理流程和应急预案制定。

制定和维护虚拟桌面标准模板：配合桌面虚拟化平台交付流程，包括系统优化和公用应用部署等。

7.5.2　运维管理流程

结合云桌面在运维管理方面的特点，在此首先给出桌面虚拟化业务生命周期管理流程。该流程采用闭环结构，明确了各环节的责任分工情况。从纵向上来看，以时间为维度，划分为方案规划、方案实施、维护和运营三个阶段。从横向上来看，以系统为维度，细分为业务平台生命周期与基础资源生命周期。桌面虚拟化业务生命周期管理流程如图 7.12 所示。

1）平台日常维护

由运维部门、业务部门双方人员共同制定平台的维护档案及日常维护作业计划，并按照界面划分各自执行日常作业计划。其中，维护部门的作业计划应纳入 IT 服务管理系统统一管理。

2）平台故障处理

运维部门负责统一建设业务平台的监控管理系统，实行 7×24 小时监控。业务部门使用普通监控权限账号登录，监控虚拟桌面内部业务相关故障告警信息，维护部门使用监控系统的高级监控权限账号登录，监控并管理服务器虚拟化平台和虚拟桌面平台的软硬件故障与告警信息。在发现故障或接到分公司故障派单后，发现方首先进行故障判断，属于本部门职责范围内的自行处理；属于对方职责范围内的，通过系统转交对方部门处理。

3）平台变更维护管理

因平台业务功能或用户增加、完善引发的资源服务变更需求由业务部门发起，其他因系统硬件、虚拟桌面等能力不足引发的资源服务变更需求由运维部门发起。

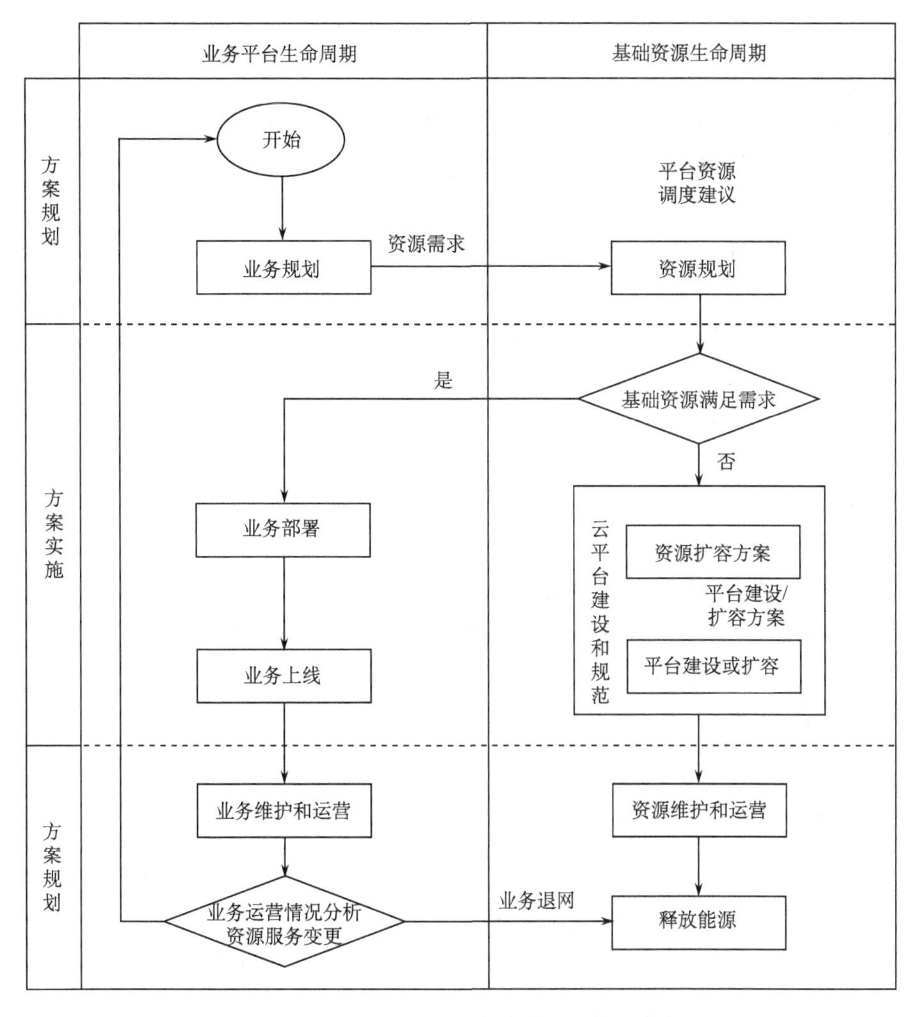

图 7.12　桌面虚拟化业务生命周期管理流程

4）云桌面资源调整

随着云桌面系统的推广，用户数量和需求的增长，云桌面系统资源池可能将很快面临扩容的压力；而随着用户个人个性化需求的变化，分配给个人用户的运算及存储资源也需时常上下伸缩调整。维护部门负责云桌面计算资源和存储资源的动态调整，包括桌面池的横向调整和具体云桌面的纵向调整，从而满足用户的需求增长和变更。

横向调整：通过向桌面资源池中添加或减少服务器、存储、网络的方式实现桌面池的横向扩展与伸缩，增加和减少整个云桌面的可用计算资源和存储资源。

纵向调整：动态增加或者减少单个云桌面使用的计算、存储、网络资源，满足单个用户云桌面资源需求。

7.5.3　保障人员组织架构

云桌面系统作为通信公司的核心支撑平台系统，在负责的业务部门与运维部门中应当有专门的操作维护保障人员角色。

1）业务部门角色需求

平台角色管理员：负责云桌面用户角色的创建、权限与相关资源配置、回收与删除，同时也负责收集整理并上报各类用户新需求。

平台应用管理员：负责统一管理用户运行于云桌面上各类应用，主要负责用户云桌面使用中遇到的应用运行问题。

2）运维部门角色需求

平台维护管理员：负责云桌面系统软件平台运行监控，系统软硬件故障处理，厂家维护人员的协调管理以及云桌面资源监控优化等职责。

3）前后端维护人员需求

在维护管理界面中，由于前端业务部门直接面对用户保障与各类需求响应，在人员配置方面应给予一定倾斜，运维部门按 2 名平台维护管理员，业务部门按 2～3 名平台角色管理员及每种场景 1～2 名平台应用管理员的方式安排云桌面系统运维保障人员。(注：实际人力资源不足时，可根据实际工作量酌情减少相关人员，但要以确保业务使用为前提)。

7.5.4　云桌面数据备份和容灾

云桌面实施部署以后，增强了对用户接入的限制以及对数据访问控制，终端用户将不再具备传统方式下对系统、数据的备份与恢复能力，而由云桌面负责统一用户关机数据的备份恢复，从而保证整个云桌面的业务连续性，而云桌面中由于所有的桌面信息、应用信息、数据信息都集中存储在云端，因此对整个系统备份恢复的运维保障提出了更为苛刻的要求。

云桌面的备份与恢复，根据实施部署和业务恢复的方式，可以从两个方面考虑：备份与恢复和远程容灾机制。

1）备份与恢复

云桌面系统中的数据主要包含三类：虚拟机操作系统文件数据、云桌面应用系统数据、用户配置文件数据。通过对上述三类数据的划分，能够实现桌面系统运行环境与安装环境的拆分、应用软件部署与桌面操作系统的拆分、用户配置文件和系统环境的拆分，使得在云桌面服务能够具有更好的灵活性。不同厂家解决方案在系统数据的划分上有所不同，例如，有的厂家产品将应用数据与操作系统数据统一打包成虚拟机映像文件。

对于不同的系统数据，可以采用不同的管理方法，从而降低复杂度和成本，提高管理效率。同时在数据备份恢复方面也可以有不同的思路和方法，主要包括以下几个方面。

（1）基于快照的逻辑备份与恢复：通过虚拟化软件的快照机制，实现数据的快速逻辑备份，当数据发生逻辑错误，如虚拟机内数据的误删除等，能够从快照快速恢复。基于快照的备份方式可以提供虚拟机 OS 故障或丢失数据的快速恢复，但无法应对存储硬件故障等造成的数据丢失。

（2）基于备份介质的物理备份与恢复：通过备份软件将虚拟机及文件备份到其他离线的存储介质，如带库、VTL 等，当云桌面生产使用存储发生故障时，可从备份介质中恢复整个云桌面生产环境。基于备份介质的物理备份方式可以应对各种故障和误操作造成的数据丢失，但需要较长的恢复周期。

（3）基于数据镜像技术的实时数据备份：通过备份软件将云桌面系统的数据实时同步复制至另一台存储系统，在主系统存储设备出现故障时可切换至镜像存储系统迅速恢复业务。基于数据镜像的实时数据备份可以在零数据丢失的情况下迅速恢复故障系统数据访问，但无法恢复误操作或 OS 系统造成的数据变更。上述三种方法的比较如表 7.17 所示。

表 7.17　备份方式对比表

备份方式	技术特性	恢复速度	优缺点	实施成本
快照备份	虚拟化软件定时完成数据快照	较快	恢复快，无法恢复硬件故障的数据丢失，恢复后丢失备份时点至故障时点的数据更新	低
数据逻辑备份	备份软件定时备份至离线	慢	恢复慢，恢复后丢失备份时点至故障时点的数据更新	中
数据镜像	数据实时同步至镜像阵列	快	恢复快，无法恢复误操作等造成的数据丢失	高

如表 7.17 所示，这三种备份方式各具特点，总体而言采用快照与数据逻辑备份相结合的方式进行用户数据的备份保护，而对于部分的系统核心关键数据，可以考虑选用实时数据同步的备份方式。对应于具体的系统数据类型，在服务热线、营业厅等应用场景中缺少用户的个性化数据，因此可以采用快照备份等方式将操作系统和应用系统数据打包备份，而且在出现问题时可以用统一的数据备份进行恢复；而对于办公 OA 等应用场景，除了相对一致的操作系统文件，将存在大量的用户个性化数据，所以必须需要建设专门的数据库、文件系统等数据管理系统对其进行保存和管理，并对用户数据进行必要的冗余存储（例如，数据映像），以尽量避免和降低系统出现故障时的数据损失。

2）远程容灾机制

在异地建立具备承载云桌面系统核心业务的平台系统，通过存储复制的方式对关键生产业务云桌面关键业务数据进行异地实时容灾备份，云桌面建设初期，从成本角度考虑可暂缓执行，但是初期考虑对于营业厅和呼叫中心这种密集型业务通过存储分布式部署的方式减少灾难发生带来的破坏性。云桌面项目实施工作计划如表 7.18 所示。

表 7.18　云桌面项目实施工作计划表

实施阶段	工作内容和步骤
调研分析	需求调研及分析
	用户现状调研
	资源调研
	总体需求方案与用户交流
	售前网规/配置报价
POC 测试	POC 方案设计及实施
方案设计	设备软件选型及集成设计
	服务器架构和存储规划设计
	现网系统对接设计
	网络规划设计
	AD 域名规划设计
	镜像文件规划设计
	数据规划设计
	工程设计
工程施工	硬件安装及调测（服务器、存储、网络）
	云平台软件安装与调测
	现网系统对接实施
	镜像文件制作
	云桌面管理系统安装与调测
联调测试	业务开通联调测试
	业务应用联调测试
业务试发放	客户试用（5 用户）
	业务试发放（200VM）
	外设安装培训及小范围推广
	少量用户虚拟桌面批量创建
	TC 安装、业务部署

续表

实施阶段	工作内容和步骤
交付和验收	PAT 测试方案设计、用例筛选以及自测
	制定验收测试计划
	验收测试
数据迁移	数据迁移条件审视与确认
	制定及评审数据迁移方案
	简单且常用的数据迁移方式（可选）
	系统健康检查
	数据迁移许可申请
	数据预迁移实施
	数据迁移总结
	系统监控和优化
业务发放和运维管理	工程移交与转维

第 8 章　云桌面呼叫中心应用

8.1　呼叫中心概述

8.1.1　传统呼叫中心

一直以来，呼叫中心坐席普遍使用的是功能全面的 PC。在大多数情况下，PC 提供了价格、性能与功能的最佳组合。但同时，在实际应用过程中，PC 也存在各种弊端和诸多不便，主要体现在以下几方面。

总成本高：PC 硬件相对较低的成本优势，通常无法抵消 PC 管理和支持工作的高昂成本。目前，PC 管理工作包括部署软件、更新和修补程序等，由于这些工作需要对多种 PC 配置的部署进行测试和验证，因而会耗费大量的人力。同时，由于标准化程度不高，支持人员经常需要亲临现场解决问题，这就进一步增加了支持成本。

难以保证数据的安全：PC 通常是应用系统的客户端，可接收、处理、存储应用系统的数据，若这些数据是企业的关键信息资产，容易使企业关键信息泄露，造成信息泄露社会事件，对企业形象造成不利影响。

数据保护能力低：PC 工作环境下，PC 上保存着员工的智力数据，也是企业资产的一部分。这些数据如何能在 PC 出现故障或文件丢失时恢复，是当前 IT 系统的一个巨大的挑战。

高能耗、高排放：一台 PC 的功率在 200W 左右，每台 PC 平均每天运行 12 小时以上，一台 PC 年耗电 800～1000 千瓦时，对于企业上万台规模的 PC 工作环境，一年的耗电量是一个非常惊人的数字；同时，为 PC 工作环境配套的电源系统、制冷系统的能耗更为惊人。在当今提倡绿色环保、低碳经济的大环境下，确实是一个巨大的挑战。

资源未能充分利用：PC 的分布式特性使人们难以通过集中资源的方式提高利用率和降低成本。结果，PC 的资源利用率通常低于 5%，远程办公室需要重复的桌面基础架构，移动工作人员可能需要使用复杂远程桌面解决方案。

运维难度高：面对广泛分布的 PC 硬件，用户日益要求能在任何地方访问其桌面环境，因此集中式 PC 管理极难实现。此外，众所周知，由于 PC 硬件种类繁多，用户修改桌面环境的需求各有不同，因此 PC 桌面标准化也是一个难题。

8.1.2　现代呼叫中心

借助云桌面技术，呼叫中心将会经历一个神奇的变革。基于云桌面的新型呼叫中心具备如下优势。

降低成本：云桌面有效降低单位购置成本，并且在 OPEX（运维成本）层面本身就有巨大优势，体现在减少管理投入和第三方软件投入、降低安全隐患带来的收益，配合云终端时巨大的节能优势等。云桌面方案的 TCO 和 PC 相比，按照五年的生命周期计算，通常可以节省 30%左右。

强化安全：云桌面技术将桌面、应用和数据全部集中到数据中心，以虚拟化的方式交付给用户访问。坐席员工看到的只是屏幕的投射影像，没有真实的客户数据到达用户终端，员工在安全策略控制下访问操作但是不能随意取走数据，企业对 USB 设备和打印设备的管理也可以大大简化。

降低功耗：云桌面的云终端功率≤10W，相较于 PC 动辄 200～300W 的功率而言，每年可以为企业节约 80%以上的电费支出，除了积极响应国家节能减排的倡议，还能为企业节约一笔不菲的电费支出。

云资源弹性管理：云桌面建设的数据中心可以有效地将 CPU、内存、存储等资源进行弹性管理，根据前端的使用情况进行合理规划与利用，将用户的每一笔投资发挥到淋漓尽致，更有远超同行的超分技术，可以在用户临时性需求激增时有效地解决用户的燃眉之急。

简化管理：云桌面解锁呼叫中心业务程序和物理设备的绑定，把桌面、应用和数据打包迁移到数据中心，用户使用自己的账号在任何终端设备都能访问。配合云终端方案，可以彻底解放 IT 在终端设备的管理压力，把有限的资源更多投向数据中心。基于云桌面和云终端的新型呼叫中心，在坐席侧只需要准备备机即可，无须 IT 人员值守。且对语音传输的特殊优化手段可以实现 VOIP 数据流的带内传输，只要在云终端上连接耳麦即可，无须任何其他配置管理操作。呼叫中心业务系统软件的安装、配置、升级和维护都在数据中心侧完成。

业务灵活：云桌面呼叫中心具备高效的 ATVP 协议可以在呼叫中心业务发生变更时，无须在每台终端上进行调整，只更改虚拟机的模板即可。例如，由 A 公司切换到 B 公司的业务，仅仅需要一次重启即可。

高兼容性：基于云桌面还能提供完整的 PC 体验，虚拟机系统可以还原全部 PC 的功能，对于一些特殊设置的呼叫中心，例如，复杂的 IP 绑定、与 AD 冲突的业务系统等，其他的云桌面方案都无法适应。ATVP 协议对外设的支持能力也很突出，至今尚未发现无法兼容的 USB 设备。

集中监控：高度定制的监控模块可以满足呼叫中心的日常管控工作。为 IT 管理员设计的“监控大屏”可以对所有坐席的系统状态一目了然，特有的坐席地图功能能够让管理员根据坐席的物理位置一目了然地实时掌握坐席人员的桌面操作，任何坐席的业务系统故障直接远程协助解决，用户也可以学习到操作的过程，降低后续的服务请求。通常呼叫中心会按照 10∶1 配置小组长，云桌面系统为每个小组长设计只读的监控屏幕，实时掌握员工工作状态。

科技在突飞猛进，采用云桌面技术全新打造的呼叫中心已经在运营商、银行、保险、航空公司、政府等行业成功部署，其强化安全、简化管理、适应变化、节能环保、降低成本等优势被越来越多的用户认可。

8.2　基于云桌面的呼叫中心

8.2.1　方案优势和客户价值

1）虚拟化技术实现资源按需分配和动态调整

虚拟化技术是在硬件和操作系统之间引入虚拟化层。虚拟化层允许多个操作系统实例同时运行在一台物理服务器上，动态分区和共享所有可用的物理资源，包括：CPU、内存、存储和 I/O 设备。在实际运行中，可以动态启动、关闭和迁移虚拟机，达到资源按需分配。

2）云坐席提升呼叫中心运维能力

（1）节能减排，承担社会责任

传统呼叫中心的坐席使用 PC 办公：功率为 200～300W，功耗高；发热大；噪声大；占用面积大。

云呼叫中心的坐席使用云终端办公：功率≤10W，功耗低；发热低；噪声小；占用面积小。

（2）信息安全，保护企业信息和智力资产，终端与信息分离，桌面和数据在后台集中存储和处理。

（3）以人为本，创造舒适的工作环境，终端无硬盘、无风扇、无噪声。

（4）节省维护和安全管理成本，云终端相比于传统 PC，问题定位和处理时间缩小很多，大约减少 90%运维工作量。相对来讲提升终端的使用率，提升企业竞争力。

（5）终端硬件要求低、操作系统支持批量升级和更新，减低企业运营成本。统一鉴权、应用策略，减少在终端安全和病毒防护方面的投资与维护成本。

应用漫游数据和桌面都集中运行与保存在服务器上，使用者可以不必中断应用运行，即可热插拔更换终端。在不同座位、办公室、路上、自家的不同终端上随时随地远程接入，桌面立即展现。

3）云桌面提升桌面统一交付能力

终端的处理能力（包括 CPU 和硬盘）集中到云计算资源中心，个人终端变成云终端（ThinClient），同时支持多样化终端接入（如云终端、平板电脑等）；通过云桌面坐席平台，给每个终端提供虚拟化的“计算机”或推送应用的界面。每个终端所使用的资源都集中管理、统一交付。每个坐席的桌面系统都可管可控，管理员不用再为软件环境、版本、浏览器插件操心，标准化的桌面可以一次性批量交付。

4）云桌面提升数据安全性

终端本地不保存数据，保障信息安全性；基于 SSL 的安全传输，确保用户的数据在网络上不被窃取；数据加密采用对称式加密算法确保加密的速度，支持多种加密算法，如 DES、3DES、AES、SM1 和 SM2 等。数据加密密钥保存在云端，私钥无法读出，避免了恶意用户窃取到私钥而导致数据泄露。

8.2.2　云桌面呼叫中心解决方案简介

（1）云桌面坐席整体部署方案如图 8.1 所示。

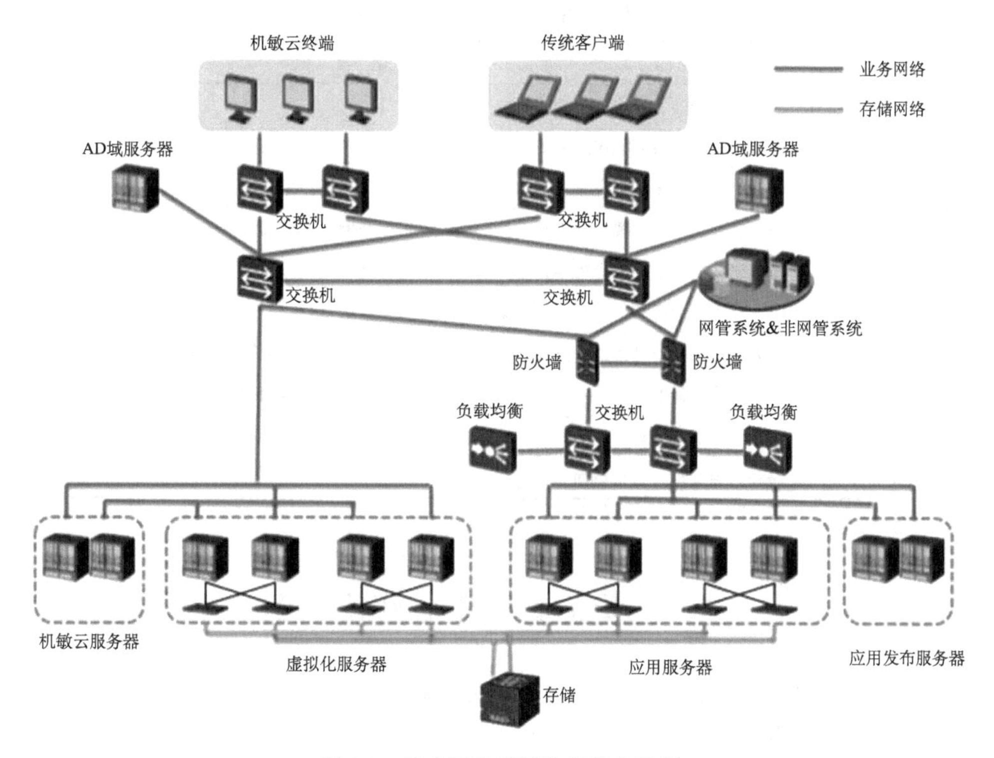

图 8.1　云桌面坐席整体部署方案图

（2）坐席虚拟化。将原安装在坐席 PC 桌面上的应用软件迁移到云桌面上，主要包括：软电话控制端、呼叫中心客户端、各类办公软件等。

（3）平台虚拟化。主要呼叫中心服务器端也可以迁移到云平台，从而实现对中心服务器与坐席的管理同质化、归一化，服务端主要包括如下种类，不同呼叫中心厂商有所差异： CTI 核心服务器、IVR/MCP/ACS/iWeb/WAS 服务器、数据库/文件服务器、CRM/BI 等服务器。

8.2.3 云桌面呼叫中心的方案选择

结合云桌面的现有技术和呼叫中心的业务特点，云桌面呼叫中心从 VOIP 技术维度来进行方案分析，客户根据各个方案的特点结合自身的业务需求进行最佳选择。

VOIP 方案包括：语音共路方案、语音旁路方案、语音分离方案、硬电话方案。

用户可以选择的云桌面呼叫中心的实施方案如表 8.1 所示。

表 8.1 云桌面呼叫中心实施方案表

方案	桌面虚拟化
语音共路	（1）软件安装、操作都在虚拟机中 （2）语音质量良好，PESQ：3.2～3.3，双向时延：500～700ms （3）支持所有主流厂商第三方软电话
语音旁路	（1）软电话语音与操作处理在云终端上，虚拟机密度提高 （2）语音质量非常好，PESQ：3.5～3.8，双向时延：300～400ms （3）支持语音旁路的第三方软电话可适用。（涉及第三方软电话，需进行实际测试）
语音分离	（1）软电话语音处理在云终端上，操作界面在虚拟桌面中，虚拟机密度提高 （2）语音质量非常好，PESQ：3.5～3.8，双向时延：300～400ms （3）支持语音分离的第三方软电话可适用。（涉及第三方软电话，需进行实际测试）
硬电话	语音单独处理，与云桌面无关

8.3 云桌面呼叫中心解决方案

（1）方案介绍。桌面虚拟化是基于服务器虚拟化技术提供的个人操作系统桌面（如 Windows XP/7 等），为每个用户分配独立的虚拟桌面。用户远程连接到独立虚拟桌面，可使用虚拟桌面和该桌面上的应用程序。桌面虚拟化技术架构图如图 8.2 所示。

（2）方案特点。VDI 是一个单独的虚拟机，而且所有的用户使用的桌面操作系统可以是来源于同一模板的复制。

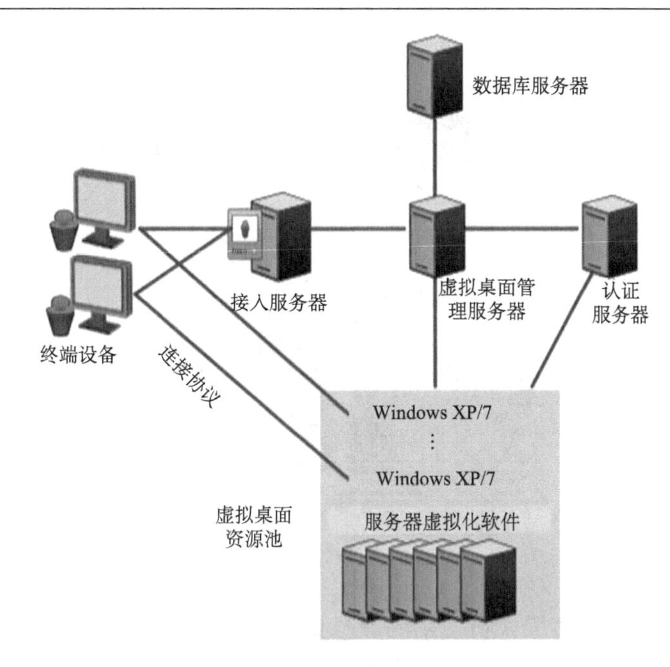

图 8.2　桌面虚拟化技术架构图

VDI 对用户进行了隔离，它更加适合对合规性以及安全性要求更高的环境，也就是更适合对防止信息泄密特别严格的环境。桌面虚拟相当于独立的 PC 机器，资源隔离，端口资源独立。可在任何 x86 架构服务器上运行虚拟机。可以开放用户个人虚拟机完全的管理权以及本地应用安装权。整个虚拟机实现高可靠性。有故障时，通过虚拟机迁移的方式来保证业务的连续性。

（3）应用场景。适用于个性化程度高，有复杂操作需求的知识型岗位，如 OA 办公、网管中心、呼叫中心业务员、营业厅营业员等。

8.4　云桌面呼叫中心技术方案

8.4.1　软电话部署于坐席虚拟机的云坐席方案（语音共路）

1）方案组网

基于 VM 的软终端的客服云桌面方案如图 8.3 所示。

语音软终端（SoftPhone），呼叫中心客服人员，用耳麦和语音软终端进行呼叫，软终端提供语音通信功能，采用 SIP/RTP 同 UAP（如 UAP8100）对接。

云桌面（Desktop Cloud），包含云桌面接入网关、云桌面基础架构服务器、云桌面计算、存储网络资源；完成云桌面统一维管，用户桌面接入功能。

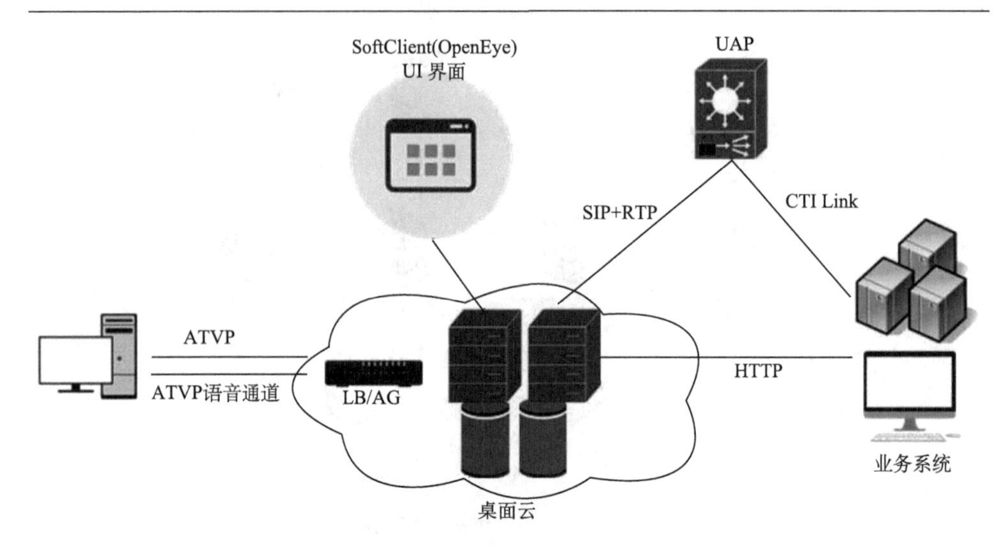

图 8.3　基于 VM 的软终端的客服云桌面方案图

云坐席（VM），客服人员使用的虚拟桌面，采用 Windows 系列操作系统，安装客服终端软件如 OpenEye，以及坐席软件（IE 浏览器以及 CRM 系统相关插件）。

云终端（ATC），云终端使用 ATVP 协议连接至坐席桌面，通过 ATVP 协议完成语音、键鼠和显示信息的传递。

语音收发的过程中，经过了两次编解码过程导致语音质量存在一定损耗。

软终端进行语音的 G.711 编码格式流到 audio 数字信号的转换。

ATVP 客户端和 HDA 之间进行 audio 数字信号和语音 speex 编码格式的转换，采用 speex 编解码协议栈，编码后在 ATVP 报文的 audio 通道中传输，所占带宽很小，只有 40Kbit/s。

不经过调优的软终端，双向时延一般超过 1s，可能高达 1.8s，语音质量不可接受；语音传输及编解码转换处理通常所用时间，其中 ATVP 协议处理在 480ms 左右，在 ATC 操作系统中选择不同的语音播放驱动，处理时延不同，目前 ATVP 在 LinuxATC 上调用的是 ALSA 驱动。如果软终端是 OpenEye，对 OpenEye 软终端进行参数调优，优化后最好的结果可达到 PESQ 值 3.4，时延为 667ms；在不同的局点，由于软终端不同、软终端的使用方式不同，出现语音质量不好的原因也都不一样，需专门定位和调优。调优内容可能包括 ATVP 协议 32 个通道中的 audio 媒体通道从中优先级配置为高优先级；软终端语音缓冲区大小，呼叫实例处理方式等；网络调优。

2）带宽需求

云终端 ATVP 连接需求（视频、键盘、鼠标、音频），坐席终端的带宽与远程桌面图形的质量设定密切相关，绿色坐席通常在局域网络环境下集中办公，一般可采用高质量设定，此时每坐席终端业务占用带宽约为 200Kbit/s，ATVP 语音采用 speex 编码算法，带宽为 40Kbit/s，共 240Kbit/s。

3）方案特点

软件安装、操作同原坐席软件系统，对于用户以及系统无特殊要求，适用性好；语音经虚拟桌面重新定向至 ATVP，传输和处理步骤增加，语音传输协议以及传输路径同传统方式存在差异，语音质量较差，时延较大；接入域，虚拟桌面侧接入带宽增加（增加部分为 ATVP 语音重定向带宽），但对于客服核心域网络无影响；至 ATC 侧的语音经由 ATVP 传输，由于 ATVP 基于 ATCP，为避免重传引起的语音质量下降对于网络的传输质量要求较高，体验要好，时延<25ms，抖动<5ms，丢包率<0.01%。体验可接受：时延<50ms，抖动<10ms，丢包率<0.1%；虚拟机上要进行语音的编解码，对服务器 CPU 资源占用较多，导致服务器上支持的虚拟机密度下降，一般一台 2×8 核 5620 的服务器支持 18 台呼叫中心的虚拟机。

4）应用场景

在此方案中，呼叫中心软终端软件由坐席 PC 直接迁移到云桌面 VM，直接支持 OpenEye（iAgent）、Avaya Communicator、Microsoft Lync、Cisco VXC 等主流呼叫中心软终端软件。

8.4.2　软电话嵌入瘦客户端的云坐席方案（语音旁路）

1）方案组网

基于云终端嵌入语音软终端的客服云桌面方案如图 8.4 所示。

语音软终端（SoftPhone），呼叫中心客服人员，用耳麦和语音软终端进行呼叫，软终端提供语音通信功能，采用 SIP/RTP 同 UAP（如 UAP8100）对接；云坐席（Desktop Cloud），包含云桌面接入网关、云桌面基础架构服务器、云桌面计算、存储和网络资源；完成云桌面统一维管，用户桌面接入等功能；坐席桌面（VM），客服人员使用的虚拟桌面，采用 Windows 系列操作系统，安装坐席软件（IE 浏览器以及 CRM 系统相关插件）。CRM 系统包含客服人员常用的业务 Web 界面和话务前台的 Web 界面，用来查询计费、知识库、开始呼叫排队、对客户发起点击呼叫等；云终端（ATC），嵌入安装 OpenEye 软终端，使之作为 SIP UE 采用 SIP、RTP 同 UAP 进行通信。

云终端使用 ATVP 协议连接至坐席桌面，通过 ATVP 协议完成键盘/鼠标以及显示信息的处理，使得坐席操作人员可以进行坐席桌面的远程访问进行业务处理并获得同本地桌面相同的业务体验。

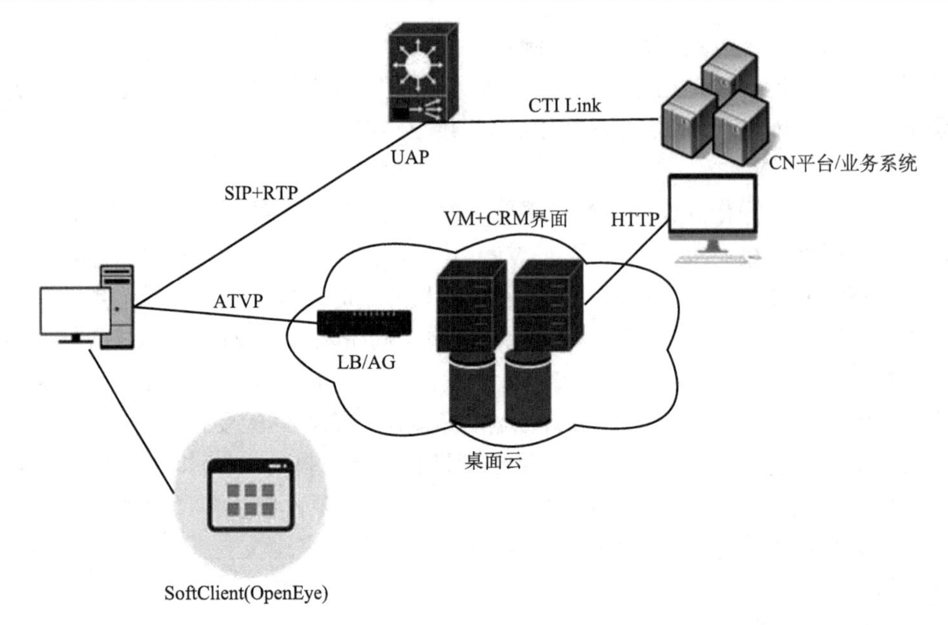

图 8.4　基于云终端嵌入语音软终端的客服云桌面方案图

呼叫中心的录音软件，有少部分局点，要求必须安装在录音客户端软件同一台机器上，这种情况下，就在 ATC 上面安装录音软件，对客服人员的呼叫进行随机录音。

当然，推荐的录音方案是，由后台的录音系统直接从语音网关中复制媒体流进行录音，无须安装录音客户端软件。

2）带宽需求

ATCIP 语音占用带宽为 80Kbit/s，其中 G.711 编码的语音为 64Kbit/s，报文头等其他占十多 Kbit/s；云终端 ATVP 连接需求（视频、键盘、鼠标），坐席终端的带宽与远程桌面图形的质量设定密切相关，绿色坐席通常在局域网络环境下集中办公，一般可采用高质量设定，此时每坐席终端业务占用带宽约为 200Kbit/s，这样一共 280Kbit/s 左右。

3）方案特点

ATC 兼承载语音软终端，语音传输协议、传输通路、语音质量与传统方式相同，所以语音质量非常高，达到 PESQ 值大于 3.5，双向时延 300～400ms。一般客服人员最低可接受的语音质量在 PESQ 值大于 3.4，双向时延<800ms；由于语音软终端也承载在 ATC 上，ATC 只需要一个网口，完成对 UAP 和云桌面的通信，所以客服人员座位只需要一个网口；要求软终端和话务前台软件可以分别部署在 ATC 与 VM 上，没有直接调用关系：话务前台通过呼叫中心发起或接听呼叫；呼叫中心接入平台和软终端之间进行信令和媒体交互。若现网的呼叫中心系统和软

终端满足以上要求，即使不是采用的呼叫中心系统，也可以采用此方案。需要语音软件支持置顶功能，否则无法浮在 ATVP 窗口表面；语音软件安装于 ATC 上，原来 PC 上语音软件与其他业务软件集成的功能将不可用。如客户×××业务软件调用呼叫软件，呼叫软件的快捷键不可用；存在呼叫软件与 ATVP 窗口互相遮挡的问题，带来了部分操作不便。

4）配套要求

语音旁路方案中，因为 OpenEye 软终端全部部署在云终端，所以这两者之间存在对应的配套关系，只有能够配套的版本才能商用。

到目前为止（AstuteCloud 2.0），OpenEye 对外提供的配套关系如下，呼叫中心语音旁路方案的配套关系是 ATC 终端型号、ATC 终端版本和 OpenEye 版本三者配套，三者完全满足配套要求才能使用，三者中有一个不一样，IPCC 均不会宣称正式配套。

5）应用场景

在此方案中，由于呼叫中心软终端软件部署到云终端（ATC），故需要软终端支持 ATC 的操作系统，目前旁路方案的 OpenEye 软终端仅支持 Linux 操作系统 ATC。

8.4.3　软电话分离部署的云坐席方案（语音分离）

基于云桌面语音方案的现状，公司对 OpenEye 软终端进行了改进，发布了分离式架构的版本，在 VM 中部署软终端的 UI 部分，在 ATC 当中部署软终端的编解码处理部分。

1）方案组网

基于分离式软终端的客服云桌面方案如图 8.5 所示。

云桌面，包含云桌面接入网关、云桌面基础架构服务器、云桌面计算、存储和网络资源；完成云桌面统一维管，用户桌面接入等功能。

云桌面 VM，桌面采用 Windows 系列操作系统，安装坐席终端软件 OpenEye 的 Agent，呈现软终端的 UI 界面；IE 浏览器安装 CRM 系统相关插件。

OpenEye Agent 与 ATC 上的 OpenEye Client 通过 TCP 传输 SIP 控制连续状态，登录、话务接听、挂机、转接等功能在 Agent 的 UI 界面上进行操作，SIP 信令和语音最终由 Client 收发。云桌面故障时，ATC 上的呼叫不会中断。

ATC（Astute Thin Client），嵌入安装 OpenEye Client 软终端，作为坐席话机终端提供语音通信功能，采用 SIP+RTP 同 UAP 对接。媒体流直接在 ATC 之间进行交付，不再经过虚拟机处理。

云终端使用 ATVP 协议连接至坐席桌面，通过 ATVP 协议完成键盘/鼠标以及显示信息的处理，使得坐席操作人员可以进行坐席桌面的远程访问进行业务处理，并获得同本地桌面相同的业务体验。

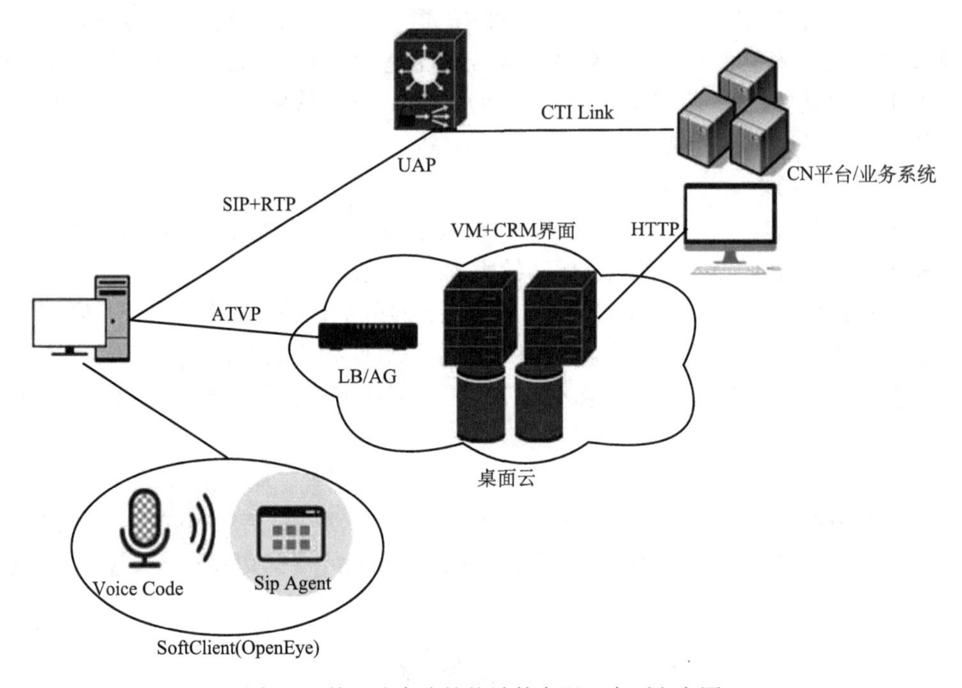

图 8.5　基于分离式软终端的客服云桌面方案图

CSP，OpenEye 分离方案必须配套对应的 CSP 版本，具体配套版本可参考 OpenEye 的版本配套表。

分离方案中，CSP 协助 VM 完成对 ATC 的寻址注册，并完成对会话状态的控制功能。

版本配套，配套的 OpenEye 以及 ATC 版本信息可以参考 Support 网站如下链接：软件中心→版本软件→业务与软件→业务与软件公共→OpenEye→OpenEye V300R001C60→《OpeneyeV300R001C60 版本配套表》。

2）带宽需求

ATC IP 语音占用带宽 80Kbit/s，其中 G.711 编码的语音为 64Kbit/s，报文头等其他占十多 Kbit/s；云终端 ATVP 连接需求（视频、键盘、鼠标）。

坐席终端的带宽与远程桌面图形的质量设定密切相关，绿色坐席通常在局域网络环境下集中办公，一般可采用高质量设定，此时每坐席终端业务占用带宽约为 200Kbit/s，这样一共所需要带宽约为 280Kbit/s。

3）方案特点

ATC 兼作硬语音终端，语音传输协议、传输通路、语音质量与传统方式相同，媒体流不经过虚拟机，所以语音质量非常高，达到 PESQ 值大于 3.5，时延双向为 300～400ms；由于语音软终端也承载在 ATC 上，ATC 只需要一个网口，完成对 UAP 和云桌面的通信，所以客服人员座位只需要一个网口；对 CSP 配套版本有要求。

4）配套要求

语音分离方案中，OpenEye 软终端分别部署在 ATC 和 VM 上，所以需要 ATC、OpenEye 之间存在对应的配套关系，只有能够配套的版本才能商用。

到目前为止（AstuteCloud 6.0），OpenEye 对外提供的配套关系如下：呼叫中心语音旁路方案的的配套关系是 ATC 终端型号、ATC 终端版本、OpenEye 版本、CSP 版本四者配套。四者完全满足配套要求才能使用。四者中有一个不一样，IPCC 均不会宣称正式配套。

5）应用场景

在此方案中，由于软终端功能一分为二，控制端部署于云坐席 VM，媒体处理部署于瘦客户端 ATC，故需要软终端支持分离架构，目前 OpenEye 支持此方案。由于该方案在音质、时延、软终端用户体验与传统 PC 坐席完全一致，后期将会支持更多的第三方厂商软终端。

由于呼叫中心软终端软件部分部署到云终端（ATC），故需要软终端支持 ATC 的操作系统，目前分离方案的 OpenEye 软终端仅支持 Linux 操作系统 ATC。

8.4.4　硬电话的云坐席方案

1）方案组网

基于硬电话的客服云桌面方案如图 8.6 所示。

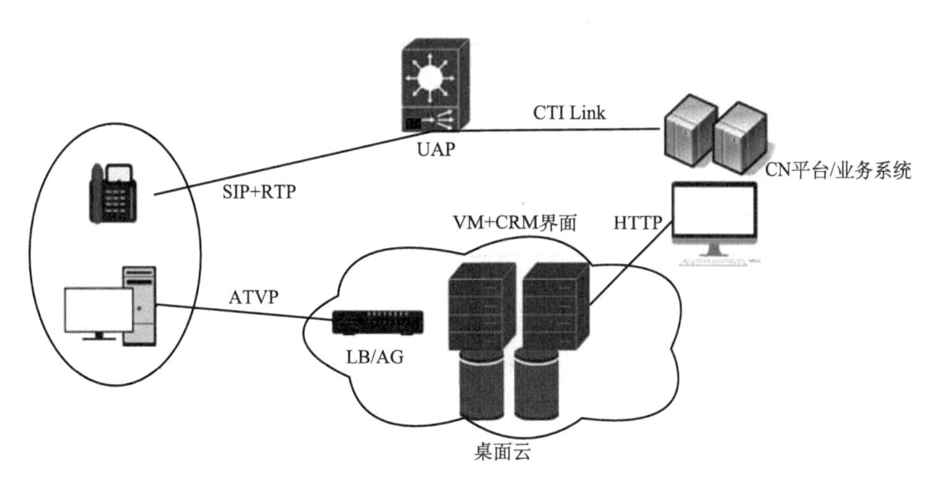

图 8.6　基于硬电话的客服云桌面方案图

坐席话机，作为坐席话机终端提供语音通信功能，采用 SIP/RTP 同 UAP 对接。客服人员直接在话机上接听和拨打电话，没有 VoIP 软终端。

云桌面，包含云桌面接入网关、云桌面基础架构服务器、云桌面计算、存储和网络资源；完成云桌面统一维管，用户桌面接入等功能。

云桌面 VM，客服人员使用的虚拟桌面，采用 Windows 系列操作系统，安装坐席软件（IE 浏览器以及 CRM 系统相关插件）。

ATC（Astute Thin Client），云终端使用 ATVP 协议连接至坐席桌面，通过 ATVP 协议完成键盘/鼠标/以及显示信息的处理，使得坐席操作人员可以进行坐席桌面的远程访问进行业务处理并获得同本地桌面相同的业务体验。

2）带宽需求

每坐席硬终端 IP 语音占用带宽 80Kbit/s（G.711）；云终端 ATVP 连接需求（视频、键盘、鼠标）；坐席终端的带宽与远程桌面图形的质量设定密切相关，绿色坐席通常在局域网络环境下集中办公，一般可采用高质量设定，此时每坐席终端业务占用带宽约为 200Kbit/s。

3）方案特点

语音传输协议、传输通路带宽需求同传统方式，走单独的 VOIP 网络，与虚拟桌面没有关系，语音质量较好，与传统的 VOIP 呼叫中心相比没有变化；客服人员座位接入侧需提供双网口一个用于接驳硬终端，另一个接驳 ATC 终端。

4）应用场景

此方案中，云坐席不部署软终端，仅运行坐席客户端、办公软件等。采用基于传统 PBX 或 VOIP 网络的硬电话进行呼叫及通话。

8.5　方案比较分析

具体采用哪种方案，需要结合用户当前所使用的呼叫中心软件来选择，具体如表 8.2 所示。

表 8.2　呼叫中心方案比较表

方案	语音共路	语音旁路	语音分离	硬电话
语音质量	中 PESQ：3.2～3.3 双向时延：500～700ms	好 PESQ：3.5～3.8 双向时延：300～400ms	好 PESQ：3.5～3.8 双向时延：300～400ms	非常好 PESQ：>3.8 双向时延：200～300ms
操作体验	好 无变化，直接在虚拟机中使用软终端以及电话前台界面	一般 用户需要在 TC 上进行登录，然后使用客服话务前台登录	好 无变化，直接在虚拟机上使用软终端以及话务前台界面	差 硬终端直接拨号 和传统电话一样

续表

方案	语音共路	语音旁路	语音分离	硬电话
TC 接入带宽	ATVP 带语音 240Kbit/s	ATVP 不带语音 200Kbit/s 独立 G.711 80Kbit/s	ATVP 不带语音 200Kbit/s 独立 G.711 80Kbit/s	200Kbit/s
TC 操作系统	Windows7、Linux	Linux	Linux	不涉及
网口数	1	1	1	2
TC 接入网络质量要求	高 时延<25ms，抖动<5ms,丢包率<0.01%	中 同传统 VOIP 时延<50ms，抖动<10ms，丢包率<0.1%	中 同传统 VOIP 时延<50ms，抖动<10ms，丢包率<0.1%	中 同传统 VOIP 时延<50ms，抖动<10ms，丢包率<0.1%
客服话务前台要求	无	软电话需支持分离部署	无	无
呼叫软终端要求	目前只有 OpenEye 语音质量可以接受	不限	仅支持 OpenEye	不涉及
虚拟机规格	2vCPU,2GMem	2vCPU,1-2GMem	2vCPU,1-2GMem	2vCPU,1-2GMem
成本	较高 虚拟机密度低	低	低	高 需要独立购买电话设备
应用场景	支持所有主流厂商第三方软电话	OpenEye 以及其他支持 Linux 的第三方软电话	OpenEye 以及支持语音分离的第三方软电话	独立 VOIP

8.6　呼叫中心实施方案

1）客户需求

需要桌面数 400 个。

每台计算机配置显示器、键鼠以及耳麦一套。

客户自身拥有 400 台旧计算机，显示器、键鼠以及耳麦都是齐全的；网络设备也已经配置完整。

2）推荐方案

9 台 2U 服务器，1 台 24 口千兆交换机，1 个 42U 机架（其中交换机和机架客户自备）。

控制节点，1 台。

CPU：E5-2680v3。

内存：14×16GB/DDR4/1600MHz/ECC/Reg。

磁盘：8 块 480GB SSD，配置硬 RAID 卡，模式为 RAID10。

网络：2×GE。

计算节点：8 台。

CPU：E5-2680v3。

内存：10×16GB/DDR4/1600MHz/ECC/Reg。

磁盘：5 块 480GB SSD，配置硬 RAID 卡，模式为 RAID0。

网络：2×GE。

控制节点 CPU 弱，内存小，存储配置为 RAID1；每计算节点运行 50 个 VM，存储采用 RAID0，另加 1 台服务器做冗余。

运行 Windows7，2VCPU，3GB 内存，40G 系统盘，无数据盘。

3）设备清单

设备清单如表 8.3 所示。

表 8.3　设备清单表

序号	名称	型号	单位	数量
1	服务器	CPU：E5-2680v3 内存：14×16GB/DDR4/1600MHz/ECC/Reg 磁盘：8 块 480GB SSD，配置硬 RAID 卡，模式为 RAID10 网络：2×GE	台	1
2	服务器	CPU：E5-2680v3 内存：10×16GB/DDR4/1600MHz/ECC/Reg 磁盘：5 块 480GB SSD，配置硬 RAID 卡，模式为 RAID0 网络：2×GE	台	8
3	瘦客户端	ARM CortexA9 4 核 1.2GHz，1GB，分辨率最高 1920×1080，10/100/1000M 自适应网卡 WiFi 802.11B/G/N（可选配置），4×USB 端口，1×VGA，1 个 3.5mm MIC 输入口，1 个 3.5mm 音频输出口	台	300
4	VM 授权	云 V1.2	套	280

4）部署方案

服务器部署如图 8.7 所示。

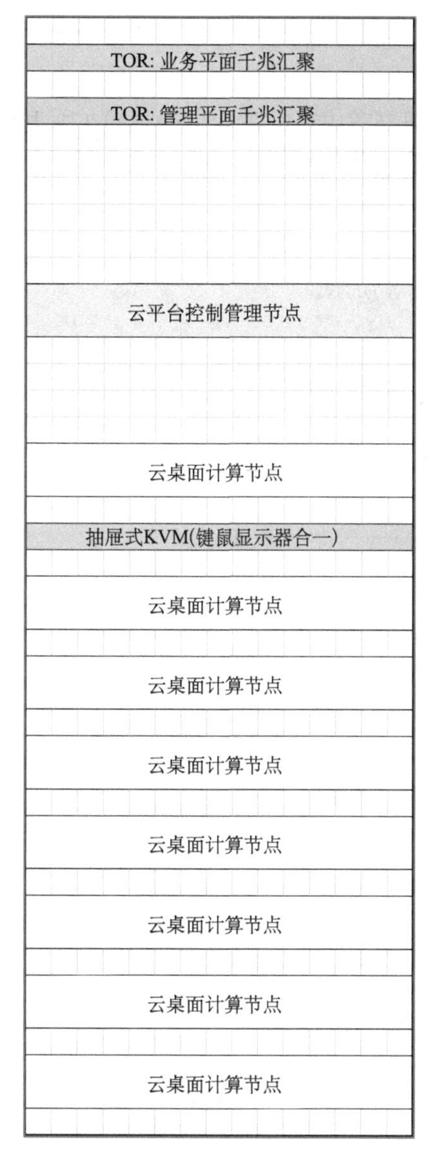

图 8.7　服务器部署图

单机架配置方案如下所示。

（1）业务和管理交换机默认客户已经提供。

（2）控制节点暂时只设置一个，如果客户需要加强可靠性，可以考虑再增加一台设置 HA。

（3）KVM 设备为选配设备，可以根据自身情况进行选配。

其他说明。

（1）如果可能，建议客户给机架配置足够数量的 UPS，保证供电异常时，服务器可以正常下电。

（2）机架配置时，需要考虑后续呼叫中心规模扩张时的扩容方案。

（3）如果呼叫中心其他业务需要虚拟化，建议再增加云主机服务器用于跑业务系统。

5）组网方案

系统组网方案如图 8.8 所示。

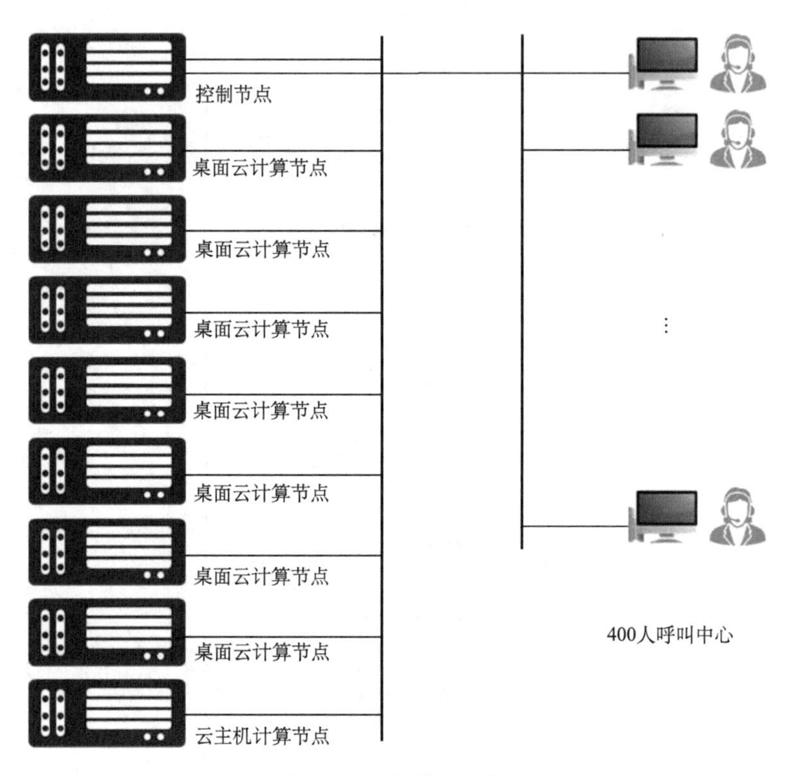

图 8.8　系统组网方案

第 9 章　企业云桌面案例

9.1　项目需求分析

9.1.1　项目背景

在网络信息技术高速发展的今天，企业信息系统网络是否高效、畅通、安全在很大程度上影响企业的生产、销售、管理等各个环节。对于现代化的企业，建立一个高效、可靠、灵活的企业信息网络架构显得尤为迫切，虚拟化技术与云计算技术正在被广泛使用，帮助企业显著降低投资成本与管理成本的同时，实现更灵活、稳定和高效的 IT 服务系统。目前虚拟化技术主要分为：服务器虚拟化技术、应用虚拟化技术和桌面虚拟化技术。服务器虚拟化技术在 2007 年开始被广泛接受并采用，目前已经成为一种成熟的满足企业应用的主流技术，形成了成熟的企业解决方案与成熟的标准化产品云主机。而虚拟桌面技术自 2010 年以来在国内被企业逐步接受，形成了以云桌面为代表的标准化产品形态。尤其是和虚拟应用及原有的远程桌面技术相结合，使得桌面虚拟化技术通过为每个企业内的终端用户（员工）提供与传统 IT 办公体验无差异的云办公环境，能更广泛地应用于各类企业，助力企业以更低成本、更快捷高效地实现 IT 管理及员工行为管理。

作为企业级云计算产品，云桌面通过特定端口与特定协议，实现远程访问、调度和管理虚拟桌面的操作系统，其可以是运行在服务器上的虚拟操作系统，也可以是直接安装、运行在数据中心内的物理 PC（工作站、刀片 PC）上的操作系统。目前桌面虚拟化技术融合了应用虚拟化技术，在虚拟桌面模式下，每个终端独享的远程操作系统，并利用内置的应用虚拟化技术及传输优化技术等，实现更灵活、高效的管理和应用。总而言之，通过云桌面产品将桌面操作系统虚拟化能够综合提升企业 IT 竞争力与 IT 管理效率，主要包括以下几方面。

全面提升企业数据安全：通过策略配置，用户无法将机密数据保存在本地设备上，只能在数据中心进行存储、备份，保证数据的安全性和可用性，避免了因企业终端遗失造成的企业数据泄露。

全面提升网络安全：由于终端用户通常的办公应用场景，只需要开放有限的几个端口，所以可以结合业主要求，通过配置端口权限，实现网络的逻辑隔离和严格控制，在不影响应用的前提下，全面提升网络安全性。

全面实现多终端、多网络接入：用户可以随时随地，通过各类网络及 TC/PC/

手持终端等各类终端设备，访问到被授权的桌面与应用。

全面实现集中部署与管理：在资源池所在的数据中心对所有桌面进行统一高效的维护，无须特定的补丁与应用的分发软件，统一进行安装和升级，部署桌面的时间与维护桌面的时间显著降低。

全面提升 IT 管理效率：应用管理更简单，管理员在服务器进行统一一次管理，就可以将最新更新交付给所有用户。

全面提升用户体验：由于桌面和应用后端的服务器都运行在数据中心，桌面可以分享最新最强大的服务器硬件，配置资源可以按照用户需求按需分配，动态调整。

本章将结合企业的网络现状，通过站点主要应用场景的业务需求，设计满足企业站点 IT 系统的定制化云桌面技术方案、实施方案、安全方案及服务培训方案。

9.1.2　需求分析

1. 项目概述

云桌面项目，拟通过运营商提供云桌面的服务，在企业所属单位、网点部署云桌面终端设备和应用，推进桌面虚拟化技术应用，逐步替代企业内部台式计算机的使用。项目涉及某省企业本部以及下属 14 个地市分公司，建设规模约为 500 个桌面，远景规模可达 10000 个桌面。

2. 技术需求

1）基本需求

（1）技术方案应包括且不限于平台设计原则、整体方案规划、网络架构设计、资源池设计、终端设备选型、后期扩展、管理平台、运维管理、服务承诺等内容。

（2）在技术方案以外，应出具独立的安全方案，对技术方案和实施过程可能存在的风险进行评估，安全方案应包括但不限于平台整体安全设计、物理安全、数据安全、网络安全等内容。（安全设计原则上宜参考信息安全等级保护三级的要求。）

（3）本项目采用私有云架构，本次采用集中部署模式。所有服务器端设备（服务器、存储、网络设备、安全设备等）放置在运营商机房运行，运营商应提供不低于国标 B 级机房或相同条件的环境，提供单独的机柜为本项目提供服务。在标书中应提供机房整体情况介绍，以及机房主要设备系统的使用情况介绍，设备系统包括但不限于外部供电情况、UPS、精密空调、消防、机房监控等。本项目中运营商需提供省内位于两个不同地市的符合标准的机房，由甲方评估后选择。

（4）硬件设备应有冗余措施，单节点故障不影响平台整体运行，并且故障节点应用能够自动迁移至其他节点运行。链接线路需采用双线负载均衡模式、服务器群集节点硬件需采用 *N*+1 模式设置冗余、存储阵列需采用双控柜头。

（5）系统应具有良好的可扩展性，方便以后增加服务器资源，扩展支持的桌面数量。

（6）系统后台应保证 CPU、内存、磁盘等资源池在运行高峰期有不低于 20%的资源保留。相关资源池的设计容量需要有计算结果进行验证，并在技术方案中体现。

（7）系统应选用业内主流的软硬件产品进行构建，在功能、性能指标、可靠性等方面同等条件下优先选用国产品牌的软硬件产品。

（8）在用户现有局域网和广域网的基础上构建云桌面网络架构，应综合考虑性能和经济性，除站点网点至运营商汇聚点为单线网络外，其他网络线路和设备均须有冗余备份设计，并采用双路由保护。单个桌面网络带宽预留不小于100Kbit/s，整体预留带宽不低于 30%。

（9）资源池与网络边界应部署针对虚拟化优化的安全设备，采用细化到 IP、端口级别的访问控制策略；应部署能提供虚拟化加速的设备，如应用交付网关。其中安全产品需提供公安部计算机信息系统安全专用产品销售许可证。

2）云桌面平台功能需求

（1）平台需支持在虚拟桌面使用以下主流操作系统：包括且不限于 Windows XP、Windows 7、Windows Server；支持营业点管控系统 TurboLinux 等。（* Citrix 软件已通过各项应用测试，如使用其他软件需要进行测试确认。）

（2）平台软件应具备支持不少于 10000 个虚拟桌面并发的基本能力，虚拟桌面之间支持逻辑隔离，支持带宽 QOS 控制。

（3）支持通过域管理虚拟化群集，使用域用户认证，可加入企业私有域。

（4）系统提供云桌面管理平台，具备完善的权限管理功能，可对角色设置不同权限、不同管理范围，实现分权管理；通过划分角色，省公司可以对全省桌面进行监控和管理；各分公司可对本分公司所属的桌面进行管理。

（5）云桌面管理平台支持系统日志，可以记录系统的运行情况和操作记录，用于用户行为审计和问题定位；可将日志导出至第三方日志管理平台。

（6）支持终端设备接入认证，防止非授权设备接入系统，终端设备与服务器间的传输应采取加密方式。

（7）支持通过创建模板的方式发布虚拟桌面，支持软件分发；可根据需求，定制相应的模板。

（8）终端设备应支持串口、并口、USB 接口等外设接入的能力，能够在虚拟桌面使用相应外设，包括且不限于打印机、Ukey、扫描仪、高拍仪、各种 POS 机、多串口卡、串口服务器等，通过端口重定向方式支持多种外设。

（9）支持通过 iOS、Android 等操作系统终端进行云桌面访问。

（10）有完善的系统资源监控、跟踪机制，有完善的数据报表；可以发现资源占用过大的桌面节点、可以对群集的资源进行预警等，并能生成和导出相应的统计报表。

（11）支持按用户或虚拟机进行屏幕录像，可指定策略监控并记录指定用户或虚拟机操作，提供按用户名、IP 地址、时间等方式检索用户的操作行为，用于审计回溯。

（12）支持 Windows 操作系统补丁统一分发，并可对分发策略进行配置。

（13）平台应能提供对虚拟桌面远程协助的支持。

（14）平台应能提供系统配置备份功能。

3）云桌面需求

（1）单个桌面资源分配：资源不低于 CPU 2 核 2GHz、内存 3GB、磁盘 70GB（30%的桌面分配 100GB），单桌面 IOPS 不低于 20。

（2）典型应用场景说明。

场景 1：营业点充值电脑/办公计算机。

端口需求： USB1（键盘），USB2（鼠标），USB3（打印机），USB4（预留），串口 1（充值 POS），串口 2（银联 POS），串口 3（自助授权），串口 4（预留），并口 1（打印机）。

需要使用 IC 卡充值软件、Office、SAP GUI 客户端软件；OA 办公平台、业务查询系统、零售管理系统、站点辅助管理系统、业务充值卡系统、远程培训、视频监控平台等日常 B/S 办公系统，并能确保用户体验效果与传统 PC 一致。

其他特殊需求：有查看本地局域网视频监控的需求（应能支持至 1080P 高清格式）。

场景 2：便利店收银机计算机。

端口需求：USB1（键盘），USB2（鼠标），USB3（预留），串口 1（充值 POS），串口 2（客显），串口 3（串口打印机），串口 4（预留），并口 1（并口打印机，与串口打印机不同时存在）。

需要使用 SQLSERVER、Office、Ftp 客户端等应用软件；OA 办公平台、远程培训等 B/S 办公系统，并能确保用户体验效果与传统 PC 一致。

场景 3：公司办公计算机（含县公司，库房、站点）。

端口需求：USB1（键盘），USB2（鼠标），USB3（打印机），USB4（预留）,USB5（预留），串口无需求，宜可显示器背挂。

需要使用 Office、SAP GUI、Ftp 客户端等应用软件；OA 办公平台、远程培训等 B/S 办公系统，并能确保用户体验效果与传统 PC 一致。

其他特殊需求：有需要看视频监控、远程视频教育的需求。

（3）所有终端应统一安装防病毒客户端软件和桌面安全客户端软件。

（4）终端设备使用独立主机，不使用与显示器一体的方案。

（5）所有终端设备要求无风扇设计；硬件配置不低于 CPU 1.5GHz（需近使用两年的主流型号，双核、四核 CPU 的瘦终端）、内存 2GB（可扩展为 4GB）、内置存储 16GB；一个千兆网络接口；耳机、麦克风接口；显示支持分辨率不低于 1920×1080@50Hz；键盘鼠标；使用 WES7 系统。

3. 服务需求

（1）技术支持服务。本项目运维以云桌面操作系统为界面，云桌面的虚拟化软件、操作系统、管理软件、云桌面平台内外部网络等运维工作由运营商负责，云桌面上部署操作系统、应用程序的运维由用户自行负责。要求提供运维支持热线，有专人负责响应。

一级：属于紧急问题，包括但不限于以下导致系统服务中止的情况，如系统故障导致业务停止、骨干链路中断、数据丢失。提供 1 小时故障响应支持。

二级：属于严重问题，包括但不限于以下影响系统服务质量的情况，如部分部件失效、系统性能下降但不影响正常业务运作。提供 4 小时故障响应支持。

三级：属于一般问题，主要为日常一般性故障，系统能继续运行切性能不受影响，但出现系统报错、终端设备故障等。提供 8 小时故障响应支持。

（2）提供每年一次免费集中技术培训，人数 20 人，时间不少于 2 天。

9.1.3　项目 IT 环境现状

在传统的 PC 应用模式中，PC 分散部署，PC 硬件、OS、应用、用户配置与数据、用户等紧密绑定，客户端软件采用分散部署架构，由此带来的客户端软件的部署与升级复杂、系统安全性低、系统上线后客户端环境运维工作量大等已有及潜在的问题成为需要解决的问题。目前用户省内共有自有站点 2000 余个，以每个站点 5 台计算机计算（包含生产系统终端、办公终端及收银计算机），全省自有站点终端共计 10000 余个，通过电信 MPLS 专线连接。由于站点在全省各地市散点分布，其 IT 系统升级、终端维护、故障处理等工作量繁冗，效率低下、人力成本耗费较大，主要表现在如下方面。

（1）客户端的部署与升级复杂。目前用户全省专网接入，由于系统升级及 Windows 补丁等原因，需要周期性在 PC 终端中升级程序及安装补丁，需要站点工作人员自行完成。由于站点工作人员 IT 能力有限，对于不少偏远站点，IT 升级成为一个困扰站点的难题，甚至可能造成站点生产的中断及其他生产事故。

（2）系统安全性有待提高。当前的系统部署模式中，敏感数据需要从省公司数据中心的服务器向用户终端进行传输，虽然系统已经从数据的加密传输和用户授权访问等方面采用了一系列的措施，但如何保证敏感数据（如财务数据）不在网络传输和终端访问过程中泄露，如何避免非法访问，仍是系统建设过程中需要着重考虑的问题。

（3）系统上线后客户端运维工作复杂。在现有 IT 模式下，用户终端环境多样且复杂，难以标准化，很难避免用户终端环境与系统的要求不兼容的情况。站点终端应用场景多样、外设要求各异，且每个企业的终端情况、接入情况、人员计算机使用水平、使用行为等都有很大的差异性，若采用传统部署模式，客户端环境的运维工作将变得异常复杂，因此如何简化站点的终端 IT 环境成为用户亟待解决的问题。

9.1.4　项目建设规模

本次项目规模 500 个点，为省内 13 个地市 14 家分公司的试点站点提供云桌面服务。本方案中，云桌面平台拟统一建设在中国电信提供的高品质 IDC 数据中心内，并提供必要线路保障、电力保障、运维保障及安全保障。资源池建设完成后将按照各个地市的需求进行统一分配和调度。由桌面云终端、桌面云平台（私有云资源池）端到端组成，通过用户专有网络统一接入。在为用户提供集中统一的桌面服务，提供集中统一的桌面服务及运维保障。

9.1.5　项目目标

本项目的总体目标：在电信数据中心内，建设企业自有桌面云平台，与省公司自有数据中心互联，通过终端虚拟化技术与资源动态分配的云计算技术，高效地为公司各地市的抽样自由站点的各项业务和办公需要提供私有桌面云服务。

统一终端管理规范、统一终端部署、维护和监控；提高信息安全防护等级，保障站点终端的业务流畅及数据安全；快速部署应用，通过模板快速批量部署并下发应用桌面；快捷安全访问，提升工作效率，支持站点现有外设的接入，并支持多终端接入；节能减排、绿色办公，降低站点 IT 维护难度与运维成本。

具体目标如下。

将应用、更新、内容在数据中心统一发布、集中更新、批量部署：将升级、变更、维护等工作交由后台统一管理和运行，而不需要在用户终端上进行个别发布、配置和更新，终端无须任何变动即可获得最新应用和服务，减少终端所需的运维支持力度，提升管理效率。

在省内搭建云桌面资源池，直联省平台，为各地站点提供虚拟桌面服务，为不同类型员工提供统一标准的虚拟桌面办公环境。

安全接入、分权分域、集中管控：提供安全准入控制，集成现有的安全规程，实现对不同安全域、不同接入类型用户的集中管控，实现对不同业务资源的灵活分配和使用状况审计。

提升用户访问体验：使用户可以在授权的时间、地点通过授权的设备访问集中的应用与数据，降低网络质量对应用的影响，实现不同网络环境的一致访问体验，提升业务系统的可用性和连续性。

终端管理：实现 PC、笔记本、瘦客户机等终端的统一，标准工作环境的交付，提供多终端接入的云桌面服务。

9.2　云桌面技术方案

9.2.1　云桌面平台设计原则

本次方案设计基于用户现有网络，根据企业的需求描述及前期在云桌面项目运作过程中的经验总结，根据企业对单桌面的计算与存储能力要求，综合考虑安全性与区位性进行机房选址推荐，在考虑冗余与未来扩展性的前提下规划资源池，统筹测算出资源池计算、存储规模，同时针对站点具体应用场景进行终端选型；本方案针对资源池侧与终端侧分别设计，并通过现有电信线路与必要的新增线路将两部分资源与能力实现匹配。根据先后权重，依次考虑平台可靠性、冗余性、标准化、扩展性、经济性。

可靠性：选取高品质数据中心、高性能终端设备、领先的 Citrix 虚拟化技术、高性能服务器及存储，充分考虑系统备份。数据持久性不低于 99.999%，服务可用性不低于 99.9%。

冗余性：充分考虑双路由接入、带宽冗余、存储冗余，满足并发需求，避免因开机风暴等造成性能瓶颈。

标准化：区分不同办公场景的具体需求，建立标准化的办公环境标准，为各类场景提供统一标准化的桌面和应用环境。实现快速的标准化部署和统一的监控管理服务。

扩展性：选取有可扩展空间的数据中心及备选数据中心，资源池未来可通过逐步添加计算资源与存储资源实现动态扩容。

经济性：在保障可靠性的前提下，适当配置资源池资源，并选取提供软硬件一体的瘦终端设备，显著降低软件许可成本。

9.2.2　资源池数据中心选址

基于方案要求，选取江苏电信河西国际数据中心（中国电信五星级数据中心）与苏州科技城数据中心（中国电信五星级数据中心）为该项目备选数据中心，两个数据中心均达到 T3+标准。其中，由于河西国际数据中心与企业省数据中心均位于南京（直线距离小于 100 公里），建议将南京河西数据中心作为本次项目的主用数据中心，该数据中心的 3 楼 A 区目前有较好的扩展性，拟定在该区内为本项目搭建专用资源池；将苏州科技城数据中心作为未来资源池扩展的备选数据中心。

1. 江苏电信河西国际数据中心

1）地理位置

南京电信河西国际数据中心位于南京市江东中路 49 号水西门大街与江东中路交汇处，交通便利，周边环境设施齐全。属中国电信集团钻石五星级 IDC 机房。

整个数据中心的服务面积约为 11321m^2。河西国际数据中心从建设标准、设计、施工等方面处处体现了高标准和绿色环保等理念，所有机房采用绿色节能环保的水冷空调系统，机房内部均采用上走线下送风的方式，并委托 IBM 公司进行整体机房系统集成。

机房具备乙级的抗八级地震能力，并具备抵御强烈风暴、雷击的能力。其中普通区域的承重能力为 1000kg/m^2，电力室区域的承重能力为 1600kg/m^2，机房层高为 4.5m，梁下净高达到 3.7m。

河西国际数据中心的核心机房及托管机房均位于二层以上，主要电力室位于一楼，满足防洪要求，且各机房均设地湿报警器，24 小时全天候监控，适时报警。

2）电力设施

市电引入：河西国际数据中心采用从 3 个不同变电站，共 6 路 10kV 高压市电引入。

柴油发动机组：为提高交流供电系统的可靠性，河西国际数据中心机房配置了额定功率为 2000kW 的卡特彼勒柴油发电机组作为备用电源，充分保障大楼供电的可靠性和安全性。

UPS 供电：南京河西数据中心大楼每层均设有独立的电力室和电池室。每层电力室放置 4 套 800kVA UPS 系统，每套系统均采用 400kVA UPS 单机（2+1 并联冗余）的工作方式，电池后备时间满载大于 1 小时。

3）空调设施

空调配置设计采用“N+1 备份”的方式，降低空调的负载率，从而提高了可靠性，延长了使用寿命。

4）基础设施

防震：机房具备乙级的抗震能力，设备托管区承重能力为 1000kg/m^2，电力室区域的承重能力为 1600kg/m^2，机房层高为 4.5m，梁下净高达到 3.7m。

防洪：机房位于三、四、五、十楼，主要电力室位于一楼，满足防洪要求。

防水：各机房均设地湿报警器，24 小时全天候监控，适时报警。

消防：机房采用了高灵敏度的烟雾探测系统，能在第一时间发现火灾隐患。并利用七氟丙烷（HFC-227）环保型气体自动灭火系统在不停电的情况下实施灭火。机房内完全按照消防要求，对机房划分独立的消防区域进行单独的控制，以便实现更好的消防效果。而且，在机房内多处摆放有手提式干粉灭火器。在机房里面均有紧急出口指示。

保安服务：大楼一楼设有保安岗，负责大楼 7×24 小时的安全，对出入大楼的人员、设备进行日常管理。

门禁系统：机房内安装有门禁系统，门禁均采用防尾随门设计，与公司的门禁系统统一进行管理。

RFID 资产管理系统：河西国际数据中心对于所有的用户设备采用 RFID 资产管理系统统一管理，可以自动识别、追踪、定位、收集，无须人工干预，充分保证用户设备进出的安全性。

5）功能区域

河西国际数据中心的办公区域位于九层，设置有：客户洽谈区、大型会议室、机房监控室、客户专属 VIP 办公室、公共调测间等，保证客户能够有效地进行各项工作。

客户洽谈区是为用户提供的一个交流和休息的区域，在这里办公的客户可以在这个区域进行一些业务的商谈和交流。

会议室是为用户提供的一个公共会议室，可以便于用户安排各种规模的会议，为用户免费提供投影、屏幕等会议所需设备。

机房监控室可以实时监控机房情况，采用网络矩阵进行管理，同时对于录像资料保存至少一个月以上，以便客户调阅。

VIP 客户专属办公室为 VIP 客户提供专用的办公室，为封闭的独立办公区域。办公室的办公家具可以根据客户的需求提供，并提供现场照明、办公设备用电、办公桌椅、电话接入、网络接入等基本办公环境。

公共调测间位于机房监控室对面，主要用于客户设备在进入机房之前进行安装调测，设备调测完毕后进入机房直接上架，减少在机房的操作时间，从而可以让机房更加安全、整洁。

6）网络资源

中国电信是国内最早开展 IDC 业务的运营商，拥有丰富的数据中心管理、维护的经验，南京电信作为中国电信 ChinaNet 骨干网大区中心节点之一，如图 9.1 所示，是江苏省宽带网络的中心节点，省网通过 2000G 的带宽连接国家骨干网，依托 ChinaNet 骨干网直达国际 Internet，随时保障网络连接的畅通，以一流的网络保证用户的使用。南京节点作为 ChinaNet 九大核心节点之一，与上海节点共同为华东地区提供互联网业务疏导能力。

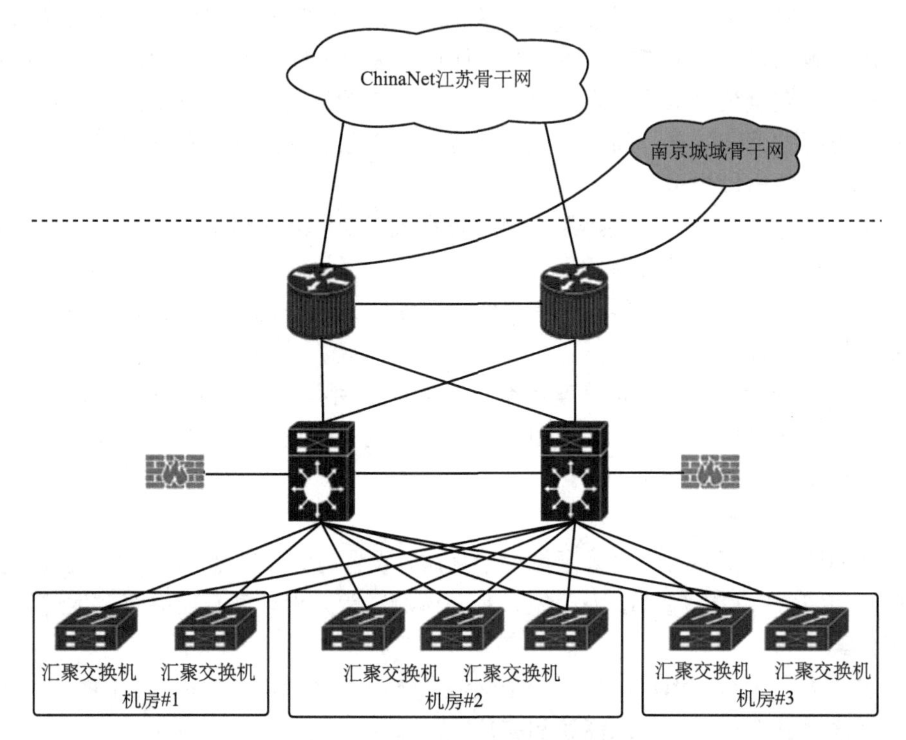

图 9.1　南京河西国际数据中心网络拓扑结构图

7）运维团队

河西国际数据中心具有省、市两级售后服务保障，具有多个专业的技术人员团队。拥有多名 CCIE 和系统集成、解决方案专家，具有丰富的数据中心运行维护经验，整个维护团队已有多年的经验，共有近 10000 台服务器在运行，秉承中国电信的“用户至上，用心服务”的理念，竭诚为广大用户提供 7×24 小时的优质服务。

2. 苏州科技城数据中心

苏州科技城数据中心按照 TIA942 标准建设，根据其实用性和安全性要求，基础设施建设水平除少量分级参考指南所列项目为 Tier3 级别外，其他均达 Tier4

级别。

机房总体建筑面积：5400m^2，共 5 层；总投资：1.008 亿元；抗震设防：7 级；防洪：标高 3.32m（高于苏州历史最高水位 0.5m）；机房楼层设置：二层至五层共 4000m^2，为数据及灾备应急中心；监控中心设于二楼；各楼层设有准备操作间与其他辅助用房；IT 设备机房占地 1120m^2。

1）网络环境

机房网络采用双路由 80G 直连本地 IDC 专网，独立网络；采用 IDC 流量汇聚专网设计，与本地、异地连接路径均达到最短最优；机房核心网络与 ChinaNet 骨干网之间连接有 8 条冗余的万兆以太网光纤；双出口冗余结构；可针对客户数据传输、维护的需求提供光纤、XDSL、DDN、ATM、MPLS VPN 等多种接入手段。

2）电力保障

科技城机房供电为引自两个不同变电站的 10.5kV 市电；各楼层低压配电系统通过母联方式进行应急切换；按 2N 方式配备 UPS，每台机架采用双路 UPS 电源直接供电。

3）空调温控

科技城机房采用佳力图风冷精密空调制冷。制冷送风采取下送风、上回风方式，风量充分搅动有利制冷。保持机房温度为 21～25℃，湿度为 40%～70%。机房内采用高效率下送风+机柜内前精确送风方式，机架顶部与下部温差低于 3℃。机房空气处理系统分置于机房南北两侧。节能模糊控制系统自动调节整个集中空调系统。

9.2.3　平台网络设计

通过对企业现有网络的调研、拟选定 IDC 数据中心的网络环境及虚拟桌面的技术特点，利用已有电信线路并新增 2 条百兆专线，实现局端与终端的互联访问。同时，加入 Citrix Netscaler 访问网关，实现专网 VPN 登陆及实现负载均衡。

1. 带宽设计

桌面云平台最终将建设为面向内部提供全面办公和业务支撑的桌面云服务提供平台。既可以提供办公人员所需要的标准化、可移动、可管理的桌面办公环境；又可以为不同的业务场景提供可灵活组合调配的统一交付服务。云桌面网络带宽与特定应用场景中用户行为组及各种用户行为的频度强相关。几种典型应用带宽需求情况如表 9.1 所示。

表 9.1　带宽需求表

操作场景	HDP
静默场景（关闭所有应用，显示桌面，用户无操作）	4Kbit/s
英文 Word 打字（Word 文档 100%比例打开，5 号字体输入，每秒输入字符数<=10 个）	70Kbit/s
Word 静默	32Kbit/s
全屏浏览图片（每秒下翻一幅图片，分辨率为 1650×1080）	340Kbit/s
PPT 播放（回翻 5 页内 PPT，不含动画效果）	17Kbit/s
Internet /WWW 浏览（纯文字）	150Kbit/s
呼叫中心客服应用（旁路/分离方案）	150Kbit/s
打印	500～800Kbit/s
窗口拖动（窗口大小<=800×600）	50～400Kbit/s
双击打开文件夹（文件夹窗口大小<=800×600，平均每秒打开一个文件夹）	460Kbit/s
480P 按照 640×480 尺寸播放（QQ 影音）	<=6Mbit/s
480P 按照 1280×720 尺寸播放（QQ 影音）	<=9Mbit/s
480P 全屏播放（1680×1050 分辨率）（QQ 影音）	<=7Mbit/s
720P 按照 640×480 尺寸播放（QQ 影音）	<=7Mbit/s
720P 按照 1280×720 尺寸播放（QQ 影音）	<=15Mbit/s
720P 全屏播放（1680×1050 分辨率）（QQ 影音）	<=15Mbit/s
1080P 按照 640×480 尺寸播放（QQ 影音）	<=7Mbit/s
1080P 按照 1280×720 尺寸播放（QQ 影音）	<=14Mbit/s
1080P 全屏播放（1680×1050 分辨率）（QQ 影音）	<=14Mbit/s
GPU 虚拟桌面（CPU 压缩）: 5～50Mbit/s	<=30Mbit/s

根据客户业务需求以及业务模型带宽同等规模项目经验值分析，带宽需求分析如表 9.2 所示。

表 9.2　带宽需求分析表

参数	带宽需求/（Kbit/s）	值	备注
空闲	10	10%	表示同时有 10%的用户空闲
互联网浏览	150	0	表示同时有 0%的用户都会进行互联网浏览操作（专网）
文档/PPT 编辑	150	30%	表示同时有 30%的用户在进行文档编辑
业务使用	50	60%	表示同时有 60%的用户在进行 PPT/图片浏览
视频浏览	5000	0	表示 0%的用户都在进行视频播放需求（本地实现）
带宽利用率	—	80%	—

根据上面的带宽，可得出各种应用场景的带宽要求。

按照带宽 20%冗余计算，每用户平均带宽需求＝（10Kbit/s×10%（空闲）＋150Kbit/s×30%（文档编辑）＋50Kbit/s×60%（业务使用）/0.8＝95Kbit/s。以每桌面 100Kbit/s 计算，省数据中心与云桌面资源池通过两根 100M 专线互联，可以满足带宽需求。省公司、各地分子公司的网络架构如下。

省公司到地市汇聚点，两条 10M mpls vpn 链路（1 主 1 备）。

地市汇聚点到站点：4M mpls vpn 专线。

基于上述网络现状，同时考虑到用户现有的站点 IT 管理架构以及虚拟桌面方案对网络依赖性及网络带宽需求，为尽量降低网络改造的工作量及网络租赁费用。若选址机房为南京河西国际数据中心，方案采取在江苏电信河西国际数据建设桌面云平台，并通过两条百兆专线或光纤直联云资源池与省公司数据中心的建设方案。具体如图 9.2 所示。

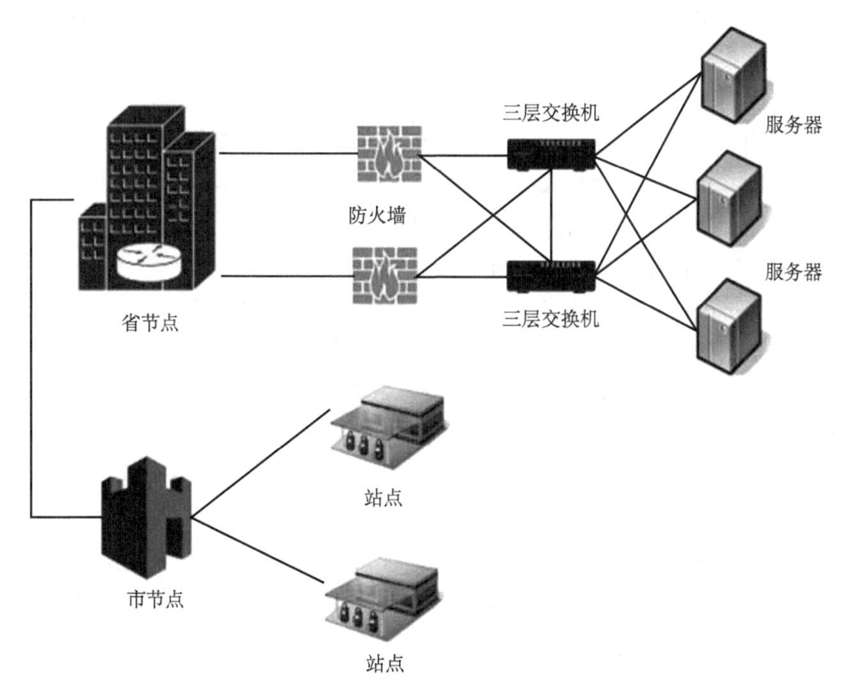

图 9.2　主选数据中心（南京）网络设计方案拓扑

如选址数据中心确认为苏州科技城数据中心，考虑到跨市专线的成本，采用在苏州科技城数据中心搭建资源池，并通过两条百兆专线将数据中心资源池连入苏州电信城域网。

2. 网络接入网关及负载均衡设备

资源池与用户网络边界部署边界针对虚拟化优化的安全设备，采用了细化到IP、端口级别的访问控制策略；部署能提供虚拟化加速的设备 Citrix Netscaler。部署的安全产品具备提供公安部计算机信息系统安全专用产品销售许可证。选型确认后提供许可。

访问网关是基于 FreeBSD 系统的硬件设备，可以代理用户终端的访问请求，实现对内部 XenDesktop 环境的安全高效访问。使用访问网关时用户终端和访问网关建立 HTTPS 连接，访问网关验证用户后会作为 ICA 代理将 ICA 协议数据通过 HTTPS 通道转发到用户终端。整个访问过程中客户端仅能够和访问网关建立连接，无法访问任何其他内部服务器。

为了保证虚拟桌面系统高效地访问，使用 Citrix Netscaler 实现虚拟系统的高效均衡，在全局负载均衡配置中，NetScaler 的负载均衡模块可以根据用户所在的地理位置和数据中心的健康状态，选择用户访问不同的站点， NetScaler 的全局负载均衡功能是基于 DNS 实现的，并由 NetScaler 系统自动智能判断。

员工访问××××外部域名，用户终端向本地 DNS 进行查询。本地 DNS 服务器通过递归，最终查询到 NetScaler 的 ADNS（权威 DNS）服务上。负责每条链路接入的 NetScaler 均可以作为权威 DNS，因此建议在上级 DNS 注册域名时，登记多个 NetScaler 的 ADNS 服务地址，作为 DNS 服务的冗余。

每台 NetScaler 检查各链路的 VPN 服务是否可用，这些检查可以自定义选项，例如，Internet 链路的检查等，如果检查结果正常，即认为这个链路可工作。

当某台 WI 或 DDC 服务器或数据中心链路不可用时，NetScaler 标识该服务为“Down”，并解析域名到其他可用地址。

如果多个地址均为可用，首先建议选择上面算法中的静态就近性算法来进行流量分配。

如果员工请求是来自非列表中的 IP 地址段，我们不确定该员工访问哪个数据中心效果更好，则可以采用动态就近性或者轮询算法。动态就近性是让两台 NetScaler 分别通过动态的就近性算法探测员工的本地 DNS 服务器，测量由客户端网络到达各数据中心或服务器的速度，并依据这个量度，选择访问速度最快的数据中心，解析域名到该数据中心对应的 IP 地址，从而将员工访问引导到该数据中心。轮询算法（ROUND ROBIN）将员工访问平均分配（或者加权分配）到各站点上，确保入站流量的负载均衡。

当在 NetScaler 上完成 DNS 解析后，NetScaler 将可用的，并且最优的 IP 地址返回给 LDNS，从而返回给外部员工，员工可向数据中开始发送请求。

另外，若该项目未来拓展至移动办公场景下，用户可能使用多种客户端访问应用虚拟化平台。如果用户终端支持行内 VPN 客户端，则可以建立 VPN 连接后直接访问应用虚拟化平台。如果用户终端不支持行内 VPN 客户端，则同样需要访问网关来实现。

9.2.4　资源池设计

1）服务器配置

根据可靠性的选型原则，选择高性能刀片式服务器作为首选方案，根据同等规模已交付云桌面项目的经验，一台配置两颗 2650V2CPU 的服务器虚拟 65 个桌面用户可以得到相对优质的体验，按照 20%冗余计算，为 52 个桌面用户，500 用户需要 500/52=11 台业务服务器，管理节点需要 1 台管理服务器，另配一台冗余服务器，实现管理节点的冗余需要，共计需要 13 台服务器。

单台业务服务器实际承载 500/11=46 用户，单台业务服务器内存需要 46×3=138GB 内存，虚拟化操作系统占用 8GB 内存，共计 146GB 内存，按照 20%冗余计算，146/80%=183GB 内存，建议配置 192GB 内存。

为保障客户体验，存储网络采用 FC，业务及管理网络走 10GE，因此配置 MZ510 扣卡，配合机框的 CX311 交换网板，可以对外提供万兆口及 FC 接口。

硬盘 300GB SAS 盘足够使用。

刀框使用一体化刀框机框，可承载 16 个半宽刀片，6 个 3000W 白金电源，14 个风扇，4 个交换网板（GE、10GE、FC、IB 等），2 个管理网板。

每片高性能刀片，可以装载 2 颗 E5-2600V2CPU，24 个内存条，2 块硬盘。

2）存储配置

500 用户存储，磁盘 70GB（30%的桌面分配 100GB），单桌面 IOPS 不低于 20，按照系统盘需要 40GB，数据盘需要 30GB（30%的桌面 60GB）计算，每个用户系统盘需要 17IOPS，数据盘需要 IOPS 为 3 计算；系统盘：采用 600GB 10kr/minSAS 盘，通过自动分级存储软件和 SSD 硬盘增加 IOPS。

容量维度：40GB × 500 用户=20000GB，按照 20%冗余计算，为 20000/0.8=25000GB。

600 盘格式化后为 45 块盘，需要 3 框，按照每框 2 个 Raid5 计算，每框 2 个热备盘计算，共需要 45+4×3=57 块盘。

IOPS 维度计算如下。

RAID 组有效容量：RAID5 的 RAID 组需要减去一块校验盘的容量。RAID6 需要减去两块校验盘的容量。RAID10 只有一半可用容量。实际多少块盘组 RAID 可根据实际要求更改。

热备盘率：下面公式中每 24 块盘含两块热备盘，可根据实际要求更改。

IO 落盘率：这个参数=1 − 存储的 Cache 命中率。存储设备的 Cache，RAID

组可提高 IO 性能。不同存储设备的 IO 落盘率有差异。

根据以往项目实操经验，每个用户需要 17IOPS 可以保证比较良好的使用体验。

共计需要 IOPS=（单用户 IOPS×用户数+系统所需要 IOPS）×IO 落盘率=（17×500+1100）×21%=2016。

每块 600GB 15krpm 的 SAS 盘标称可提供 200IOPS，有效 IOPS=（每盘标称 IOPS×IOPS 利率/（1+3×写比例））=200×60%/（1×30%+4×70%）=38（RAID5 的写惩罚是 1∶4。创建 RAID5 后，系统盘考虑 70%写比例造成的写惩罚）。

共计需要 2016/38=54 块有效 IOPS 盘，计算每框需要 2 块热备盘，54+2×3=60 共计需要 60 块盘。

存储阵列的"自动分级存储功能"，可以自动识别热点数据，并将热点数据迁移至 SSD 盘中，从而大大地提高系统的 IOPS，根据经验，配置 4 块 2.5 寸 600G eMLC SSD 硬盘，算作系统盘的 IOPS 的冗余。

综上所述，系统盘需要 60 块 600G 2.5 寸 10000RPM SAS 盘，和 4 块 2.5 寸 600G eMLC SSD 硬盘。

数据盘计算如下。

为了保障数据可靠性和数据恢复的及时性，建议数据盘配置 2T NL-SAS 盘，并配置 Raid6。

容量维度：2000GB 盘格式化后有效容量为 2000/1.024/1.024/1.024=1862GB。

数据盘需要 30GB（30%的桌面 60GB），共需要 500×70%×30GB+500×30%×60GB=19500GB，按照 20%冗余计算，为 19500GB/0.8=24375GB。

24375/1862=14 块盘，按照 2 个 Raid6，每个 Raid6 需要 2 块冗余配置，需要 18 块盘，算上每框 2 块热备盘共计需要 20 块盘。

性能维度：数据盘平均每用户需要 3IOPS，计算需要 17 块盘。

综合考虑数据盘需要 20 块 2000G NL-SAS 盘。

3）资源池规划及单桌面规格

本次硬件设备为 13 把高性能刀片服务器，11 台作为资源池节点，1 台作为管理节点，1 把作为冗余配置节点，单台配置为：2CPU 8 核、192GB 内存的，资源池提供 200 个站点充值场景虚拟桌面，100 个便利店收银场景虚拟桌面，200 个公司办公场景虚拟桌面，总共为 500 个虚拟桌面用户，本期资源池，营业厅、办公和客服场景虚拟桌面都采用 1∶1 的桌面分配方式。

9.2.5 终端设备选型

根据前期站点终端测试结果与以往项目经验，瘦终端设备厂商必须要较强的服务水平。瘦客户机厂商的终端设备要占有较大的市场份额，经受住市场的考验。

瘦客户机厂商需要有与国际领先的桌面虚拟化解决方案厂商 Citrix、Microsoft 合作的经验，瘦客户机需要为以下三个场景服务。

场景 1：站点充值计算机/办公计算机。

端口需求： USB1（键盘），USB2（鼠标），USB3（打印机），USB4（预留），串口 1（充值 POS），串口 2（银联 POS），串口 3（自助授权），串口 4（预留），并口 1（打印机）。

需要使用 IC 卡充值软件、Office、SAPGUI 客户端软件；OA 办公平台、业务查询系统、零售管理系统、站点辅助管理系统、业务充值卡系统、远程培训、视频监控平台等日常 B/S 办公系统，并能确保用户体验效果与传统 PC 一致。

其他特殊需求：有查看本地局域网视频监控的需求（应能支持至 1080P 高清格式）。

场景 2：便利店收银机计算机。

端口需求：USB1（键盘），USB2（鼠标），USB3（预留），串口 1（充值 POS），串口 2（客显），串口 3（串口打印机），串口 4（预留），并口 1（并口打印机，与串口打印机不同时存在）。

需要使用 SQLSERVER、Office、Ftp 客户端等应用软件；OA 办公平台、远程培训等 B/S 办公系统，并能确保用户体验效果与传统 PC 一致。

场景 3：公司办公计算机（含县公司、库房、站点）。

端口需求： USB1（键盘），USB2（鼠标），USB3（打印机），USB4（预留），USB5（预留），串口无需求，宜可显示器背挂。

随着桌面 PC 的老化淘汰，建议在桌面部署节能的瘦客户机，以进一步降低管理维护工作量，延长桌面设备的生命周期。

管理系统。随机配置专为云终端管理开发的管理系统，可实现对云终端的集中、远程管理。管理系统功能如表 9.3 所示。

表 9.3　管理系统功能

序号	项目	功能
1	系统配置	支持通过管理系统远程集中配置云终端参数（显示、时间日期、系统用户、网络、连接条目等）
2	批量管理	支持通过模板对云终端进行批量参数设置
3	远程协助	支持通过管理系统远程协助云终端用户解决问题
4	电源管理	支持通过管理系统远程唤醒、开机、关机
5	消息管理	支持通过管理系统发布消息到云终端用户
6	性能监控	支持通过管理系统监控云终端性能（CPU、内存、网络等）

续表

序号	项目	功能
7	部署管理	支持通过管理系统升级操作系统和补丁、安装应用软件
8	管理审计	要求管理系统支持记录管理员的操作日志和云终端的登录日志

9.2.6　云桌面管理平台

项目中，使用中国电信自主研发的天翼可信云管理平台对虚机资源进行管理。该管理平台在中国电信“4+2”资源池的云主机、云桌面、云存储产品中，被广泛应用。平台支持系统日志，可以记录系统的运行情况和操作记录，用于用户行为审计和问题定位；具备完善的权限管理功能，可对角色设置不同权限、不同管理范围，实现分权管理；通过划分角色，省公司可以对全省桌面进行监控和管理；各分公司可对本分公司所属的桌面进行管理，可将日志导出至第三方日志管理平台；支持模板统一下发，其主要功能如下。

（1）资源池配置管理。资源池化配置管理包括资源配置、资源查询、虚机查询、虚机配置动态调整、小型机管理等功能模块。是对物理机、虚拟机、x86 服务器、存储资源池、网络设备等的统一管理。真正让物理资源变得可以按需分配，是实现云计算所有基础资源按需使用，弹性部署的基础。

①资源配置具包括物理资源分区管理、物理分区资源集中管理等，支持对机柜、服务器、Hypervisor、物理资源分区、共享存储进行分类管理。

②资源查询支持对虚拟机、网络、模板、镜像、事件、告警信息等都支持按资源名称、管理 IP、配置参数、关联关系等进行查询，方便资源快速定位，提高运维效率。

③虚机管理支持虚拟机的创建、删除，支持使用模板和镜像创建虚拟机；支持用户自定义虚拟机的 CPU、内存、网络、磁盘等配置参数。

④虚机配置动态调整支持按照应用需求动态调整虚拟机资源，包括内存、CPU、网卡个数、虚拟化磁盘等，可实现：调整 VCPU 数目、调整内存大小、挂载虚拟磁盘。

资源配置支持对机柜、服务器、Hypervisor、物理资源分区、共享存储进行分类管理。

可以增加资源、删除资源和修改资源。

（2）可以详细设置物理分区的网络方案，提供物理隔离和冗余，包括名称、所用的 Hypervisor、内部 DNS 等，设置具体的网络模式。

（3）物理分区网络设置。

（4）物理分区资源添加，可以从高到低，逐级设置物理分区中子分区、集群、主机、主存储、二级存储等内容。

9.2.7　可扩展设计

考虑到客户未来 3～5 年的需求扩展，IT 需求不断扩大的同时，如何确保方案在未来内能很好地适应新的变化，确保在一段时间内业务不断扩大的同时，桌面云平台系统能很好地满足其日益增长的企业以及用户提出的新的需求。

随着业务不断发展，桌面与用户数量不断增加，当服务器集群的计算资源及存储资源无法满足用户增长的需求时，桌面云的群集几乎可以滚动投资，无缝动态扩容。随着用户数的增加，我们只需合理增加对应的服务器和存储，以每刀片为单位滚动扩容，加入现有的资源池，或者由于后期规模的增长，我们可以新增资源池，只需将新增的资源池纳入现有的桌面云管理平台，即可满足扩展需求。并且所有的群集节点都是在线无中断进行扩展的。

9.3　平台组件及功能

9.3.1　平台组件说明

资源池平台包括许可证服务器（License Server）、虚拟桌面控制器组件（DDC）、虚拟应用区域控制器组件（ZDC）等组件，其功能如图 9.3 所示。

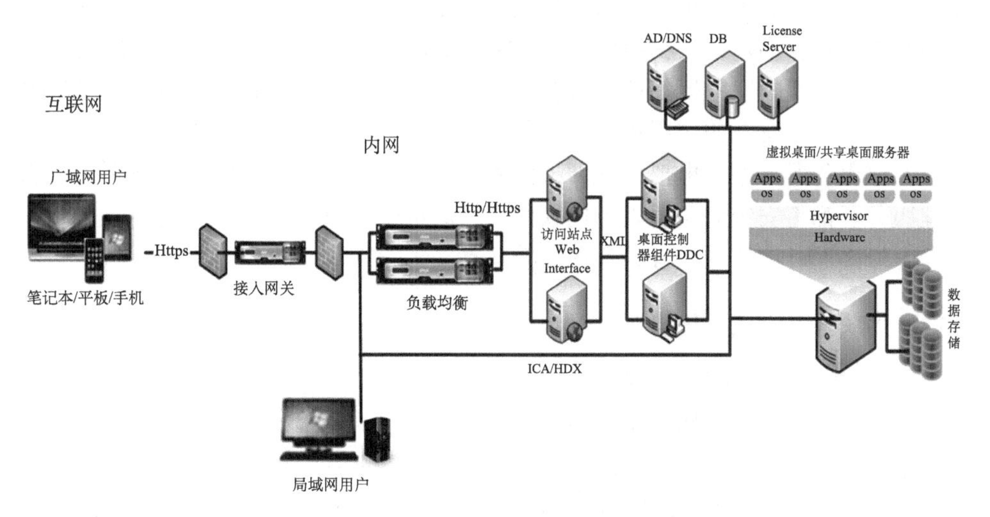

图 9.3　云桌面数据中心逻辑拓扑图

访问站点（Web Interface）：访问站点可以创建 Web 站点和 Services 站点以两种方式提供用户登录虚拟桌面的入口，用户可以通过 Web 浏览器或客户端使用各种终端设备访问其资源。不同的虚拟应用服务器场和虚拟桌面站点可以共用访问服务器。

许可证服务器（License Server）：用于存储和管理许可证，用户在连接云桌面平台服务器时需要从许可证服务器获取许可。不同的虚拟应用服务器场和虚拟桌面站点可以共用许可证服务器。云桌面平台许可证服务器发生故障后有 30 天“宽限期”，30 天内用户仍然可以连接服务器，如果 30 天后云桌面平台许可证服务器仍然不可用，用户的连接请求将被拒绝。

虚拟桌面控制器组件（DDC）：桌面交付控制器负责对用户进行身份验证、创建和管理虚拟桌面环境的桌面组，以及代理用户及其虚拟桌面之间的连接；同时，桌面交付控制器负责虚拟桌面的创建与发布，控制虚拟桌面的状态，根据需要和管理配置启动和停止虚拟桌面。

虚拟应用区域控制器组件（ZDC）：虚拟应用区域控制器负责对用户进行身份验证、创建和管理虚拟应用和共享桌面，以及代理用户及其虚拟应用或共享桌面的连接；同时，虚拟应用区域控制器负责虚拟应用和共享桌面的创建与发布，控制应用的状态，根据需要和管理配置启动和停止虚拟应用服务器。

数据库服务器（DB）：在云桌面平台环境中，所有信息都存储在数据库中，控制器只与数据库进行通信，彼此之间并不通信，拔出或关闭一个控制器不会对站点中的其他控制器造成影响。数据库需要做全面冗余部署，否则会形成单点故障；如果数据库服务器出现故障，则无法建立新连接。数据库服务器是云桌面平台环境中最重要的基础架构组件之一。Data Store 为集群中的成员服务器提供了一个参考用的不间断服务器集群信息存储库。Data Store 中保存有环境中长期存在的各种信息，包括发布的应用规格、服务器数据、管理员账户和打印机配置等。

物理服务器群集及虚拟化软件：服务器将被虚拟化，除了 PVS 服务器，其他物理服务器都将安装服务器虚拟化软件，并组成一个资源池。所以基础架构服务器和虚拟桌面以虚拟机的方式存在，并运行在其上。

9.3.2　解决方案特点及优势

1）高效的远程访问

用户通过远程访问协议访问虚拟桌面，对网络具有很高的依赖性，所以远程协议必须具有很高的效率，才能满足用户的要求，即在满足使用需求和体验的情况下，以很低的带宽实现远程访问。因为只有这样，当大量用户同时使用桌面时，不会出现拥堵，同时能够很好地支持广域网，甚至互联网的访问，让移动办公用户可以通过各种网络接入使用虚拟桌面。

2）良好的用户体验

良好的用户体验是用户从传统的 PC 本地模式迁移到桌面虚拟化的关键，如果体验很差，无法满足桌面用户的要求，不仅不能提高用户的工作效率，反而会影响工作效率，并造成桌面用户抵触，造成项目失败。好的虚拟桌面系统需要能够在以下方面满足用户需求，并做到很好的用户体验。

3）实现智能的、高效的本地设备重定向

在工作过程中，不同部门的员工需要使用不同的外设，如财务部门的人员需要使用银行 Ukey、票据打印机，市场与品牌宣传人员需要使用扫描仪等外设，另外，员工在工作过程中还可能需要通过摄像头等召开在线视频会议。所以实现这些设备的自动辨识和使用是方案必须具备的功能。

4）多媒体的支持

现代企业的业务工作已经越来越丰富，使用的技术手段也越来越多，多媒体的技术就是其中一种，如录制并发布培训视频等。虚拟桌面需要很好地解决多媒体，甚至是高清媒体的播放，自动探知客户端和服务器的计算能力，并基于网络选择最优的播放方式，让用户获得最佳的体验，这样才能让桌面用户有更好的使用体验，更积极地支持虚拟桌面的管理方式。

5）支持实时的协作能力

随着企业业务的发展，越来越多的工作需要随时跟客户进行联系，Call Center 就是非常重要的一种，而且越来越多的通过 VoIP 的方式工作，力求降低通信成本，而统一通信也是逐步被广泛推广的一种协同工作手段。所以虚拟桌面技术需要很好地支持使用这些新技术进行工作。

6）各种网络的广泛适用性

虚拟桌面技术的出现，使得用户不再仅仅局限于在办公室内办公，如领导可以在差旅途中随时访问企业内网的关键应用进行业务审批，企业员工可以在公司内的任何位置（如在办公室、会议室等不同位置）访问自己的桌面，也可以居家加班等。这不仅可以降低企业的各种费用，还能提高办公效率，提高员工的满意度。正是由于用户接入环境的多样化，因此需要虚拟桌面方案能够适应各种网络环境，要求能够通过局域网、广域网、甚至是互联网和 VPN 访问到开发桌面，在保证安全需求的同时，实现更灵活的访问并降低成本。

7）以客户为中心的安全管控

桌面云软件针对客户的特定应用场景的软件、硬件进行了优化适配。针对特有安全需求针对性进行开发，提供特定厂家的 USB KEY、指纹、动态口令、802.1X 认证；针对管理员三员分立管理；提供无 AD 域部署，固定 IP 自动化部署。自主研发的桌面云管理软件，可提供以客户为中心的定制化管理能力，保障客户的核心管理诉求。

8）安全智能的网络接入

虚拟桌面技术使得通过互联网和 VPN 访问桌面成为可能，员工可以在公司、居家加班。这时候安全、智能的网络接入就成为重要的问题。什么样的设备和什么样的人可以接入，需要通过安全、智能的网络接入手段来根据企业的管理规范和安全策略进行自动地判定，将适当的权限和应用交付给远程接入的用户，在保证业务安全的同时，让网络更加安全、可靠。

9.3.3　平台功能

方案建议基于 Citrix 桌面云解决方案、升腾 SEP 产品、升腾云终端及中国电信天翼可信云管理平台来构建私有桌面云平台，平台可对资源、用户行为等进行统计、分析与管理。平台主要功能如下。

1）高效的镜像管理。当大量的虚拟桌面产生，镜像管理是一个非常关键的问题，好的镜像管理将会大大减少 IT 管理人员的管理工作量和复杂度。通过高效的镜像管理手段，管理人员可以将没有自己安装应用权限的，操作系统可以标准化的用户桌面进行统一，用一个桌面镜像进行管理。所有的升级、安装工作只需要对一个镜像进行处理，之后所有的用户就可以使用最新更新的操作系统。

而这些用户的差异，例如，使用应用的差异，配置文件（桌面图片、收藏夹等），以及数据保存都可以通过虚拟应用、配置管理和网络文件夹的方式实现。所有的部分进行动态组装，让用户感觉和使用一个独占的 PC 没有任何差别。这样做到良好的用户体验，同时能够提高管理人员的管理效率。

2）FlexCast 按需交付。思杰的 XenDesktop 桌面虚拟化产品结合了思杰特有的 FlexCast™交付技术，可通过单一解决方案满足各种要求。在思杰的桌面虚拟化解决方案中，统一的访问门户 Web Interface、应用交付模块、OS 镜像管理和交付模块、高效交付协议 ICA 和 HDX 技术，以及共享的后台基础构架等构成了一个灵活的桌面云服务平台。

无论企业内的用户应用场景以及用户需求如何多样化，通过 FlexCast™交付技术，都能找出一种适合的方案来满足各种场景和用户的需求。如图 9.4 所示 Citrix 桌面云服务平台中的对于各种客户端和各种交付模式构架。

图 9.4 包含了以下几种交付模式。

（1）集中托管的共享桌面。

（2）基于虚拟机的集中 VDI 桌面。

1∶1 私有镜像模式。

1∶N 共享镜像模式。

（3）本地流交付桌面（无盘桌面）。

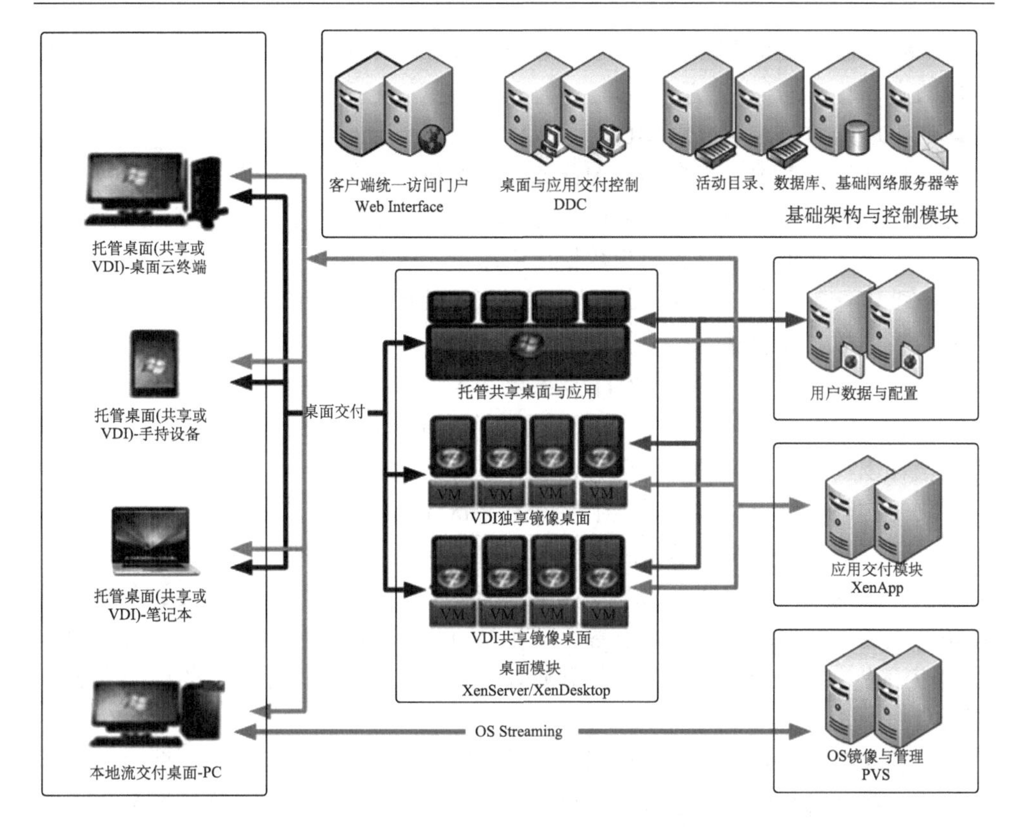

图 9.4　Citrix FlexCast 按需交付技术

（4）直接交付于终端上的虚拟应用。用户可以根据其自身桌面应用需求，选择最合适的技术或多种技术的组合。

3）基于升腾智能扩展协议的用户体验增强平台

升腾智能扩展协议（Smart Extend Protocol，SEP）基于 Citrix 桌面虚拟化平台开发。该套件不仅能节省桌面云平台的 CPU、网络资源占用，还能让用户获得更好的用户体验，加快从传统模式到桌面云模式的平滑过渡。

升腾 SEP 套件包括以下四个组件。

（1）USB 映射。

SEP USB 映射组件实现将连接在桌面云终端上的 USB 外设映射到集中托管的虚拟桌面中使用的功能。该套件为解决桌面云方案中存在的以下问题而推出。

USB 设备种类多、标准不统一，传统方案不能很好兼容；在传统方案中，占用大量的网络资源；策略设置有限，不能针对用户需求进行细分权限控制等。

该组件可兼容业界大部分的标准和非标准的 USB 设备。并提供为特殊设备进行定制化开发的服务。升腾 USB 映射技术在使用过程中相比传统方案可以节省

40%～80%的网络带宽资源。且可根据不同部门、岗位用户的需求提供精细化的策略设置。

（2）多媒体重定向（MMR）。

在桌面云方案中，用户桌面的计算能力都是由服务器端提供的。传统方案中多媒体视频应用需要消耗较多的计算资源和网络资源，这不仅影响用户的体验效果还减少服务器可以承载的用户数量，增加投入成本。

该多媒体重定向（MMR）组件，可支持 720P 或 1080P 等标清或高清媒体文件的流畅播放，并能够支持多种媒体容器及编码格式（包括 mp3、wma，wmv、avi、mpg、rmvb、flv 等容器及 DivX3/4/5、AVC、x264、H.263、wmv1/2、jpeg、MS MPEG-4 v2/3 等编码格式）。在使用过程中，能够减少 60%以上的服务器 CPU 资源消耗以及 80%以上的带宽资源消耗。

（3）实时影像设备应用增强组件——WebCam。

为了提高工作效率，越来越多的即时通信工具（如视频会议、业务录像）及设备（如摄像头）被应用到 OA 及业务系统中。在桌面云环境中，由于摄像头等设备的驱动程序安装在客户端设备上，而 Windows 的图形图像处理框架中间件、上层应用程序均在云桌面上。因此需要有方式实现将客户端设备上的摄像头映射到云桌面上。

从摄像头设备获取的原始视频数据需要经过网络传输到云桌面，再由云桌面中的驱动程序进行处理，这就会占用大量的网络带宽，同时还会降低显示的帧率及效果。

基于上述问题，通过 WebCam 技术，支持在云桌面中无缝使用摄像头，如常见的在线视频会议等。并能够降低 90%以上的网络资源占用。降低服务器的计算资源消耗，提高虚拟机密度。同时提升了实时影像的应用效果。

（4）图像获取设备应用增强组件——Twain 映射。

在日常工作过程中，桌面用户经常需要使用扫描仪、摄像头等设备来将纸质文件电子化并归档保存。在传统方案中，当上层应用程序调用 Twain 源时可直接通过该源从图形处理设备上获得一张图片，但在云桌面环境中，由于“应用程序”和“数据源管理器”在云桌面上，此时可以通过前面提到的“USB 重定向”方案将客户端设备上的摄像头等设备映射到虚拟桌面，但这种方式存在以下不足。

从摄像头设备获取的原始视频数据需要经过网络传输到云桌面，再由云桌面中的驱动程序进行处理，这就会占用大量的网络带宽，同时还会降低扫描速度。

为了解决该问题，可以将图形的预处理放在客户端完成，即将“数据源软件”及“图像处理设备”是放在客户端设备上，此时就必须在“数据源管理器”和“数据源软件”之间形成一个桥梁，使虚拟桌面中的“应用程序”不会察觉到“数据源”及“图像处理设备”不是接在本地，因此就要在“数据源管理器”及“数据源软件”间插入服务程序（Twain 映射）来实现“数据源管理器”与“数据源软件”之间的无缝交互。

9.4　云桌面集成实施方案

9.4.1　云桌面集成实施流程

云桌面集成实施内容较多，内容涉及网络、安全、存储、服务器、瘦终端、终端外设、云平台运维管理、机房基础设施、灾备及与后台业务系统集成的端到端服务。云桌面集成实施主要工作包括需求调研和分析、方案编写、机房选址，建设、环境勘察、排产发货、硬件安装、软件安装和调试、系统验收、用户培训，正式上线及后期维护等如图 9.5 所示。

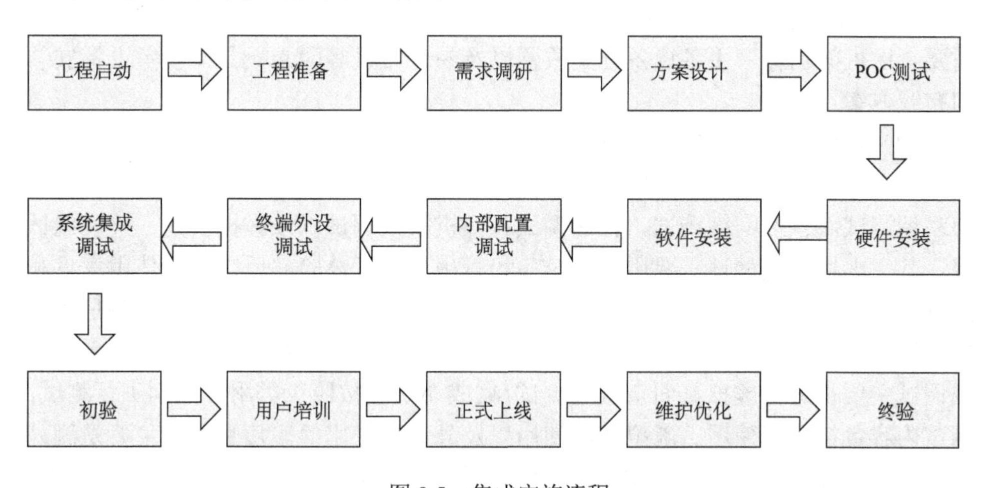

图 9.5　集成实施流程

（1）工程启动。立项并成立项目组织，制定项目实施计划和项目交付管理制度，保证项目按计划高质量完成。

（2）工程准备。主要包括工程勘察、软件版本准备以及对应技术安装文档的准备，工程勘察是一个重要环节，不仅涉及硬件备货环节，而且对于工程实施规划设计也会造成较大的影响，工勘需要在合同签订后提早进行，以免影响后续发货和设计环节。另外需要同步准备针对本次工程的软件版本和对应技术安装文档，保证硬件安装完成后，软件和文档能够及时提供后续软件安装调试的输入，保证工程进展的顺利。

（3）调研分析。合同签订后会安排技术人员到现场进行工程现状和需求调研，了解客户对本次云桌面建设的需求，包括应用场景、具体用户数、桌面环境（操作系统及应用软件）、系统外设及安全规范等，输出集成规划方案，为后续工程实施方案的制定提供输入，保证后续工程实施的合理性和规范性。

（4）实施方案设计。根据用户需求调研结果、工勘结果、合同技术方案以及相关招标技术规范等前期规划文件，制定后续工程实施的详细方案，包括硬件安装、软件安装和配置、网络配置、虚机模板调试、用户培训和上线方案等，对于云桌面项目，工程实施方案设计是整个项目集成过程的重要环节，不仅关系到后续项目执行进度以及验收结果，同时也影响上线后系统的运行维护效率。

（5）POC 测试。需求调研和评估阶段完成后，需要由 POC 测试项目组负责输出 POC 测试方案，之后由 POC 测试项目组现场进行 POC 测试，对于测试中碰到的问题及时和客户沟通确认、提早解决，以免问题和隐患遗漏到后续的工程实施，保证后续工程的顺利进行。

（6）硬件安装。硬件安装包括机房选址、机房环境勘查、设备上架、布线和上电等，设备上架要按照设备上架规划图进行，上架时按照各设备上架指导进行，需要考虑机架功耗、主备设备分架放置以及易于布线等因素。具体参考设备安装和布线方案。

（7）软件安装。软件安装包括虚拟化软件安装、操作系统安装、网络安装和调试、存储安装和调试、基础架构软件安装等，全部安装结束后需要进行系统内部联调测试，包括网络调试、存储调试和虚机模板调试以及虚机创建、外设调试等。其中虚机模板调试需要用户安排各场景用户进行体验并反馈具体使用意见和建议，以便对模板进行优化后再进行批量虚机的创建，保证虚机尽可能满足用户的使用需求，降低系统上线后用户问题的数量。之后进行系统集成测试，系统集成调试主要是进行虚拟桌面全流程测试，集成调试时按照三类用户分别进行测试，测试内容包括瘦端使用、虚拟桌面使用以及外设的使用等。瘦端测试主要是测试瘦端的易用性以及瘦端应用软件的使用是否正常，包括瘦端的升级、维护和管理。虚拟桌面测试主要是测试虚机的登录、虚机的应用是否满足各类用户的需求，以及虚机相关的安全测试，外设调试主要是站点和便利店用户较多，包括 USB 设备、打印机、密码输入机、钱箱、扫描枪、U-Key、IC 卡读卡器、银联 POS 机等，整个集成测试的重点工作，需要深入进行。

（8）系统验收测试。全部虚拟桌面创建完成后即可进行工程验收，包括硬件安装验收、系统可靠性验收、系统安全性验收、桌面环境验收等，其中可靠性和安全性验收包括主备倒换验收外，虚机的调度和迁移、数据备份和用户数据隔离验收等。桌面环境验收需要验收各场景用户对虚拟桌面的使用情况，包括操作系统配置和应用软件、外设使用情况等。

（9）用户迁移。用户迁移主要包括两个方面的工作，用户培训和用户数据迁移，用户培训需要提早分批组织进行，考虑到本次项目用户分布在不同地域，培训可以采用集中培训的方式进行，培训内容包括瘦端使用以及虚拟桌面使用和简单问题处理等。用户数据迁移也需要根据用户数据量情况分批进行，需要迁移用户在规定时间内从物理机复制数据到虚机，前一批用户迁移结束后系统立即关闭数据迁移通道，保证后续迁移用户的带宽资源，迁移要有组织、有纪律地进行，全部用户迁移之后正式使用虚拟桌面进行办公。

（10）系统维护优化。用户迁移开始后即可根据用户使用中碰到的问题对系统进行优化，优化动作包括用户使用行为规范、问题解决和系统模板调整等。需要客户提前建立三级维护体系，维护时由客户经理受理收集用户问题，之后问题传递到后台一级支持和二级支持，由后台负责用户问题的解决和答复，从而保证系统维护效率和客户满意度。

9.4.2 工程实施需求分析评估

1）工程需求分析评估概述

工程实施之前安排云桌面专家进行现场调研，需要客户提前完成立项并成立对应的工程实施团队，在调研期间配合调研人员完成各项需求的确认，保证需求调研工作的完整和全面，需求调研完成后由现场调研人员输出云桌面集成规划方案。

2）工程分析评估工作内容

需求调研及规划设计内容如表 9.4 所示。

表 9.4　需求调研及规划设计内容

项目	描述
需求收集	云桌面需求收集包括客户业务应用场景、业务功能、业务流程、桌面功能、IT 基础架构、IT 管理流程、IT 技术支持、IT 组织架构等方面内容。 ①用户行为信息：包括使用时间分布、使用习惯、使用感受等。 ②用户现有 PC 配置：目前的 CPU、内存、硬盘大小及利用率，磁盘 IO，网卡吞吐量等。 ③现有网络环境：网络架构、物理拓扑、逻辑拓扑；带宽利用率、IP 地址规划；网络访问策略；是否有单独的网管网络等 ④各个场景下用户使用的软件列表：软件名称、版本、数量、所需插件、使用方法等。 ⑤现有 IT 基础架构：现有 AD 架构、DNS、DHCP 服务器地址、管理部门、管理员等。 ⑥桌面终端安全策略：准入方案提供厂商、是否有桌面安全加固策略等。 现有环境外设使用清单：外设种类、厂家、数量以及使用方式等
需求分析	需求调研结果，对云桌面各场景下需求进行分析，明确各个需求实现的前提条件，以及实现需求的最优化方法等，从而把客户需求转变为 IT 基础建设需求
集成规划方案设计	需求调研完成后根据调研结果编写云桌面集成规划方案，制定集成规划方案时需要充分考虑到云桌面的开发性、规范性、可靠性以及易维护性，具体内容包括：组网规划、系统安装和配置规划、系统安全规划、系统备份规划、系统维护规划、数据迁移规划等，为后续工程实施方案的编写提供参考
方案审核优化	方案编写完成后，由现场调研人员和客户项目组一起完成审核，并根据审核结果对方案进行优化调整，最终双方认可并定稿后提交客户负责人和云桌面集成团队

3）工程分析评估及规划设计流程

云桌面规划设计流程如图 9.6 所示。

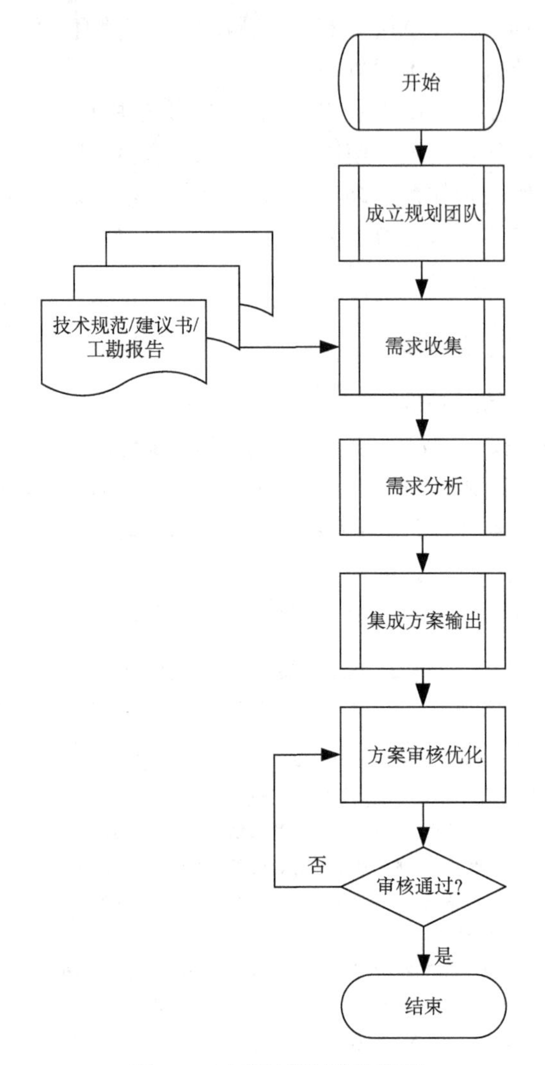

图 9.6　云桌面规划设计流程

9.4.3　云桌面集成实施方案设计原则

1）云桌面集成实施方案设计概述

集成方案设计是根据之前需求调研阶段输出的《云桌面集成规划方案》，完成本次项目实施时需要参考的《云桌面集成实施方案》，包括项目管理、系统组网、安装、配置、安全、终端和外设等实施所需的资源以及数据配置，联调测试、数据迁移等内容，是项目实施阶段的主要参考文档。

2）云桌面集成实施方案设计内容

云桌面集成方案设计表格如表 9.5 所示。

表 9.5　云桌面集成方案设计表格

项目	描述
云桌面集成实施设计信息收集	云桌面集成实施设计信息收集主要是参考和分析之前阶段输出的《云桌面集成规划方案》《POC 测试结果报告》，以及投标相关配置说明、技术建议书、技术规范书等，为编写集成实施方案进行工作准备
云桌面集成实施方案设计	通过参考和分析收集到的信息，编写云桌面集成实施方案，具备方案内容包括人员及接口、项目进度以及项目管理制度，以及系统安装和配置规范，包括系统安装和数据配置、组网配置、安全配置、终端和外设配置等，明确业务流程和端到端测试内容、数据迁移规划等
云桌面集成实施方案审核和优化	集成实施方案制定完成后，由集成实施项目组进行审核，并根据审核结果进行修改优化，确保定稿后的集成实施方案能够最大化体现客户实际需求以及 POC 测试成果
云桌面集成实施方案定稿	审核完成后电信和客户双方项目组成员认可后定稿

3）云桌面集成实施方案设计流程

云桌面实施方案设计流程如图 9.7 所示。

4）系统部署方案

桌面虚拟化方案充分考虑了系统的高可用性，主要体现在以下几方面。

Web Interface：部署 2 台 Web Interface 服务器，一方面可以实现对于用户登录进行负载均衡，另一方面部署多台 Web Interface 服务器可以提高系统的高可用性。

桌面控制器：部署 2 台 DDC 服务器构成一个服务器组同时提供负载均衡和高可用功能。

应用服务器：由多个 XenApp 服务器构成的服务器场可分区域提供高可用的应用发布服务，服务器场中提供内置的会话负载均衡机制，提供给用户多种负载均衡算法，其指标包括：CPU 利用率、内存使用率、磁盘交换等十多项指标，用户还可以针对不同应用自行定义负载指标的组合。服务器场会自动实现用户会话的负载均衡，避免由于单台服务器故障或负载过大造成系统不可用。

数据库服务器：采用群集的方式提供高可用的数据库服务。

服务器虚拟化资源池：多台物理服务器构成一个资源池，并按照 n+1 配置，实现冗余；并通过 XenServer 底层服务器虚拟化系统自带的功能，可以实现虚拟机的在线迁移，提高了系统的可用性。此外，在资源池的支持下，所有的虚拟机都可以在同一资源池下的物理服务器之间 XenMotion 在线迁移，提供对外服务，业务不会中断。

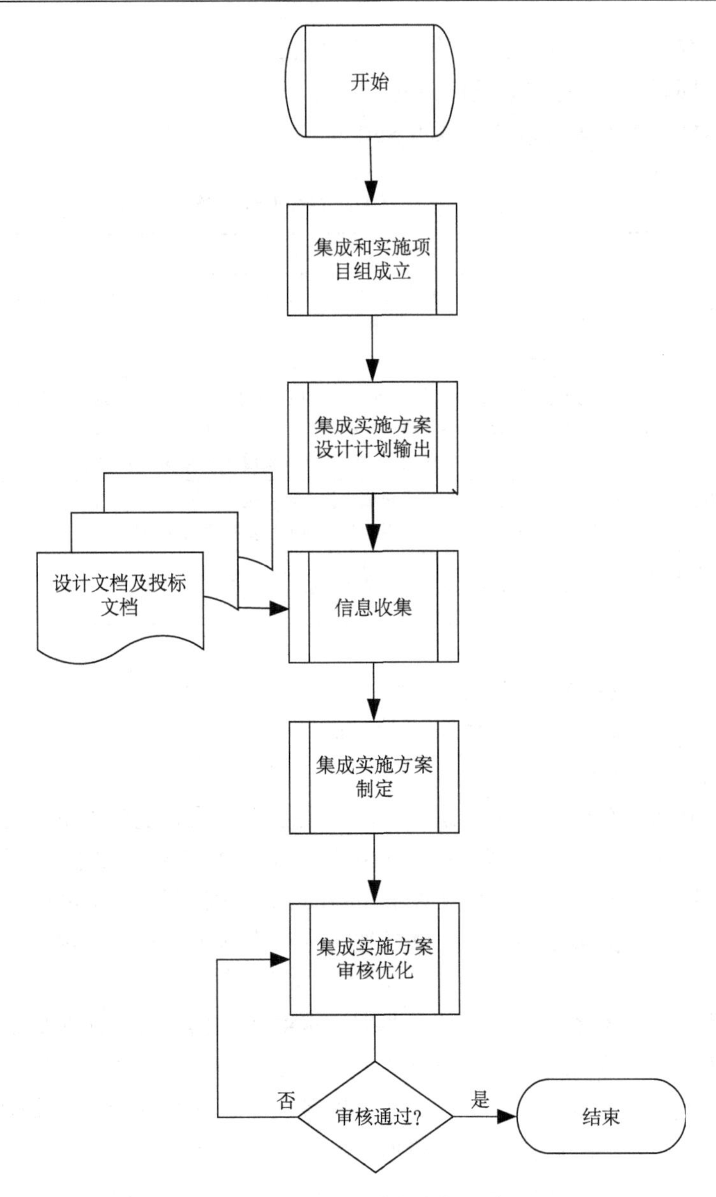

图 9.7　云桌面实施方案设计流程

5）平台调试

平台安装完成后进行联调测试，调试主要包括系统内部联调、接口调试、终端调试、外设调式和系统联调等，具体流程如图 9.8 所示。

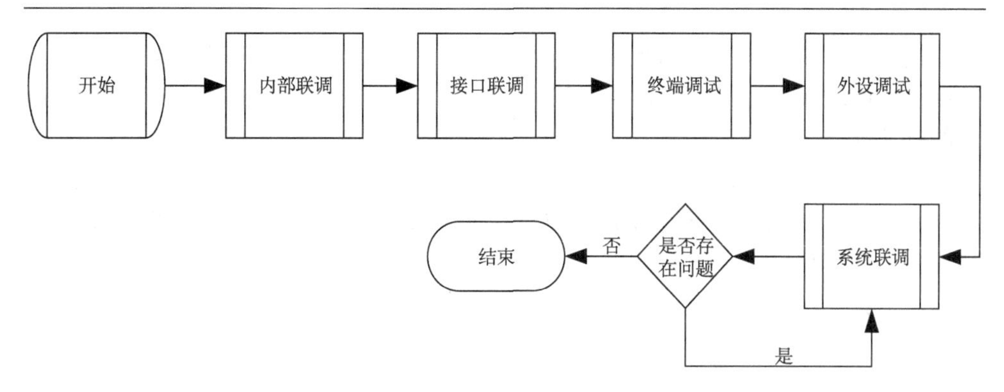

图 9.8　平台调试图

（1）内部联调测试。云桌面调试主要是虚机模板创建测试，测试时需要客户安排 IT 专业人员进行，并根据体验进行模板优化，直至模板确认没有问题后再进行虚机的批量创建工作，虚机创建完成后需要检查各虚机状态等，虚机创建完成后需要安排各个场景下的部分用户进行体验，体验是使用台式机进行，并及时根据体验结果对系统进行优化。

（2）对外接口调试。云桌面系统对外和承载的 PE 路由器有物理接口，通过 PE 路由器接入承载网络，外部相关 IT 系统、网管、终端用户以及后台业务系统全部通过承载网络接入云桌面系统。

接口调试主要是指云桌面和外部系统之间的接口调试，包括物理接口调试、网元接口调试和接口功能调试，云桌面对外主要接口包括和网关平台的接口、IT 基础设备之间的接口，以及和终端用户之间的接口。

（3）承载网对接。云桌面边界防火墙连接承载网的 PE 设备，为了隔离承载网上不同域用户访问云桌面的数据流，在防火墙和 PE 设备上启用子接口划归到不同的 VLAN，各域用户通过不同的子接口访问云桌面，从而实现了不同用户在访问云桌面通道上的隔离。

（4）瘦终端对接。各业务场景下的瘦终端通过承载网络接入云桌面平台的业务网，不同场景下的用户终端接入不同的业务网 VLAN，各个业务 VLAN 互相隔离，保证了不同场景的用户虚机之间不能互访，提升网络安全性。

（5）IT 系统对接。云桌面需要和客户现有 IT 系统对接，采用现有 AD/DNS 对用户进行接入鉴权管控。

调试主要内容：AD/DNS 到云桌面的路由调试；虚机创建后加入 AD 域调试；终端外设调试。

瘦终端的调试主要是镜像母文件的创建，母镜像文件包括瘦端操作系统以及客户的终端应用软件，根据三类用户对瘦端应用的要求，使用三个瘦终端分别创建针对三类用户的母镜像文件，之后通过 USB 从瘦端提取母镜像文件，完成后可以通过瘦端管理服务器对剩余瘦端进行镜像文件的网络升级。需要注意的是由于镜像文件比较大，母镜像文件的升级尽量避免多次进行，因此需要保证母镜像文件的有效性。

外设的调试首先需要部署好虚拟桌面环境、定义用户或虚机策略，之后开放串口，并口和 USB 口设备重定向策略。然后在虚机上安装外设驱动，在终端上登录虚机，插入外设，使用外设厂商提供的调试程序验证调试。外设调试需要提早进行，可以先期创建几台虚机，然后提早对外设进行测试，以便发现问题时有时间来进行定位解决，规避风险。

外设调试步骤如图 9.9 所示。

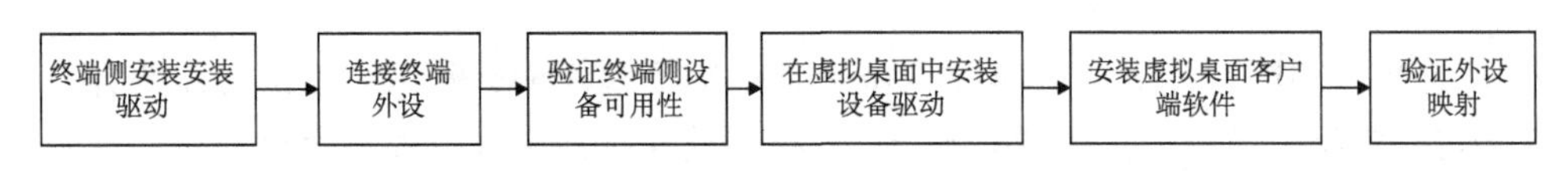

图 9.9　外设调试步骤图

端到端系统联调。采用瘦端连接桌面后进行端到端全流程测试，测试完成后，根据场景不同，分别安排每个场景下的部分用户提前进行桌面应用体验，体验时需要根据需求列表进行，并针对体验结果进行对应的系统优化，如虚机模板调整、外设访问策略、AD 策略以及网络策略调试等，保证系统上线后能够最大可能满足客户需求和运行稳定。

后台业务联调。后台业务调试主要是和 IT 业务系统进行对接调试，如 IT 服务门户、网管系统等，云桌面系统对外支持的接口如图 9.10 所示。

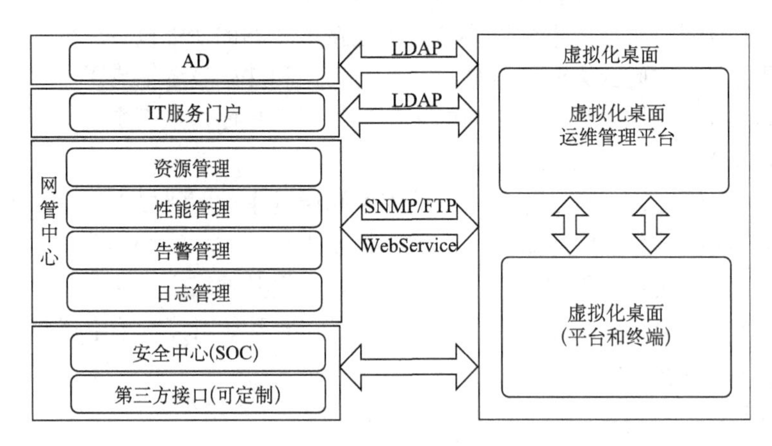

图 9.10　云桌面对外接口

对于 IT 服务门户的调试，由提供 API 接口，客户开发实现对虚机资源的申请、审批、发放、变更和注销等流程。对于网管系统的调试，在之前接口测试完成的基础上，主要对网管相关功能进行测试，如告警管理、故障管理、性能统计等。

9.5　系统安全方案

云桌面系统对外通过防火墙接入广域网，承载网络的 PE 路由器，全部用户、IT 和网管等全部通过承载网络接入云桌面系统，通过在防火墙设置不同的访问策略，实现对各类用户的访问接入控制。系统内部进行三网分离，业务网、管理网和存储网络互相隔离，防止业务用户以及非法用户接入核心网络，提升系统安全性。

9.5.1　平台安全设计

本方案中所有硬件、软件部署都采用冗余部署，故障自动恢复；虚拟化产品平台管理理节点冗余部署，通过管理节点自动感知为双机热备，避免通常虚拟化方案没有单独的物理管理节点导致的在线倒换较慢，甚至是业务中断的问题，确保了业务运行的可靠性。同时江苏电信免费提供 7×24 小时平台环境及设备监控，确保平台安全。

方案中提供与虚拟桌面配套的安全管理平台，对瘦终端硬件及用户虚机系统提供安全监控，提供对用户行为的监控，提供统一的软件、补丁分发，资产管理等功能。产品以 B/S 架构为基础，提供 Web 方式的远程集中运维管理。运维管理形成以服务为导向、基于策略且能够实现自动控制的管理模式。电信自主产权的云管理平台可以实现单一的管理运维界面，统一管理物理及虚拟资源，避免在不同的管理界面间来回切换，简化管理工作，提升管理效率，提供全中文管理界面，并提供自助维护台，桌面云健康检查工具，桌面云连接检修工具，桌面云体验优化工具，日志收集工具，自动数据迁移工具等。特别适合于 IT 人员较少，规划、运维压力较大的机构使用。

9.5.2　数据备份与恢复方案

为了保证备份数据的有效性及可恢复性，在备份方案设计时，建议将备份数据存储在虚拟化平主存储设备之外的存储上，基于这种思路，方案采用一体化备份解决方案。

备份和恢复软件与集成的源位置全局重复数据消除可以解决与传统备份相关的难题，能够对桌面虚拟化环境中的服务器与虚拟桌面实现快速、高效的保护。

（1）基础架构服务器的备份与恢复。对于 Citrix 桌面与应用交付环境中的基础服务器（如 AD/DNS、数据库服务器、Web Interface、DDC 等服务器），方案采用完整备份的策略进行备份，通过在基础服务器上安装客户端软件代理来独立地备份这些基础服务器。

（2）用户配置文件与数据的备份与恢复。方案中，普通用户的配置文件与数据、VIP 用户的配置文件与数据及 pvDisk 均存放在存储设备上。对用户配置文件及数据的备份只需对 NAS 的共享空间进行备份即可。方案建议通过在具有源数据消重功能的存储设备上对用户配置文件及数据进行备份。

（3）备份时间与策略。正常工作日（周一至周五）：在非上班时间段（22:00—7:00）对备份对象进行增量备份，备份介质为 Avamar Data Store。

每周晚上至周六（22:00—12:00）对于备份对象进行一次全备份，备份介质为磁盘阵列。

设置备份数据的保留期限为 3 个月，3 个月后，备份数据将被删除，以节省备份空间需求。

9.5.3 平台物理安全

电信五星级数据中心提供防火、防尘、防水、防震预案。电信五星级数据中心安全保卫主要分为保安服务、视频监控、防盗报警、门禁管理、RFID 资产管理、动力环境监控系统等六个部分，并将视频监控、防盗报警、门禁管理等系统与动力环境监控系统进行集成，形成先进的 BMS 系统。

数据中心设有保安组，承担整个机房大楼的安全责任。

视频监控部分采用“Infinova”视频监控前端与矩阵主机，采用同轴电缆将视频信号传送到控制中心，由“上海睿网”硬盘录像机实现硬盘录像。每台硬盘录像机接入网络，九层机房监控室采用“上海睿网”网络矩阵进行管理。

防盗报警系统采用“Honeywell”防盗报警设备，前端选用红外探测器对各个出入口、各重要机房、主要通道等进行布防，达到预防与保护的功能。入侵报警系统设计将红外探测器通过地址模块接入专业的防盗报警主机，实现入侵防范系统，报警主机的键盘可进行手动设防与撤防，同时报警主机通过串口 RS232 与动力环境监控系统平台集成，可实现中心的平台软件上统一设防与撤防，方便管理，并可对定义不同的防区类型将报警事件第一时间传给相关的管理部门。

门禁管理系统采用“爱默生 ES 系列”门禁管理系统，指纹仪选用“深圳中控”公司。爱默生门禁控制器分单门、双门，通过 RS422 总线与管理计算机相连。同时，门禁管理系统提供的接口与动力环境监控系统平台进行集成，在平台可实现对门禁控制器的状态进行监控，并可实现记录出入机房人员的信息。

RFID 资产管理系统采用“上海秀派”RFID 系统，通过在各固定资产上面安装防拆卸电子标签，在机房各区域安装读卡器，实时监测各设备的位置变化情况。

机房监控系统采用“爱默生机房监控系统”，通过采集设备来实时采集机房各重要设备和集成各子系统，实现集中监控，并配合报警输出等，并为机房监控系统预留扩容接口。

国际数据中心设有保安组，由从事安保工作多年，经验丰富的工作人员组成，主要负责机房每天的按时巡逻及对出入大楼的人员、设备进行日常管理，进出记录保存 1 年以上，以保障整个机房大楼 7×24 小时的安全。

数据中心视频监控系统采用前端摄像机+数字硬盘录像机的架构，对于机房区域、建筑物周围和停车场实现无死角的监控。河西国际数据中心四层的摄像机接入同层的数字硬盘录像机，每个硬盘录像机通过六类网络线接入四层的网络交换机，再接入监控机柜，最终上传至九层中心监控机房核心交换机。所有监控图像在硬盘录像机中存储时间为 30 天。

9.5.4　网络安全方案

双网隔离解决方案。满足业务网络、管理网络的完全物理隔离需求，三网分离的设计确保虚拟化平台的安全性，以及避免网络风暴（开机风暴等）造成的业务影响。

双系统在操作系统、处理器、内存、存储及外设接口上完全独立，实现了真正的存储、内存、网络、运算的彻底隔离。

同一机箱中的两台刀片云计算终端共享一套键盘、鼠标和显示器（图 9.11 中画了两个显示器是为了展现可以同时运行内、外网的两套系统，并非连接两个显示器），当用户需要在内、外网之间切换时，只需在键盘上按下热键就可完成切换工作。

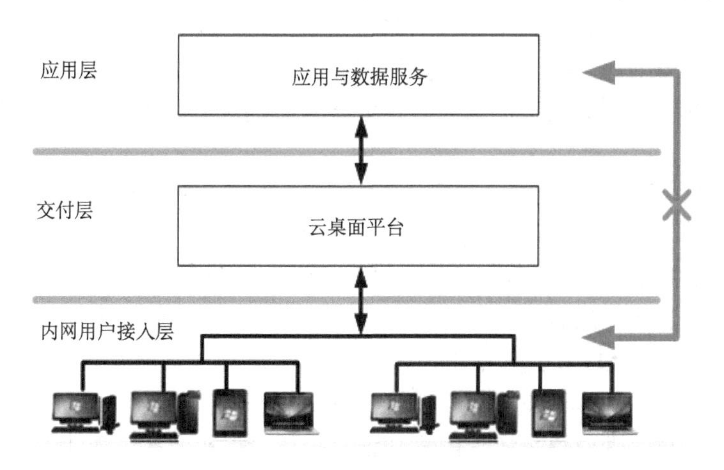

图 9.11　云桌面网络连接

网络接入安全。局域网用户所在的客户端无法直接连接应用层网络、应用和数据，只能通过云桌面平台的虚拟桌面连接应用层网络及应用层的应用与数据，如图 9.12 所示。

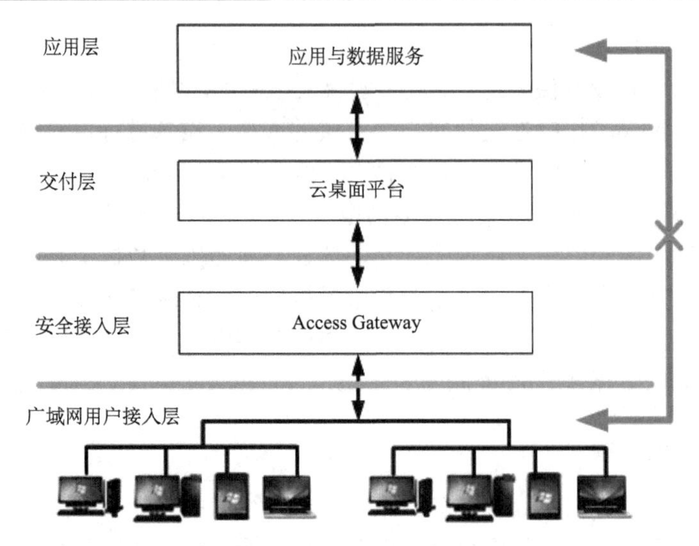

图 9.12　局域网用户网络连接

局域网用户在内网时通过一道防火墙访问虚拟应用/虚拟桌面，防火墙只需开放门户的 443 端口（Https 协议）和连接虚拟桌面所需的 1494、2598 端口即可。当用户从 Internet 接入时，无法直接访问桌面云平台，而是需要通过安全接入层进行中继转发。

用户只与 Access Gateway 建立连接，Access Gateway 再与云桌面云平建立连接。用户与 Access Gateway 间只需开放 443（Https 协议）。

用户身份认证。身份认证是为了提高对桌面云平台及业务系统访问的安全性，以防止非法用户访问桌面云平台及业务系统的行为。方案支持如下几种认证方式。

用户名/密码认证方式。系统采用 Microsoft Active Directory 作为用户身份管理与认证平台。在日常运维中，管理员可在 AD 的 DC（域控制器）上定义用户组织单元，并基于用户组织单元定义权限，可以灵活地将用户加入到不同的组织单元。运维过程中，若需增加用户，只需在 DC 中增加用户并将该用户加入指定的组织单元即可。AD 默认采用用户名/密码等静态口令认证方式。

双因素认证。方案还支持使用智能卡等进行双因素用户身份认证，若需要提高身份认证强度，则建议采取双因素认证等手段。方案支持“智能卡+AD”、RSA SecurID 令牌认证方式等。

客户端本地资源使用控制。在桌面云环境中，终端用户使面桌面云平台上的虚拟桌面操作系统，工作过程中所涉及的企业数据是通过虚拟桌面访问到的。企业可以制定策略来灵活限制不同用户的本地资源的访问权限，例如，设置是否可以将客户端本地的 USB 存储映射到虚拟桌面中；设置是否可以在客户端及虚拟桌面间通过剪贴板进行数据传输；设置是否允许往本地存储中写入数据等。通过虚拟桌面的策略设备，企业可按用户权限管理企业数据，从而保证数据安全。

行为审计。对于合法用户进行不合理的行为（合规，审核的对象），传统的授权方法不能很好地解决。而利用虚拟桌面中带有的虚拟应用技术，基于相关功能模块，可以根据业务策略和安全规定，选择对特定用户使用特定应用时的所有行为进行全程录像。

全程录像功能利用远程访问协议的基本原理和优势，对用户的业务操作进行录像，每用户每天录像文件大小不会超过 30MB 的数据量。通过这种技术可以对开发人员的全程行为监控。

事前通告：被监控的用户在使用应用的时候，就会被告知，所有行为将会被录像。通过事先告知此种监控手段的存在，可以大大降低开发人员采取非法行为的动机和意愿，达到防患于未然的效果。

实时监控：管理员可以从后台对开发人员正在进行的开发操作和工作进行实时的监控，一旦发生任何问题，管理人员可以第一时间发现问题并采取措施，防止产生任何不良的后果。

事后追溯：如果一旦发生任何问题，造成不良后果，管理人员可以根据使用人员、应用和时间进行检索，调取录像，反向查找是什么人进行了什么非法操作，从而进行补救，并可以将其作为相关证据，辅助采取相关措施，保证企业利益。

方案建议对于访问重点业务和重点应用的用户进行行为监控审计。

参 考 文 献

金嘉晖, 罗军舟, 宋爱波, 等. 2011. 基于数据中心负载分析的自适应延迟调度算法. 通信学报, 32(7): 47-56.

姜凯, 李帮锐, 谢一凡, 等. 2014. 桌面虚拟化实战宝典. 北京: 电子工业出版社.

刘鹏. 2011. 云计算. 2 版. 北京: 电子工业出版社.

罗军舟, 金嘉晖, 宋爱波. 2011. 云计算: 体系架构与关键技术. 通信学报, 32(7): 124-145.

谭一鸣, 曾国荪, 王伟. 2012. 随机任务在云计算平台中能耗的优化管理方法. 软件学报, 23(2): 266-278.

吴孔辉. 2015. VMware Horizon 桌面与应用虚拟化权威指南. 北京: 机械工业出版社.

王宏, 魏明月, 汪新庆. 2015. THINPUTER 桌面云在教学中的应用. 武汉: 中国地质大学出版社.

虚拟化与云计算小组. 2009. 虚拟化与云计算. 北京: 电子工业出版社.

夏沛. 2010. Hadoop 平台下的作业调度算法研究与改进. 广州: 华南理工大学出版社.

张尧学, 周悦芝. 2011. 一种云计算操作系统 TransOS: 基于透明计算的设计与实现. 电子学报, 5(19): 985-990.

朱宗斌, 杜中军. 2012. 基于改进 GA 的云计算资源调度算法. 计算机工程与应用, 1(5): 25-29.

Armbrust M, Fox A, Griffith R, et al. 2010. A view of cloud Computing. communications of ACM, 53(4): 50-58.

Amato A, Di Martino B, Venticinque S. 2013. Cloud brokering as a service. P2P, Parallel, Grid, Cloud and Internet Computing(3PGCIC), 2013 Eighth International Conference on Compiegne, Paris: 9-16.

Buyya R, Beloglazov A, Abawajy J. 2010. Energy-efficient management of data center resources for cloud computing: A vision, architectural elements, and open challenges. Proceedings of the 2010 International Conference on Parallel and Distributed Processing Techniques and Applications, Las Vegas: 6-17.

Bermbach D, Kurze T, Tai S. 2013. Cloud federation: Effects of federated compute resources on quality of service and cost. Cloud Engineering(IC2E), 2013 IEEE International Conference on Redwood City: 31-37.

Dean J, Ghemawat S. 2009. MapReduce: Simplified data processing on large clusters. Communications of the ACM, 51(1): 107-113.

Di S, Wang C L. 2013. Error-tolerant resource allocation and payment minimization for cloud system. IEEE Transactions on Parallel and Distributed Systems, 24(6): 1097-1106.

Fadel A S, Fayoumi A G. 2013. Cloud resource provisioning and bursting approaches. Software Engineering, Artificial Intelligence, Networking and Parallel/Distributed Computing(SNPD), 2013 14th ACIS International Conference on Hawaii: 59-64.

Google. 2006. Google App Engine. http: //code. google. com/appengine. [2006-05-14].

Guo C, Lu G, Li D, et al. 2009. BCube: A high performance, server-centric network architecture for modular data centers. ACM SIGCOMM Computer Communication Review, 39(4): 63-74.

Gulati A, Shanmuganathan G, Holler A, et al. 2011. Cloud-scale resource management: Challenges and techniques. Proceedings of the 3rd USENIX Conference on Hot Topics in Cloud Computing, Portland: 1-6.

Hwang K, Fox G C, Dongarra J J. 2013. 云计算与分布式系统. 武永卫, 秦中元, 李振宇译. 北京: 机械工业出版社.

Kochut A, Deng Y, Munson J, et al. 2012. Evolution of the windows azure: Enabling an enterprise cloud services ecosystem. Microsoft Journal of Research and Development, 55(6): 1-13.

Khazael H, Misic J, Misic V B. 2013. Analysis of a pool management scheme for cloud computing centers. IEEE Transactions on Parallel and Distributed Systems, 24(5): 849-861.

Patel K S, Sarje A. 2012. VM provisioning method to improve the profit and SLA violation of cloud service providers. Cloud Computing in Emerging Markets（CCEM）, 2012 IEEE International Conference on Karnataka: 1-5.

Ruan X J, Qin X, Zong Z L. 2010. A prediction scheduling algorithm using dynamic voltage scaling for parallel applications on clusters. Proceedings of 16th Conference on Computer Communications and Networks, New York: 535-541.

Sotomayor B, Montero R S, Llorente I M, et al. 2009. Virtual infrastructure management in private and hybrid clouds. Internet Computing, 13(5): 14-22.

Wang W, Zeng G S, Tang D Z. 2013. Cloud-DLS: Dynamic trusted scheduling for cloud computing. Expert Systems with Applications, 39(3): 2321-2329.

Zheng Z N, Wang R. 2011. An approach for cloud resource scheduling based on parallel algorithm. Proceedings of 3rd International Conference on Computer Research and Development, Shanghai: 444-447.